新型配电网
发展规划路径探究

国网安徽省电力有限公司经济技术研究院　组编

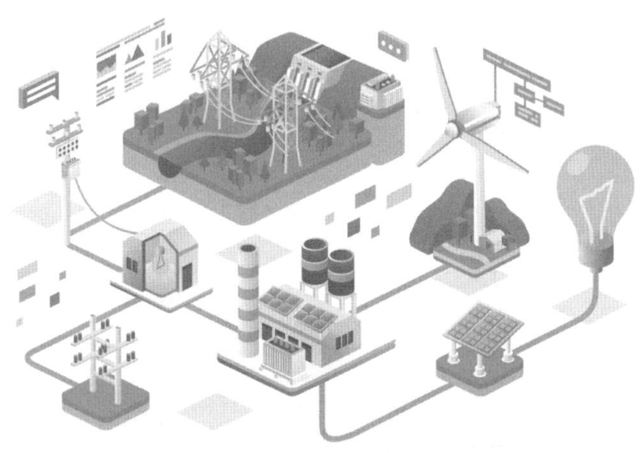

中国电力出版社
CHINA ELECTRIC POWER PRESS

内容提要

本书对国内外新型配电网形态发展和技术应用进行了调研，对安徽新型配电网规划技术、物理架构、运行控制技术及典型场景的新技术应用进行了系统、全面的研究。

全书共 6 章。第 1 章介绍了“双碳”和新型电力系统的概念和战略意义，归纳了在当前国内外环境下面临的形势与挑战，介绍了行动方案和实施路径。第 2 ～ 5 章介绍了国内外配电网发展现状和相关技术研究应用情况，在实现“双碳”目标、构建新型电力系统的背景下，研判了新型配电网的发展路径演变趋势和形态，研究了新型配电网规划技术、物理架构与运行控制技术的发展与应用，提出了新型配电网典型应用场景和示范工程。第 6 章总结了现阶段传统配电网技术的应用瓶颈，展望了新技术的发展方向。

本书作为新型配电网发展规划路径相关学习资料，可为从事配电网及其技术研究的相关人员提供有益参考。

图书在版编目（CIP）数据

新型配电网发展规划路径探究 / 国网安徽省电力有限公司经济技术研究院组编 . —北京：中国电力出版社，2023. 11 (2024.9重印)

ISBN 978-7-5198-8028-6

Ⅰ . ①新…　Ⅱ . ①国…　Ⅲ . ①配电系统 – 发展 – 研究 – 安徽　Ⅳ . ① TM7

中国国家版本馆 CIP 数据核字（2023）第 143311 号

出版发行：中国电力出版社
地　　址：北京市东城区北京站西街 19 号（邮政编码 100005）
网　　址：http：//www.cepp.sgcc.com.cn
责任编辑：周秋慧（010-63412627）霍　妍
责任校对：黄　蓓　常燕昆
装帧设计：赵丽媛
责任印制：石　雷

印　　刷：廊坊市文峰档案印务有限公司
版　　次：2023 年 11 月第一版
印　　次：2024 年 9 月北京第二次印刷
开　　本：710 毫米 ×1000 毫米　16 开本
印　　张：14.25
字　　数：212 千字
定　　价：78.00 元

编 委 会

前言

当前，面对全球气候变化给人类生存和发展带来的严峻挑战，坚持绿色低碳发展、积极应对气候变化已成为各国的共识。2020 年 9 月，我国提出二氧化碳排放力争于 2030 年前达到峰值，努力争取 2060 年前实现碳中和的“双碳”目标。随后，在中央财经委员会第九次会议上对碳达峰、碳中和作出重要部署，强调要把碳达峰、碳中和纳入生态文明建设整体布局。

落实“双碳”目标，能源是主战场，电力是主力军。我国“富煤、少油、缺气”的资源禀赋，决定了“以煤为主”的能源消费结构受能源利用效率偏低、能耗偏高等因素的制约，大力发展新能源已成为未来我国能源高质量发展的必然选择。在能源消费清洁低碳化转型的进程中，电力在能源体系中占据主导地位。我国于 2021 年 3 月 15 日明确提出建设以新能源为主体的新型电力系统，这意味着新能源爆发式增长、规模化并网已是大势所趋，基于传统化石能源的电力系统将向高比例新能源的新型电力系统转变，这既是能源电力转型的必然要求，又是贯彻落实我国能源安全新战略、实现“双碳”目标的重大需要，为“双碳”背景下我国能源电力转型指明了发展方向。

2021 年 10 月，中共中央、国务院印发《关于完整准确全面贯彻新发展理念做好碳达峰碳中和工作的意见》，进一步指明了新型电力系统的发展方向，明确了以消纳可再生能源为主的增量配电网、微电网和分布式电源的市场主体地位。在高比例可再生能源和高比例电力电子设备的“双高”趋势下，电力系统将从“源随荷动”的确定性电量平衡向“源网荷储”多元协同概率性电量平衡过渡，从以机械电磁设备为主的高转动惯量系统向以电力电子器件为主的低转动惯量系统转化，势必对电力系统的发电、输电、配电、用电等多环节提出更高的要求。

配电网作为电网的重要组成部分，是联系能源生产与消费的关键枢纽，也是构建新型电力系统的重要基础。瞄准“双碳”战略目标的实现，未来新型电力系统配电网侧将迎来重大变革，将通过设备层、网络层、平台层、应用层关键技术与装备的革新，以“清洁低碳、安全可靠、柔性互动、透明高效”为目标，实现最大化接纳新能源发电和新型柔性负荷、经济高效运行最优化，支撑现代能源体系的加速构建，全面助力我国碳达峰、碳中和战略目标的实现。

安徽省承担着长三角区域受进特高压区外电力、区域内跨省能源大规模转送和跨省域电力交换的重要职责，肩负支撑“三地一区”战略开发的重要责任。随着光伏大规模开发、风光新能源高比例并网，并逐步成为电力供应的主体，电网安全运行压力激增，系统电力电量平衡、安全稳定控制等将面临前所未有的挑战，故亟须深度融合低碳能源技术、先进输电技术和先进信息通信技术、网络技术、控制技术，构建功能更加强大、运行更加灵活、更加具有韧性和弹性的新型电力系统。

由于配电网规划技术涵盖内容十分广泛，技术发展方兴未艾，本书仅总结了当前具有代表性的新型配电网规划技术、物理架构与运行控制技术的发展情况，未能覆盖配电网规划领域的所有技术。希望本书的出版可以抛砖引玉，吸引社会各界探讨对配电网规划的认识，使更多有志之士投身于电网规划事业，推动行业健康快速发展，共筑电网美好未来。

编者

2023 年 9 月

目 录

前言

1 “双碳”目标与新型电力系统背景 …… 1

1.1 碳达峰、碳中和“30 · 60”目标 …… 1

1.1.1 “双碳”目标的提出 …… 1
1.1.2 国际形势 …… 3
1.1.3 国家战略背景 …… 5
1.1.4 “双碳”目标的战略意义 …… 6
1.1.5 发展新机遇与多重挑战 …… 8
1.1.6 行动方案 …… 11

1.2 构建适应新能源占比逐渐提高的新型电力系统 …… 19

1.2.1 我国新能源发展现状及趋势 …… 19
1.2.2 新型电力系统的概念、内涵及特征 …… 21
1.2.3 构建新型电力系统的意义 …… 27
1.2.4 新型电力系统带来的机遇与挑战 …… 29
1.2.5 新型电力系统实施路径 …… 31

2 新型配电网发展路径与发展形态 …… 44

2.1 国内外配电网发展现状 …… 45

2.1.1 国际配电网发展现状 …… 45

2.1.2 我国配电网发展现状 …… 48

2.2 配电网发展面临的形势与挑战 …… 53

2.2.1 我国配电网发展面临的机遇与挑战 …… 53

2.2.2 安徽配电网发展面临的形势与挑战 …… 54

2.3 配电网发展路径演变趋势 …… 57

2.3.1 新型配电网定位、特征及发展路径 …… 57

2.3.2 电力技术发展及应用 …… 72

2.4 配电网未来形态研判 …… 80

2.4.1 新型配电网发展趋势 …… 80

2.4.2 新型配电网形态 …… 83

3 新型配电网规划技术 …… 98

3.1 国内外配电网规划技术 …… 99

3.1.1 国外配电网规划技术 …… 99

3.1.2 国内配电网规划技术 …… 105

3.2 适应新形势的规划技术 …… 123

3.2.1 新能源预测方法 …… 123

3.2.2 新型负荷预测方法 …… 127

3.2.3 储能配置及布局规划方法 …… 132

3.3 安徽配电网规划技术研发 …… 137

3.3.1 适应新形势的负荷预测方法 …… 137

3.3.2 新型配电网规划优化方法 …… 142

4 新型配电网物理架构与运行控制技术 …… 159

4.1 国内外配电网技术应用 …… 159

4.1.1 国外配电网技术应用 …… 159
4.1.2 国内配电网技术应用 …… 171
4.2 新型配电网物理架构 …… 180
4.3 新型配电网运行控制技术 …… 182
5 新型配电网典型场景 …… 193
5.1 典型应用场景 …… 193
5.1.1 园区新型配电网应用场景 …… 195
5.1.2 城市集中建设区新型配电网应用场景 …… 196
5.1.3 城镇及农村新型配电网应用场景 …… 196
5.2 典型场景示范工程 …… 197
6 展望 …… 212
6.1 配电网发展瓶颈 …… 212
6.2 远景展望 …… 214

1

“双碳”目标与新型电力系统背景

1.1 碳达峰、碳中和“30 · 60”目标

1.1.1 “双碳”目标的提出

二氧化碳等温室气体排放所引起的全球气候变化对人类社会构成重大威胁，各国政府对此已经达成了共识，陆续将“双碳”控制纳入国家战略目标，通过制定具体措施减少温室气体排放以减缓气候恶化。为了应对气候变化带来的巨大挑战，各国纷纷加入《巴黎协定》，它代表了全球绿色低碳转型的大方向，是保护地球家园需要采取的最低限度行动。中国将提高国家自主贡献力度，采取更加有力的政策和措施，力争于2030年前实现碳达峰，2060年前实现碳中和。中国是世界最大的碳排放国，占世界能源碳排放总量比重的28.8%，对全球碳达峰与碳中和具有至关重要的作用，因此引起了国际社会的极大关注。正如能源转型委员会在《中国2050：一个全面实现现代化国家的零碳图景》报告中所提到的，无论对于整个世界，还是对于中国自身而言，2030

年前碳达峰、2060 年前碳中和是相互关联、辩证统一的两个阶段，既符合《巴黎协定》温控目标的要求，又与中国的经济发展需求和减排能力相适应，对中国探索到 21 世纪中叶实现净零碳排放的战略路径意义重大。

1. 科学内涵

碳达峰指特定时间区间内二氧化碳排放总量达到最大值，随后进入平稳下降阶段的过程，包括达峰路径、达峰时间和峰值水平三个关键要素。碳达峰是二氧化碳排放总量由增转降的历史拐点，也存在二氧化碳排放进入平台期并在一定范围内波动的情况。

碳中和也称净零二氧化碳排放，指特定时期内全球人类活动导致的二氧化碳排放量与人为二氧化碳消除量相等。碳中和是一个净值的概念，并不等同于零排放，主体不仅限于国家和地区，而且包括行业、企业、社区乃至个人，核心是经济活动全生命周期和影响范围内的净碳排放为零。

中国已明确碳排放提前达峰的“碳”指二氧化碳，而且主要指能源活动产生的二氧化碳；努力争取 2060 年前实现碳中和的“碳”，则指全经济领域的温室气体。中国的碳中和是可持续发展框架下的综合性目标，兼顾经济增长、环境保护和社会公平，是实现工业化、城镇化，居民生活水平大幅提升后的温室气体净零排放。其以国家在经济增长中实现较高水平的物质积累和社会福利为前提，关系到国家竞争优势、能源安全乃至全球政治经济格局的重塑。

2. 政策内涵

碳达峰往往最先出现于发达经济体中，为发展中国家和地区总结经济规律、主动加压制定政策以驱动碳达峰、碳中和提供参考。

（1）经济发展可持续化。碳达峰是经济社会发展的一种阶段性现象，呈现碳排放强度、人均碳排放量、碳排放总量依次达峰的规律，能源消费总量达峰往往出现在碳达峰之后。“先污染后治理”是弱可持续性范式下的经济社会发展模式，基于人造资本和自然资本可以相互替代的观念，忽略了化石能源等关键自然资源以及大气、生态、环境承载力的有限性。既满足当代人的需求，又不对后代人满足其需求的能力构成危害的可持续发展，成为后发国家和地区规划碳达峰、碳中和路径的必然选择。

（2）能源系统多元化、低碳化、智能化。碳达峰、碳中和的深层次问题是能源问题，高比例发展可再生能源是剥离经济发展、能源消费与二氧化碳排放之间相关关系的关键。中国目前以化石能源为主的能源消费尚未达峰，尽管可再生能源资源丰富，但因技术关隘和体制机制共同导致的可再生能源消纳问题暂未解决。从能源安全、经济发展及气候、资源、环境等多方面的约束考虑，推动能源系统多元化、低碳化、智能化是实现碳达峰、碳中和“30・60”目标的首要选择。

（3）产业结构高度化。完成碳达峰的发达经济体第三产业占比远超过第二产业，呈现产业结构高度化趋势。在全球碳排放紧约束下，若要实现产业结构高度化，需要站在全球价值链嵌入、分工、重构的角度，基于安全性、稳定性、韧性需求分析优化路径，促进产品高附加值化，推动产业组织合理化、集约化，产业高技术化以及加工深度化。

（4）技术创新应用规模化。碳达峰、碳中和是围绕低碳、零碳乃至负碳技术创新与应用展开的竞争，不同经济体对政策驱动型碳达峰的技术需求和与之适配的制度环境与发达经济体在经历相同经济发展阶段时存在一定差异，无法照搬现有的经验。因此，引导技术原始创新、自主创新，既是可持续发展的题中之义，又可防止关键核心技术受制于人，而且降低技术成本，推动低碳、零碳、负碳技术的商业运行和终端应用是技术创新的意义所在。

1.1.2 国际形势

全球气候变化已经成为人类发展的最大挑战之一，极大促进了世界各国应对气候变化的政治共识和重大行动。全球变暖、冰川融化、海平面上升、雾霾天气等一系列现象表明温室效应带来的气候变化正严重影响着人类未来生存，对全球人类社会构成重大威胁。自 1995 年起，联合国每年召开气候变化大会，在 2015 年的巴黎气候大会上，全世界 178 个缔约方达成《巴黎协定》。根据世界气象组织的报告，全球需在 2070 年前后达到碳中和，才能实现升温不超过 2℃的目标；只有在 2050 年前后达到碳中和，才能实现升温不超过 1.5℃的目标，全球气候变暖形势严峻。中国作为《巴黎协定》得以达成的重要一环，将为促进协定的达成作出积极的贡献。

应对气候变化，全球多个国家陆续宣布绝对减排目标。2020 年 9 月 16 日，欧盟委员会主席冯德莱恩发表《盟情咨文》，公布欧盟的减排目标：2030 年，欧盟的温室气体排放量将比 1990 年至少减少 55%，到 2050 年，欧洲将成为世界第一个实现碳中和的大陆。中国于 2020 年提出碳达峰、碳中和目标，此后日本、英国、加拿大、韩国等发达国家相继提出到 2050 年前实现碳中和目标的承诺。除此之外，世界主要经济体和碳排放大国美国也随之做出减少碳排放的承诺。据统计，截至 2021 年 4 月，已有 124 个国家将碳中和目标设在 2050 年。部分国家完成或预计完成碳达峰、碳中和的时间轴见图 1–1。

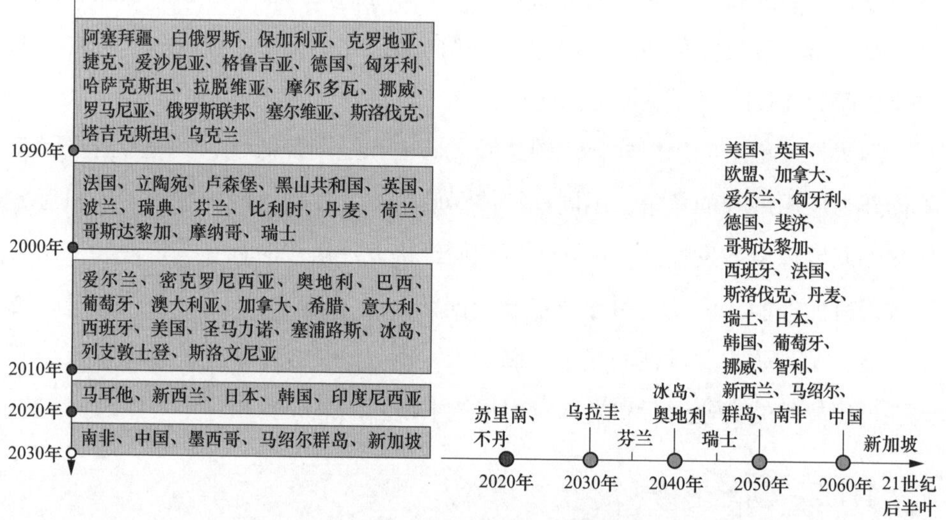

图 1–1　部分国家完成或预计完成碳达峰、碳中和时间轴

与发达国家相比，中国实现碳达峰、碳中和目标之路异常艰难。中国不同于西方及日本发达国家，当前正处于二氧化碳排放上升阶段，2008 ～ 2018 年，世界经济合作与发展组织（OECD）表示中国碳排放年均增速为 2.6%，是世界增速 1.1% 的 2.36 倍。作为世界上最大的发展中国家，我国工业化、城镇化正在深入发展，能源消费将继续保持刚性增长，距离实现 2060 年碳中和目标的时间已不到 40 年，可见我国若要如期实现碳中和目标，需要付出艰苦卓绝的努力。

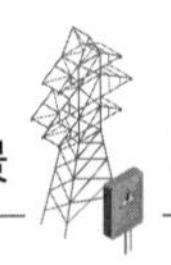

1.1.3 国家战略背景

近年来，我国经济发展迎来重要机遇，目前已成为全球第二大经济体、世界第一大工业国和绿色经济技术的领导者，在全球影响力不断扩大。同时，我国社会主要矛盾已经转化为人民日益增长的美好生活需要和不平衡不充分的发展之间的矛盾，其中对优美生态环境的需要是对美好生活需要的重要组成部分。

2014 年 6 月 13 日，中共中央召开财经领导小组第六次会议，研究国家能源安全战略。就推动能源生产和消费革命提出五点要求。一是推动能源消费革命，抑制不合理能源消费。坚决控制能源消费总量，有效落实节能优先方针，把节能贯穿于经济社会发展全过程和各领域，坚定调整产业结构，高度重视城镇化节能，树立勤俭节约的消费观，加快形成能源节约型社会。二是推动能源供给革命，建立多元供应体系。立足国内多元供应保安全，大力推进煤炭清洁高效利用，着力发展非煤能源，形成煤、油、气、核、新能源、可再生能源多轮驱动的能源供应体系，同步加强能源输配网络和储备设施建设。三是推动能源技术革命，带动产业升级。立足我国国情，紧跟国际能源技术革命新趋势，以绿色低碳为方向，分类推动技术创新、产业创新、商业模式创新，并同其他领域高新技术紧密结合，把能源技术及其关联产业培育成带动我国产业升级的新增长点。四是推动能源体制革命，打通能源发展快车道。坚定不移推进改革，还原能源商品属性，构建有效竞争的市场结构和市场体系，形成主要由市场决定能源价格的机制，转变政府对能源的监管方式，建立健全能源法治体系。五是全方位加强国际合作，实现开放条件下的能源安全。在主要立足国内的前提条件下，在能源生产和消费革命所涉及的各个方面加强国际合作，有效利用国际资源。

2016 年 3 月出台的“十三五”规划中，中国就已将低碳发展水平提升、碳排放总量得到有效控制列入总体规划目标当中，这也是在所有五年规划中第一次提出控制碳排放总量的要求。在“十三五”规划实施期间，中国在绿色低碳转型发展和有效应对气候变化所致的生态威胁方面取得卓越成效，并提前完成“到 2020 年实现的气候治理目标”这一承诺，为下一步更快实现碳达峰以及碳中和目标奠定了坚实的实践基础。

2021 年 3 月，第十三届全国人大四次会议通过“十四五”规划，明确要求制定 2030 年碳达峰行动方案，以降低碳强度为主、控制碳排放总量为辅的方针，积极应对气候变化，推进发展方式绿色转型。

1.1.4 “双碳”目标的战略意义

碳达峰、碳中和涉及生产、消费、基础设施建设和社会福利等各方面内容，具有多重意义。

“双碳”目标的提出是中国主动承担应对全球气候变化责任的大国担当。

全球 15 个已知的气候临界点已有 9 个被激活，这是由于应对气候变化行动力长期不足使得地球面临“气候紧急状态”。应对气候变化和减排降碳需要各个国家和地区共同提升行动力。中国作为碳排放总量最大、累计碳排放总量仅次于美国的发展中大国，在某种意义上说，对于全球的碳达峰和碳中和目标实现，扮演着至关重要的角色，其减排举措和可持续发展实践对于全球的碳减排和气候变化应对具有重要意义。因此，中国 2030 年前碳达峰、2060 年前碳中和的战略目标，为应对全球气候变化注入新活力，在全球引起巨大反响，广泛赢得国际社会的积极评价。

在中国的积极推动下，世界各国于 2015 年达成了应对气候变化的《巴黎协定》，并且中国在自主贡献、资金筹措、技术支持、透明度等方面为发展中国家争取了最大利益。2016 年，中国率先签署《巴黎协定》并积极推动落实。截止到 2019 年年底，中国提前超额完成 2020 年气候行动目标，树立了信守承诺的大国形象。通过积极发展绿色低碳能源，中国的风能、光伏和新能源汽车产业迅速发展壮大，为全球提供了性价比最高的可再生能源产品，从根本上提振了全球实现能源绿色低碳发展和应对气候变化的信心。

“双碳”目标是我国基于推动构建人类命运共同体的责任担当和实现可持续发展的内在要求而作出的重大战略决策，展示了我国为应对全球气候变化所作出的新努力和新贡献，体现了对多边主义的坚定支持，为国际社会全面有效落实《巴黎协定》注入强大动力，重振全球气候行动的信心与希望，彰显了中国积极应对气候变化、走绿色低碳发展道路、推动全人类共同发展的坚定决

心。通过向全世界展示了应对气候变化的中国雄心和大国担当，使我国从应对气候变化的积极参与者、努力贡献者，逐步成为关键引领者。

“双碳”目标是加快生态文明建设和实现高质量发展的重要抓手。

碳达峰、碳中和与经济发展并不矛盾，是构建新发展格局，寻求更具包容性、经济韧性的可持续增长方式的必经之路。中央经济工作会议强调，2030 年前碳达峰、2060 年前碳中和意味着能源、产业、社会发展方式的全方位绿色低碳转型，既是推动高质量发展的内在要求，又是推动经济增长由规模和速度型向质量和效益型转变的关键。除了强调能源结构、产业结构升级，“双碳”目标同时引导适度、低碳、健康的消费方式和生活方式。在自然开发、保护与末端治理方面，推崇基于自然的解决方案，发展循环经济，复原生态红利，推动经济以创新、高效、节能、环保、高附加值方式发展。该愿景的提出将中国的绿色发展之路提升到新的高度，成为中国长期社会经济发展的主基调之一。

“双碳”目标系统地引领我国绿色低碳发展，带来环境质量改善和产业发展的多重效应，一方面着眼于降低碳排放，有利于推动经济结构绿色转型，加快形成绿色生产方式，助推高质量发展；另一方面，突出降低碳排放，有利于传统污染物和温室气体排放的协同治理，使环境质量改善与温室气体控制产生显著的协同增效作用。从长远看，实现降低碳排放目标，有利于通过全球共同努力减缓气候变化带来的不利影响，减少对经济社会造成的损失，使人与自然回归和平与安宁。

“双碳”目标贯彻新发展理念，推进创新驱动的绿色低碳高质量发展。

“双碳”目标的提出和落实，体现了我国在发展理念、发展模式、实践行动上积极参与和引领全球绿色低碳发展的努力。“十四五”时期，是我国生态文明建设进入以降碳为重点战略方向、推动减污降碳协同增效、促进经济社会发展全面绿色转型、实现生态环境质量改善由量变到质变的关键时期，要深入贯彻新发展理念，按照推进生态文明建设要求谋划“双碳”目标的实现路径，持续不断治理环境污染，提升生态系统质量和稳定性，积极推动全球可持续发展，提高生态环境领域国家治理体系和治理能力现代化。为此，一方面必须坚持全国统筹，强化顶层设计，发挥制度优势，压实各方责任，根据各地实际分类施策；另一方

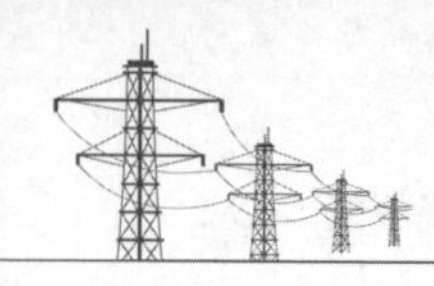

面坚持政府和市场两手发力，强化科技创新和制度创新，深化能源和相关领域改革，形成有效的激励约束机制，有效推进生态优先、绿色低碳的高质量发展。

此外，在中央顶层设计和统筹协调下，完成“双碳”目标需以更加开放的思维和务实的举措推进国际科技交流合作，加快绿色低碳领域的技术创新、产品创新和商业模式创新，实现多点突破、系统集成，推动以化石能源为主的产业技术系统向以绿色低碳智慧能源系统为基础的新生产系统转换，实现经济社会发展全面绿色转型。

1.1.5 发展新机遇与多重挑战

作为发展中国家，我国目前仍处于新型工业化、信息化、城镇化、农业现代化加快推进阶段，实现全面绿色转型的基础仍然薄弱，生态环境保护压力尚未得到根本缓解，与发达国家相比，我国实现“双碳”目标，时间更紧、幅度更大、困难更多。但从辩证的角度看，“双碳”目标的实现过程，也是催生全新行业和商业模式的过程，我国应顺应科技革命和产业变革大趋势，抓住绿色转型带来的巨大发展机遇，从绿色发展中寻找发展的机遇和动力。

1. 新机遇

为提升国际竞争力带来机遇。“双碳”目标为中国经济社会高质量发展提供了方向指引，快速绿色低碳转型为中国提供了和发达国家同起点的重大机遇。中国可主动在能源结构、产业结构、社会观念等方面进行全方位、深层次的系统性变革，提升国家能源安全水平。若实现合理布局 5G、人工智能等新兴产业，将为自主创新与产业升级带来独特机遇，推动国内产业加快转型，有力提升中国经济竞争力，巩固科技领域国际领先者的地位。

为低碳零碳负碳产业发展带来机遇。近些年，中国可再生能源领域的投资快速增长，已经成为全球最大的太阳能光伏和光热市场。“双碳”背景下，新能源和低碳技术的价值链将成为我国产业发展的重点，可借此机遇，进一步增加绿色经济领域的就业机会，催生各种高效用电技术、新能源汽车、零碳建筑、零碳钢铁、零碳水泥等新型脱碳化技术产品，推动低碳原材料替代、生产工艺升级、能源利用效率提升，构建低碳、零碳、负碳新兴产业体系。

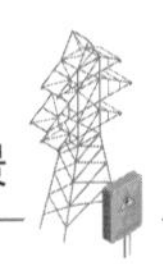

为绿色清洁能源发展带来机遇。在我国能源产业格局中，煤炭、石油、天然气等高碳化石能源占能源消费总量的80%左右。若在2060年实现碳中和，核能、风能、太阳能的装机容量预计需要分别超过目前装机容量的5倍、12倍和70倍。为实现“双碳”目标，中国将开展能源革命，加快发展可再生能源，降低化石能源的比重，清洁、绿色能源产业的发展空间将被进一步拓展，行业发展潜力巨大。

为新的商业模式创新带来机遇。“双碳”目标有助于中国提高工业全要素生产率，改变其生产方式，加快行业节能减排改造，培育新的商业模式，实现工业行业结构调整、优化和升级的整体目标。“双碳”目标的提出推动环保产业从纯粹依赖以投资建设为主要模式的末端污染治理方式，转向以运维服务、高质量绩效达标为考核指标的方式。在此环境下，企业将加快制定绿色转型发展新战略，借助数字技术和数字业务推动商业模式转型和数字化商业生态重构，助力衍生低碳、低成本发展模式及绿色低碳投融资合作模式。

为碳市场交易带来机遇。“碳市场”即二氧化碳排放权交易市场。在大气环境承受范围内，政府给予企业向大气中排放一定量二氧化碳的权利，通过引入总量控制与市场交易机制，在严格控制二氧化碳排放总量的前提下，使二氧化碳排放权在市场中实现自由交易。2021年年初，随着中华人民共和国生态环境部发布《碳排放权交易管理办法（试行）》（中华人民共和国生态环境部 第19号），标志着全国碳排放交易体系正式投入运行，“双碳”目标的提出为碳交易市场创造出更广阔的空间，我国碳交易市场的发展前景值得期待。

2. 多重挑战

实现“双碳”目标是一项复杂艰巨的系统工程，面临诸多严峻挑战。

一是我国实现碳中和时间紧、难度大。欧盟等发达经济体二氧化碳排放已经达峰，从碳达峰到碳中和有50～70年过渡期，我国二氧化碳排放量占全球的30%左右，超过美国、欧盟、日本的总和，从碳达峰到碳中和却仅有30年时间，要想实现这一过渡，我国必须付诸数倍努力。

二是统筹碳减排和经济社会发展要求高。欧美主要国家已完成工业化，经济增长与碳排放脱钩，而我国尚处于工业化阶段，能源电力需求还将持续攀

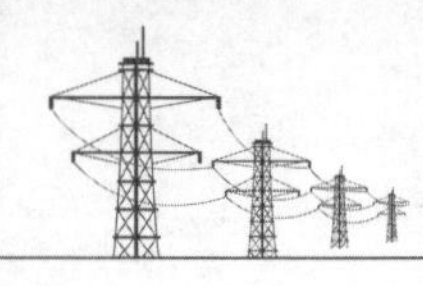

升，经济发展与碳排放存在强耦合关系，实现“双碳”目标就必须探索出一条在经济持续稳定增长的前提下，既能保障能源电力安全可靠供应，又能实现节能减碳的务实路径。

三是能源电力领域任务繁重。实现碳中和的核心是控制碳排放。能源燃烧是我国主要的二氧化碳排放源，占全部二氧化碳排放的比例超过 80%，电力行业排放约占能源行业排放的 40%，能源电力领域减排任务十分繁重。能源消费量达峰后，随着电气化水平提高，电力需求仍将持续增长，电力行业不仅要承接交通、建筑、工业等领域转移的能源消耗和排放，还要对存量化石能源电源进行清洁替代，助力实现“双碳”目标，并作出更大的贡献。

四是电网企业责任大。电网连接电力生产和消费，是重要的网络平台，是能源转型的中心环节，是电力系统碳减排的核心枢纽。推进能源清洁低碳转型，电网企业既要保障新能源大规模开发和高效利用，又要满足经济社会发展的用电需求，整体面临保安全、保供应、降成本的多重压力。

3. 专家观点

“推动科技创新是实现‘双碳’目标的关键”。在 2022 年 5 月召开的第二届全国碳中和与绿色发展大会上，中国气候变化事务特使解振华在致辞中指出：“当今世界正迎来一轮以低碳、零碳、负碳为特征的科技革命和产业竞争，全球绿色低碳转型的大趋势不可逆转。”“要加快推进绿色低碳科技革命，狠抓绿色低碳技术攻关，加速发展动能的新旧转换，实现经济、社会、能源、环境、健康、粮食多领域协同发展。”

“不是一谈‘双碳’就是‘弃煤’‘弃化石能源’”。中国工程院院士、上海交通大学碳中和发展研究院院长黄震表示，不是一谈“双碳”就是“弃煤”“弃化石能源”。面向碳中和的能源变革，绝不仅是一个能源问题、一个环境问题，它们是一个全局性系统性问题。“双碳”目标不是一蹴而就的，而是要循序渐进，先立后破，先构建起新能源为主体的电力系统，再逐渐减少化石能源的使用，最终零碳排放的化石能源 +CCUS（碳捕获、利用与封存）仍将是不可或缺的保障性能源。

“碳中和与经济社会发展不是对立、矛盾关系”。中华人民共和国科学技术

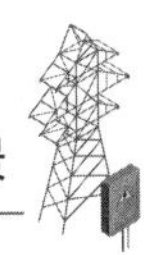

部中国 21 世纪议程管理中心主任黄晶认为，“双碳”目标是为了更高质量、更有效率、更加公平、更可持续、更为安全地发展。实现“双碳”特别是碳中和与经济社会发展不是对立、矛盾关系。“双碳”不是赛道超车，而是换赛道，是重新定义人类社会的资源利用方式。

“2035 年以前，能效提高一直都会发挥很重要的作用”。中国工程院院士、清华大学碳中和研究院院长贺克斌认为我国的能源强度是世界平均水平的 1.3 倍，远高于美英法德日等发达国家，是经合组织国家的 2.7 倍。当前消费水平下，能耗降 1%，可减 0.5 亿 t 标准煤当量，减排 1 亿多 t 二氧化碳。

“碳减排越早，对社会的经济损失越小”。中国科学院院士、浙江大学超重力研究中心主任陈云敏说，“碳减排越早，对社会的经济损失越小”。碳排放的社会成本，是指单位二氧化碳排放对现在以及将来社会造成的经济损失。2007 年每吨二氧化碳的社会成本为 208.66 元，并以每年 3% 递增。碳减排收益主要来源于碳减排量市场交易（46.56 元 /t 二氧化碳）和填埋气发电并网产生的收益（0.538 元 /kWh）。

“支撑 CCUS 形成显著减排效益，助力碳中和目标‘到得稳’”。中华人民共和国科学技术部中国 21 世纪议程管理中心研究员张贤表示，到 2070 年全球实现净零排放，CCUS 技术累计需贡献 15% 减排量，达到净零时减排 104 亿 /t 年。研究表明，实现我国碳中和目标，2060 年 CCUS 的减排贡献在 5 亿～ 29 亿 t。

“加强新一代技术研发是当务之急”。中国科学院上海高等研究院副院长、研究员魏伟认为，目前亟待开展有望大幅度降低减排成本的颠覆性技术。在 2030 年之前，实现一代、二代技术规模化应用和集成示范，解决一批关键核心技术，支撑现有技术“走得快”，助力三代技术“靠得前”。到 2060 年之前，突破一批前沿颠覆性技术瓶颈，推动新兴方案“跟得上”，支撑 CCUS 形成显著减排效益，助力碳中和目标“到得稳”。

1.1.6 行动方案

1. 国务院发布《2030 年前碳达峰行动方案》

为确保如期实现碳达峰、碳中和，中共中央、国务院印发《关于完整准确全面贯彻新发展理念做好碳达峰碳中和工作的意见》，国务院印发《2030年前碳达峰行动方案》（国发〔2021〕23号），即将构建起目标明确、分工合理、措施有力、衔接有序的碳达峰、碳中和1+*N*政策体系。2021年中央经济工作会议将正确认识和把握碳达峰、碳中和作为经济工作重点之一，要求创造条件尽早实现能耗“双控”向碳排放总量和强度“双控”转变。

（1）主要目标。“十四五”期间，产业结构和能源结构调整优化取得明显进展，重点行业能源利用效率大幅提升，煤炭消费增长得到严格控制，新型电力系统加快构建，绿色低碳技术研发和推广应用取得新进展，绿色生产生活方式得到普遍推行，有利于绿色低碳循环发展的政策体系进一步完善。到2025年，非化石能源消费比重达到20%左右，单位国内生产总值能源消耗比2020年下降13.5%，单位国内生产总值二氧化碳排放比2020年下降18%，为实现碳达峰奠定坚实基础。

“十五五”期间，产业结构调整取得重大进展，清洁低碳安全高效的能源体系初步建立，重点领域低碳发展模式基本形成，重点耗能行业能源利用效率达到国际先进水平，非化石能源消费比重进一步提高，煤炭消费逐步减少，绿色低碳技术取得关键突破，绿色生活方式成为公众自觉选择方式，绿色低碳循环发展政策体系基本健全。到2030年，非化石能源消费比重达到25%左右，单位国内生产总值二氧化碳排放比2005年下降65%以上，顺利实现2030年前碳达峰目标。

（2）重点任务。将碳达峰贯穿于经济社会发展全过程和各方面，重点实施能源绿色低碳转型行动、节能降碳增效行动、工业领域碳达峰行动、城乡建设碳达峰行动、交通运输绿色低碳行动、循环经济助力降碳行动、绿色低碳科技创新行动、碳汇能力巩固提升行动、绿色低碳全民行动、各地区梯次有序碳达峰行动等。

一是能源绿色低碳转型行动。能源是经济社会发展的重要物质基础，也是碳排放的最主要来源。要坚持安全降碳，在保障能源安全的前提下，大力实施可再生能源替代，加快构建清洁低碳安全高效的能源体系。

二是节能降碳增效行动。落实节约优先方针，完善能源消费强度和总量双

控制度，严格控制能耗强度，合理控制能源消费总量，推动能源消费革命，建设能源节约型社会。

三是工业领域碳达峰行动。工业是产生碳排放的主要领域之一，对全国整体实现碳达峰具有重要影响。工业领域要加快绿色低碳转型和高质量发展，力争率先实现碳达峰。

四是城乡建设碳达峰行动。加快推进城乡建设绿色低碳发展，城市更新和乡村振兴都要落实绿色低碳要求。

五是交通运输绿色低碳行动。加快形成绿色低碳运输方式，确保交通运输领域碳排放增长保持在合理区间。

六是循环经济助力降碳行动。抓住资源利用这个源头，大力发展循环经济，全面提高资源利用效率，充分发挥减少资源消耗和降碳的协同作用。

七是绿色低碳科技创新行动。发挥科技创新的支撑引领作用，完善科技创新体制机制，强化创新能力，加快绿色低碳科技革命。

八是碳汇能力巩固提升行动。坚持系统观念，推进山水林田湖草沙一体化保护和修复，提高生态系统质量和稳定性，提升生态系统碳汇增量。

九是绿色低碳全民行动。增强全民节约意识、环保意识、生态意识，倡导简约适度、绿色低碳、文明健康的生活方式，把绿色理念转化为全体人民的自觉行动。

十是各地区梯次有序碳达峰行动。各地区要准确把握自身发展定位，结合本地区经济社会发展实际和资源环境禀赋，坚持分类施策、因地制宜、上下联动，梯次有序推进碳达峰。

2. 国家电网公司发布《“碳达峰、碳中和”行动方案》

（1）能源电力碳达峰、碳中和路径研究。2021 年 3 月 1 日，国家电网公司发布《“碳达峰、碳中和”行动方案》。《“碳达峰、碳中和”行动方案》提出，国家电网公司将以碳达峰为基础前提，碳中和为最终目标，加快推进能源供给多元化清洁化低碳化、能源消费高效化减量化电气化。

在能源供给侧，构建多元化清洁能源供应体系。一是大力发展清洁能源，最大限度开发利用风电、太阳能发电等新能源，坚持集中开发与分布式并举，积极推动海上风电开发；大力发展水电，加快推进西南水电开发；安全高效推进沿海核电建设。二是加快煤电灵活性改造，优化煤电功能定位，科学设定煤电达峰目标。煤电充分发挥保供作用，更多承担系统调节功能，由电量供应主体向电力供应主体转变，提升电力系统应急备用和调峰能力。三是加强系统调节能力建设，大力推进抽水蓄能电站和调峰气电建设，推广应用大规模储能装置，提高系统调节能力。四是加快能源技术创新，提高新能源发电机组涉网性能，加快光热发电技术推广应用。推进大容量高电压风电机组、光伏逆变器创新突破，加快大容量、高密度、高安全、低成本储能装置研制。推动氢能利用，碳捕集、利用和封存等技术研发，加快 CO_2 资源再利用。预计 2025、2030 年，非化石能源占一次能源消费比重将达到 20%、25% 左右。

在能源消费侧，全面推进电气化和节能提效。一是强化能耗双控，坚持节能优先，把节能指标纳入生态文明、绿色发展等绩效评价体系，合理控制能源消费总量，重点控制化石能源消费。二是加强能效管理，加快冶金、化工等高耗能行业用能转型，提高建筑节能标准。以电为中心，推动风光水火储多能融合互补、电气冷热多元聚合互动，提高整体能效。三是加快电能替代，支持“以电代煤”“以电代油”，加快工业、建筑、交通等重点行业电能替代，持续推进乡村电气化，推动电制氢技术应用。四是挖掘需求侧响应潜力，构建可中断、可调节多元负荷资源，完善相关政策和价格机制，引导各类电力市场主体挖掘调峰资源，主动参与需求响应。预计 2025、2030 年，电能占终端能源消费比重将达到 30%、35% 以上。

党的十八大以来，我国能源电力转型取得显著成就。在此基础上，加快构建能源电力绿色供给体系，持续提升非化石能源消费比重，稳步提高能源利用效率，加快推进科技进步，能源电力有望提前实现碳达峰。加快清洁能源替代化石能源，减少化石能源消费总量，开展大规模国土绿化行动，全面提升生态系统碳汇能力，通过碳捕集、利用和封存技术，能源电力有望尽早实现碳中和。

（2）行动方案。实现碳达峰、碳中和事关经济社会发展全局和长期战略，需要全社会各行业共同努力。要按照全国一盘棋，统筹好发展与安全、政府与市场、保供与节能、成本与价格，研究制定政府主导、政策引导、市场调节、

企业率先、全社会共同参与的国家行动方案。《"碳达峰、碳中和"行动方案》见图 1-2。

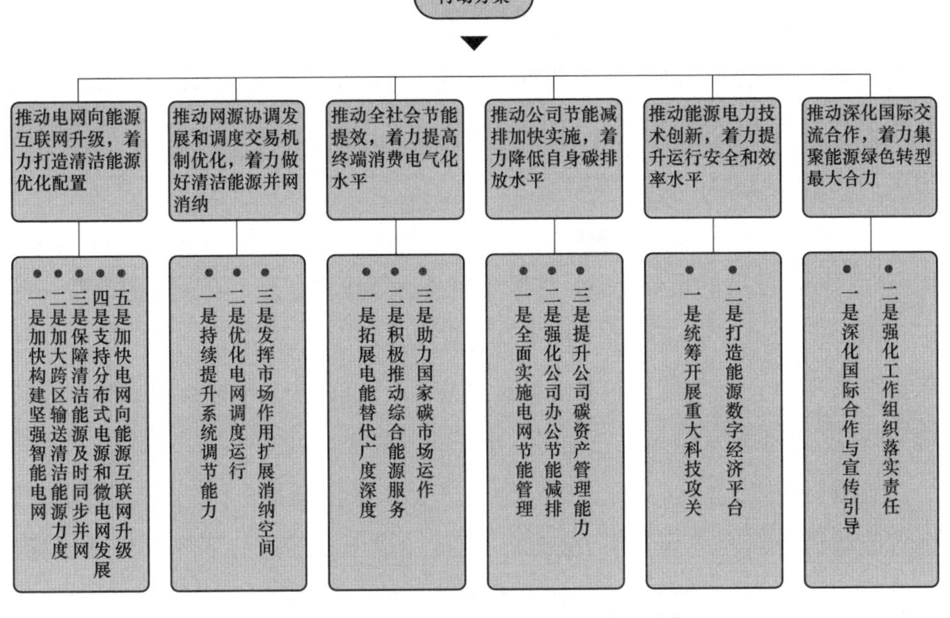

图 1-2 《"碳达峰、碳中和"行动方案》

3. 安徽省发展和改革委员会印发《安徽省能源领域碳达峰实施方案》(皖政〔2022〕83 号)

(1) 总体思路。实现"双碳"目标是对安徽省经济社会整体的挑战，只有有效控制各经济部门（包括电力、工业、建筑、交通、农业等）的碳排放水平，尽快实现碳排放峰值管理，才能有效推进二氧化碳排放早日达峰。电力行业低碳转型是实现"双碳"目标的重要抓手。安徽省未来随着经济社会发展进程，到 2030 年左右碳排放达峰后，能源电力消费仍会是持续缓慢增长趋势。而工业、交通等终端部门实现深度脱碳的同时将加快电气化发展，这些都将提高电力在终端能源消费中的比重和发电用能在一次能源结构中的占比，所有未来各种情景下电力需求仍将持续上升。同时，在"双碳"目标背景下，煤电的定位将由目前的电力电量主体电源转变至调节性电源；天然气发电虽然仍有一定发展空间，但整体定位为调节性电源，从中长期看，化石能源将不再作为安徽省电力系统的电力主体，逐渐形成以新能源为主体的新型电力系统。

（2）发展基础。

1）经济发展现状。安徽省“十二五”期间，国内生产总值（GDP）的增长率平均为10.8%，生产总值跃上2万亿元新台阶；“十三五”期间，安徽省GDP年均增长8.2%，扎实推进高质量发展，生产总值突破三万亿元；2022年，安徽生产总值为45045亿元，按可比价格计算，比上年增长3.5%，高于全国GDP同比增长约0.5个百分点。

2）能源消费现状。能源消费总量持续增长，但人均用能水平较低。能源作为国民经济发展的重要保障，伴随着经济持续较快增长，安徽能源消费总量逐年增加，2020年达1.47亿t标准煤，是2015年的1.2倍。“十三五”以来，年均增长3.6%；人均能源消费2.3t标准煤/人，较2015年增长了15%，为同期全国平均水平的63%、长三角平均水平的60%。

能源消费强度持续下降，清洁化电气化水平持续提升。“十三五”以来，全省能源消费强度累计下降16.32%，超额完成国家下达的下降16%的指标，“一煤独大”局面逐步改善。2020年煤炭占一次能源消费的比重降至69%，较2015年下降9个百分点左右。其中电煤消费占煤炭消费的比重提高到57.5%，较2015年提高6个百分点。天然气消费量为63.2亿m^3，较2015年翻一番，占一次能源消费比重提高到6%。石油消费量约1550万t，年均增长2.5%。非化石能源消费占比超过9%，较2015年提高5个百分点。

（3）形势与挑战。在国家提出的碳达峰和碳中和工作部署下，安徽省电力行业减碳行动发展面临以下新形势：

需求刚性增长下电力“双保障”任务更为艰巨。安徽省电力消费强度大、用电量水平高，在2020年2400亿kWh用电水平下，“十四五”期间用电量仍将呈现刚性增长态势且仍能保持6%～7%的年均增长率。从一次能源消费结构看，近年来安徽省能源消费结构中煤炭虽仍居主导地位，但比重快速下降，2020年煤炭消费比重为70.2%，较2005年下降18.4个百分点，但结合安徽省资源禀赋条件、技术发展水平以及风险承受能力分析，仅通过降低一次能源煤炭消费，同时增加风电、光伏等新能源装机不能满足未来电力发展需要。在全

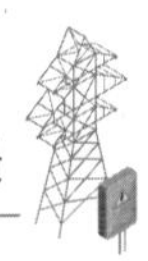

社会实现碳达峰背景下，电力行业保障电力供应和大电网安全压力持续增加，全省还需再争取清洁省外 / 区外来电，尤其是零碳电源等方面持续发力，做好电力发展“清洁化、低碳化、零碳化”各阶段的科学衔接。

中短期仍需发挥清洁煤电的关键作用。截至 2020 年，安徽省煤电碳排放量占全省终端碳排放总量的 46.3%，位居第一，是电力行业碳排放量的主要来源。在煤炭消费总量控制以及环保的双重约束下，区外清洁电量增量将成为安徽省内电量供应及碳减排的重要支撑。从时间上看，由于区外来电投产的时间周期较长，具有较大的不确定性，中短期内安徽仍需适度建设煤电，发挥清洁煤在以新能源为主体的新型电力系统中“压舱石”的关键作用，加快推进煤电灵活性改造，并通过积极争取外来电来满足电力供应缺口。

系统灵活性调节能力的重要性日益凸显。在电力行业减碳行动推进中，以风电、光伏为主的新能源将成为新增电能供应的主体，但由于新能源发电固有的强随机性、波动性和间歇性，大规模新能源接入电网后，电力系统的电力电量时空平衡难度将显著加大。因此，要保障不同时间尺度电力供需平衡和新能源高水平消纳，关键是提升新型电力系统的灵活调节能力。从中长期来看，灵活性系统灵活性调节能力的重要性日益凸显，需加大推进储能、需求侧响应等试点发展，加快电力市场建设，为新能源加速发展做好技术和机制铺垫。中远期电源发展以零碳或低碳的新能源及省外清洁来电为重点，结合抽水蓄能、新型储能及需求侧响应等灵活性调节来满足中长期电力平衡。

安全稳定压力加剧。新能源、直流电源等大量替代燃煤等常规机组，电网安全稳定压力进一步突显。由于缺乏转动惯量以及调频、调压能力不足，导致系统抗扰动能力和调节能力下降，故障期间调节资源不足，安全防御难度加大，因系统转动惯量不足和新能源脱网造成的英国“8・9”大停电事故为我国敲响了警钟，澳大利亚、美国等地发生的重大停电事故也都与高比例新能源并网运行有关。新能源耐受电压、频率波动能力低于传统机组，发生连锁性故障的风险突出，系统“宽频”稳定形态与传统的工频暂态、电压和动态稳定形态叠加，使系统稳定特性更加复杂。同时，新能源对系统动态调节能力、电网运行控制评价体系建设等工作提出了更高要求。

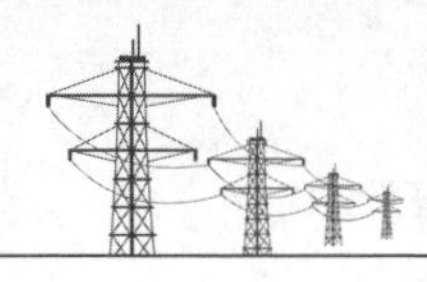

利用成本问题显现。新能源发展较快的国家或地区提出在新能源高渗透率情况下，合理弃电是经济且必要的。因此从能源供应系统全局出发，新能源消纳水平理论上存在总体最经济的“合理值”，各省电源结构和负荷特性存在较大差异，不应一刀切要求各省利用率达到95%，否则将会增加系统成本，推高用户电价，也会限制新能源装机规模。随着发电成本快速下降，新能源实现平价上网正成为事实，但是平价上网不等于平价利用，除新能源场站本体成本外，新能源利用成本还包括灵活性电源等投资、系统调节运行成本、大电网扩展及补强投资、接网及配电网投资等系统成本。随着新能源渗透率增加，新能源系统成本显著增加，预计“十四五”“十五五”综合的新能源度电利用成本高于煤电，并不会达到真正平价利用。目前业界尚沉浸在平价上网的喜悦之中，对渗透率进入10%后新阶段带来的经济代价问题还没有清晰认识，未来如何筹集消纳新能源付出的系统成本，将对新能源大规模可持续发展起到决定性作用。

科技创新对于碳减排具有重要的支撑作用。从中长期来看，为满足全省电力供应以及调峰需求，仍需要保留一定规模的支撑性化石电源，因此安徽电力行业碳排放将长时期处于减碳发展阶段。从碳中和的角度出发，远景电力行业碳中和的工作重点在于碳利用技术的研究与开发，要把二氧化碳作为一种资源来对待，通过对碳综合利用技术的研究、推广，挖掘二氧化碳的价值，把二氧化碳从负担变成资源。

（4）碳达峰路径。国家提出构建适合中国国情、有更强新能源消纳能力的新型电力系统，为电力转型发展指明了方向。

安徽省以“本地电源提升”为基础、以“外来清洁电力”为补充，坚持“清洁化、电气化、数字化、标准化”的实施原则，提出电力行业清洁化—低碳化—零碳化的转型的发展路径。2022～2030年，清洁化发展阶段，新能源成为本地新增装机主体，服务光伏风电4400万kW并网并消纳，清洁能源电量占比近30%，加强气电以及区外来电建设，满足全省电力增长需求，实现省内电力电量平衡，打造长三角千万千瓦级绿色储能基地，进一步稳固电力系统稳定发展。2030～2035年，低碳化发展阶段，新能源成为电量供应主体，本地清洁能源电量占比达到33.5%，建成“日字型”特高压环网，支撑外来绿电入皖，清洁能源电量占比达到 12.4%，抽蓄、新型储能规模超 2000 万 kW。2036 ～ 2050 年，零碳化发展阶段，新能源成为本地能源供应主体，广泛推广 CCUS 技术支撑传统电源升级为超低排放调节电源，新能源机组支撑系统运行。坚持本地挖潜、外部引入并举，科学衔接电力“清洁化、低碳化、零碳化”发展各阶段，推进电力行业碳排放高质量达峰，稳步中和。

（5）能源转型的重点任务。安徽省能源转型重点任务见图 1–3。

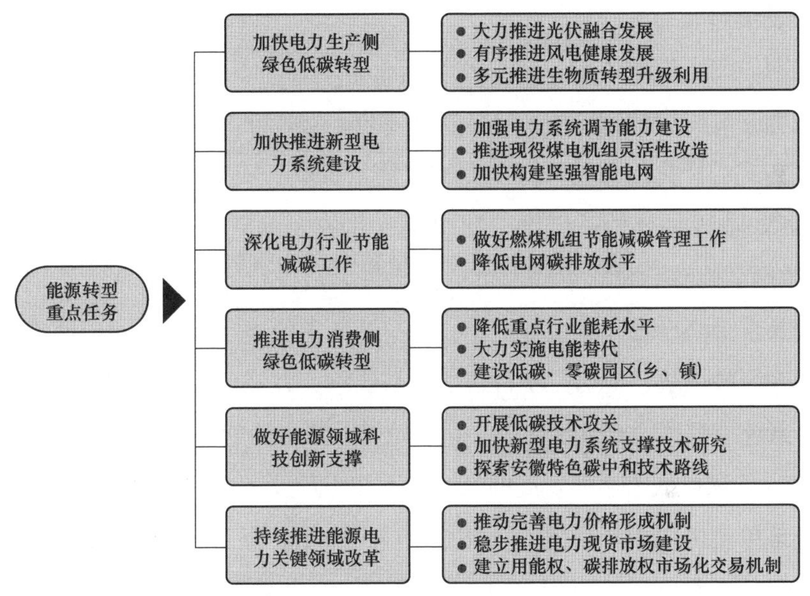

图 1–3　安徽省能源转型重点任务

1.2　构建适应新能源占比逐渐提高的新型电力系统

1.2.1　我国新能源发展现状及趋势

1. 发展现状

新能源装机占比不断提升。“十三五”期间，新能源发电装机年均增长率为 32%，截至 2020 年年底，我国新能源装机达 5.3496 亿 kW，占总装机容量的24.32%。其中风电装机2.8153亿kW，占总装机容量的12.80%；太阳能发电装机2.5343亿kW，占总装机容量的11.52%。

新能源发电量不断提高，占比持续提升。据国家统计局数据显示，2020年，我国年总发电量77793亿kWh，新能源发电量7276亿kWh，占总发电量9.36%。其中风电发电量4665亿kWh，占总发电量的6.00%；光伏发电量2611亿kWh，占总发电量的3.36%。

2. 发展趋势

长期以来，我国能源发展中以化石能源为主的能源体系以及粗放式发展模式与生态文明建设、经济高质量发展要求不协调问题日益凸显，亟待转变能源发展方式，优化能源结构，从而构建清洁低碳、安全高效的现代能源体系。“十四五”是碳达峰的关键期、窗口期，风、光等新能源开发将按下“加速键”，我国新能源装机比重和发电量占比将大幅提升，对电力系统接纳、调节等能力要求更高；现有电力系统难以适应新能源的倍速增长，对电网安全稳定运行带来严峻挑战，迫切需要构建适应高比例、大规模可再生能源发展的新一代电力系统。根据国家政策部署，新一轮能源革命的趋势与节点如下：

2025年绿色低碳循环发展的经济体系初步形成，重点行业能源利用效率大幅提升。单位国内生产总值能耗比2020年（1.28t/万元）下降13.5%；单位国内生产总值二氧化碳排放比2020年下降18%；非化石能源消费比重达到20%左右；森林覆盖率达到24.1%，森林蓄积量达到180亿m^3。

2030年，经济社会发展全面绿色转型取得显著成效，重点耗能行业能源利用效率达到国际先进水平。单位国内生产总值二氧化碳排放比2005年下降65%以上，非化石能源消费比重达到25%左右，风电、太阳能发电总装机容量达到12亿kW以上。森林覆盖率达到25%左右，森林蓄积量达到190亿m^3，二氧化碳排放量达到峰值并实现稳中有降。

2060年，绿色低碳循环发展的经济体系和清洁低碳安全高效的能源体系全面建立，能源利用效率达到国际先进水平，非化石能源消费比重达到80%以上。

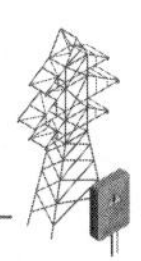

1.2.2 新型电力系统的概念、内涵及特征

2021 年 10 月，国务院印发《2030 年前碳达峰行动方案》(国发〔2021〕23 号)，提出“构建新能源占比逐渐提高的新型电力系统，推动清洁电力资源大范围优化配置”。因此，必须加快构建适应新能源占比逐渐提高的新型电力系统，大力提升新能源消纳和存储能力，以能源电力绿色低碳发展引领经济社会系统性变革。

1. 概念

新型电力系统是以承载实现碳达峰、碳中和，贯彻新发展理念、构建新发展格局，推动高质量发展的内在要求为前提，确保能源电力安全为基本前提，以满足经济社会发展电力需求为首要目标，以最大化消纳新能源为主要任务，以坚强智能电网为枢纽平台，以“源网荷储”互动与多能互补为支撑，具有清洁低碳、安全可控、灵活高效、智能友好、开放互动基本特征的电力系统。

新型电力系统是贯彻国家战略目标的重要举措。2020 年，我国向国际社会正式提出碳达峰、碳中和目标，构建新型电力系统将有效实现可再生能源较快替代化石能源，有效实现新能源在一次能源生产和消费中占更大份额，有效推动能源绿色发展。实现“双碳”目标电力是主力军，电力行业碳排放是全球最大的 CO_2 排放源，也是中国最大的碳排放源。2020 年，我国二氧化碳排放总量约 110 亿 t，能源消费产生的二氧化碳排放占总排放量的 88% 左右，而电力行业占能源行业二氧化碳排放总量的 42.5% 左右，能源电力行业已经成为碳达峰、碳中和的主战场。

2. 核心内涵

新型电力系统主要从两个方面阐述：一是新能源占比逐渐提高；二是一种新型的电力系统。其特征是清洁低碳、安全可控、灵活高效、开放互动、智能友好。需要依托数字化技术，统筹源、网、荷、储资源，完善调度运行机制，多维度提升系统灵活调节能力、安全保障水平和综合运行效率，满足电力安全供应、绿色消费、经济高效的综合性目标。

因此，新型电力系统的内涵可总结为低碳、安全、高效 3 个核心层面：

第一，适应大规模高比例新能源的低碳化电力系统。低碳是新型电力系统的核心目标。电力系统作为能源转型的中心环节，将承担着更加迫切和繁重的清洁低碳转型任务，仅依靠传统的电源侧和电网侧调节手段，已经难以满足新能源持续大规模并网消纳的需求。新型电力系统亟须激发负荷侧和新型储能技术等潜力，形成“源网荷储”协同消纳新能源的格局，适应大规模高比例新能源的持续开发利用需求。

第二，保障能源供需和防范风险的安全性电力系统。安全是新型电力系统的基本要求。当前我国多区域交直流混联的大电网结构日趋复杂，间歇性、波动性新能源发电接入电网规模快速扩大，新型电力电子设备应用比例大幅提升，极大地改变了传统电力系统的运行规律和特性。同时，人为极端外力破坏或通过信息攻击手段引发电网大面积停电事故等非传统电力安全风险增加。新型电力系统必须在理论分析、控制方法、调节手段等方面创新发展，应对日益加大的各类风险和挑战，保持高度的安全性。

第三，全国统一电力市场优化的高效率电力系统。高效是新型电力系统的关键要素。未来高比例新能源与海量用户接入电力系统，会为能源资源的优化配置带来重大挑战。新型电力系统将建设全国统一电力市场，实现更高的资源优化配置效率与更大的能源优化空间。建设适应能源结构转型的电力市场机制，形成统一开放、竞争有序、安全高效、治理完善的电力市场体系。

3. 关键特征

电力系统实现碳达峰、碳中和目标的过程，伴随着以化石能源为主导的传统电力系统向以清洁低碳能源为主导的新型电力系统的转型升级，电力系统的结构、形态、技术、机制将发生深刻转变，新型电力系统的关键特征如图 1–4 所示。

（1）结构特征。清洁低碳电源为主体，化石能源为压舱石。在电源侧，未来清洁低碳电源将成为主体，发电量占比达 90% 以上。未来将形成多元化的电力灵活性资源体系，清洁能源不仅是电量供应主体，并具备主动支撑能力，常规电源功能逐步转向调节与支撑。

大电网和分布式并举的互联互动。在电网侧，立足我国国情与资源禀赋，“西电东送、北电南送”的电力流分布持续强化，新能源开发呈现集中式与分

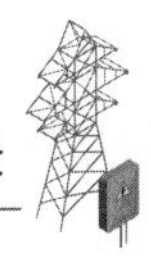

布式并举的格局，电网结构将呈现“大电源、大电网”与“分布式系统”兼容互补，交直流混联大电网、柔直电网、主动配电网、微电网等多种形态电网并存局面。

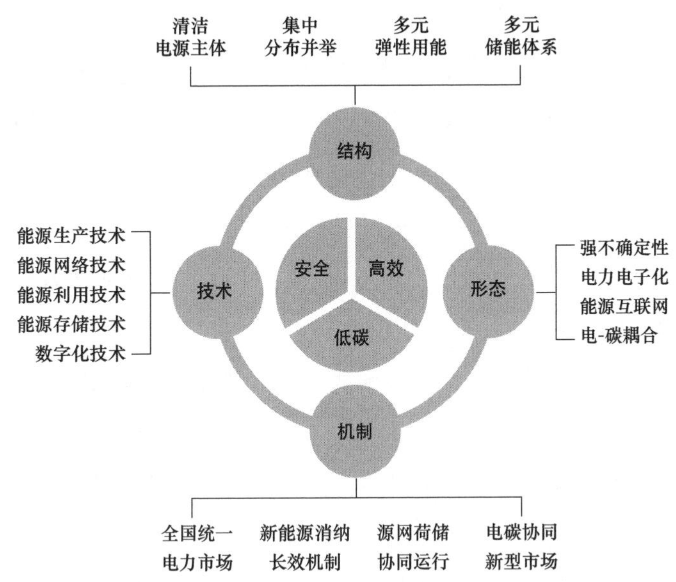

图 1–4　新型电力系统的关键特征

终端用能多样化、弹性化与有源化。在负荷侧，随着能源消费结构与产业结构调整，电气化水平将不断提升，高耗能工业负荷将减少，数据中心、电动汽车等将大幅增长，电制氢、储能、智能电器等交互式用能设备将广泛接入和应用，未来负荷种类将呈多元化特点。此外分布式能源、多能灵活转换等技术的广泛应用，终端负荷将从单一用能向有源微电网转变。

跨时空多元融合的共享储能体系。在储能侧，不同环节、不同时间尺度、不同应用场景对储能的技术需求各不相同，发挥的功能也各有侧重。新型电力系统将依托抽蓄、化学储能、光热储热、氢储能、压缩空气储能等多元储能技术体系，以电网为纽带，将独立分散的电网侧、电源侧、用户侧储能资源进行全网的优化配置，推动源—网—荷各环节储能能力全面释放，构建多元、融合、开放、共享的储能体系。

（2）形态特征。从确定性系统转向不确定性系统。随着可再生能源在电源

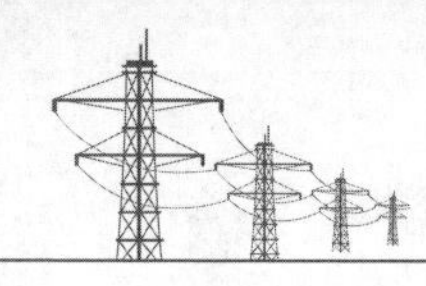

结构中占比持续增长，供应侧将出现强随机波动的特性，能源电力系统将由传统的需求侧单侧随机系统向源—荷双侧随机系统演进。现有电力系统必须实现从“被动适应可再生能源并网带来的不确定性”的模式，转向“适应强不确定性的‘源网荷储’协同互动”模式。

从机电主导转向机电－电磁耦合。新能源并网、传输和消纳在源—网—荷端广泛引入电力电子装备，电力系统呈现显著的高比例新能源和高比例电力电子趋势。因此，电力系统基本特性正由旋转电机主导的机电暂态过程为主演变为由电力电子控制主导的机电－电磁耦合特性为主。

从传统电力系统转向能源互联网。伴随电力系统的数字化与智能化转型，新型电力系统将转向以智能电网为核心、可再生能源为基础、互联网为纽带，通过能源与信息高度融合，实现能源高效清洁利用的能源互联网形态。

从电视角转向电碳耦合视角。面向“双碳”目标，未来电力系统的发展趋势与形态演化将转变为节能减排、低碳发展的“外力驱动”倒逼机制。

（3）技术特征。低碳清洁的能源生产技术。在发电侧，新型电力系统需具备低碳清洁的能源生产技术特征。主要包括煤炭清洁高效灵活智能发电技术、先进风电技术、太阳能利用技术、负碳生物质技术、氢能技术及核能技术等。

安全高效的能源网络技术。在电网侧，新型电力系统需具备安全高效的能源网络技术特征。主要包括高比例新能源并网支撑技术、新型电能传输技术、新型电网保护与安全防御技术、碳排放流技术等。

能源高效利用技术。在用户侧，新型电力系统需具备灵活高效的能源利用技术特征。主要包括柔性智能配电网技术、智能用电与供需互动技术、分布式低碳综合能源技术、电气化交通技术与工业能效提升技术等。

能量高效存储技术。在储能侧，新型电力系统需具备经济高效的能量存储技术特征。主要包括电化学储能技术、机械与电磁储能技术、抽水蓄能技术、异质能源存储技术、云储能技术等。

数字化支撑技术。数字化技术是支撑构筑新型电力系统的关键技术、人工智能和大数据技术，支撑构建具有智能化运行控制和运营管理，数字孪生全景

展示与智能交互的新型电力系统。

（4）机制特征。全国统一电力市场机制。一是国家市场、省（区、市）市场的协同运行，实现交易时序耦合、不同交易规则协同、交易结算流程有序，在全国范围内实现电力资源优化配置和共享互济。二是电力市场体系的功能进一步完善，中长期交易周期缩短、频次增加，现货市场稳定运行、各类优先发电主体及用户侧共同加入，调频及备用等辅助服务市场建立健全。三是建立适用于新型电力系统的电力市场体系，针对电力市场不同维度的需求，包括新能源参与中长期市场、容量补偿、灵活性爬坡、绿色电力交易、分布式发电市场化交易等，建立多种市场并实现多个市场间的有序衔接与互相补充。

新能源消纳长效机制。一是在电网保障消纳的基础上，通过“源网荷储”一体化、多能互补等途径，实现电源、电网、用户、储能各类市场主体共同承担清洁能源消纳责任的机制。二是统筹电源侧、电网侧、负荷侧的灵活调节资源，完善新能源调度机制，多维度提升电力系统的调节能力，保障调节能力与新能源开发利用规模匹配。三是要科学制定新能源合理利用率目标，要形成有利于新能源发展和新型电力系统整体优化的动态调整机制，各个地方风光资源不一样、负荷情况不一样、电源电网结构不一样，要因地制宜，制定各地区的目标，充分利用系统消纳能力，积极提升新能源发展空间。

“源网荷储”协同运行机制。“源网荷储”一体化是指通过优化整合本地资源，以先进技术突破和体制机制创新为支撑，探索“源网荷储”高度融合的电力系统发展路径，强调发挥负荷侧调节能力、就地就近灵活坚强发展及激发市场活力，引导市场预期。随着能源互联网逐步建成，需求侧资源和储能将能够参与系统优化调节，“源网荷储”各环节间协调互动将成为常态。电力系统运行机制将由“源随荷动”转向“源荷互动”，统筹安排源、网、荷、储各环节的运行策略，充分发挥各类资源特点，以灵活高效的方式共同推动系统优化运行，促进清洁能源高效消纳。

电碳协同新型市场机制。市场是实现碳减排的关键手段，我国正稳步推进电力市场与碳市场建设。电－碳市场将电力市场和碳市场的交易产品、管理机构、参与主体、市场机制等要素深度融合。在发电侧，发电成本与碳排放成本共同形成电－碳产品价格，通过价格动态调整不断提升清洁能源市场竞争力，促进清洁替代；在用能侧，建立电力与工业、建筑、交通等领域用能行业的关联交易机制，用能企业在能源采购时自动承担碳排放成本，形成清洁电能对化石能源的价格优势，激励用能侧电能替代和电气化发展。电－碳市场以气候与能源协同治理为方向，能够将相对分散的气候与能源治理机制、参与主体进行整合，实现目标、路径、资源高效协同，有效解决当前两个市场单独运行存在的问题，提供科学减排方案与路径，激发全社会主动减排动力。

4. 专家观点

本书收集了电力行业的业内资深专家对以新能源为主体的新型电力系统的内涵、发展方向和想法的系列解读。

国家电网公司董事长辛保安认为，电力是能源转型的关键领域。随着“双碳”进程加快和能源转型深化，亟待加快构建新型电力系统。新型电力系统是以新能源为供给主体，以坚强智能电网为枢纽平台，以“源网荷储”互动和多能互补为支撑，具有清洁低碳、安全可控、灵活高效、智能友好、开放互动基本特征的电力系统，具有更加强大的功能特征：一是有效破解新能源发电大规模并网和消纳难题；二是有效实现新型用电设施灵活接入、即插即用；三是有力支撑“源网荷储”各环节高效协调互动；四是有力促进电力与其他能源系统的互补互济。在建设过程中，需要突出抓好四个方面，即坚持安全为本，坚持创新驱动，坚持政策引导，加强合作共为。实现新型电力系统构建需要五个方面的突破，即创新电网发展方式、增强系统调节能力、技术攻关、满足多元化用能需求、凝聚行业发展合力，共同推动新型电力系统向高度数字化、清洁化、智慧化的方向演进。

中国工程院院士舒印彪认为，当前我国电力发展进入了新时期。实现“双碳”目标，对能源电力发展提出了新要求。新型电力系统是实现“双碳”目标的枢纽平台。构建新型电力系统，需要创新与发展理论体系、技术体系、产业体系，要加强多学科交叉融合、多产业相互协同、多技术集成创新，在保障电力供应安全前提下，推进绿色低碳转型。新型电力系统有四方面基本特征：第一，广泛互联。要形成更加坚强的互联互通网络平台，发挥大电网优势，获取

季节差互补、风光水火互调和跨地区、跨领域补偿调节等效益，实现各类发电资源充分共享和互为备用。第二，智能互动。现代信息通信技术与电力技术的深度融合，实现信息化、智慧化、互动化，改变传统能源电力的配置方式，由部分感知、单向控制、计划为主转变为高度感知、双向互动、智能高效。第三，灵活柔性。新能源要能够主动平抑处理波动，成为电网友好型电源，要具备可调可控能力，提升主动支撑性能。电网要充分具备调峰调频能力，实现灵活柔性性质，增强抗扰动能力，保障多能互补，更好适应新能源发展需要。第四，安全可控。以实现交流与直流各电压等级协调发展，建设新一代调控系统，筑牢安全三道防线，有效防范系统故障和大面积停电风险。

中国发展院院长王彤认为，如期实现“双碳”目标是挑战更是机遇。2020 ～ 2050 年，能源系统需要新增投资约 100 万亿元，以新能源为主体的新型电力系统将发生革命性变革，新的增长点和巨大商机凸显，低碳技术、清洁能源材料、新能源汽车产业链等新兴领域前景广阔。加快构建新型电力系统，包括研究新能源接入模式、加强常规电源调节能力、各级电网协同规划、电网数字化转型、新一代调度系统、综合能源服务模式、布局重大科技创新等，实现“全面可观、精确可测、高度可控”，有效聚合了海量可调节资源支撑实时动态响应。

中国南方电网有限责任公司对新型电力系统的显著特征进行了解读。一是绿色高效。新能源将成为新增电源的主体，并在电源结构中占主导地位。终端能源消费“新电气化”进程加快，用能清洁化和能效水平显著提升。电力体制改革持续深化，市场在能源资源配置中的决定性作用得以充分发挥。二是柔性开放。电网作为消纳高比例新能源的核心枢纽作用更加显著。特高压柔性直流输电技术支撑大规模新能源集中开发与跨省区高效优化配置，大电网柔性互联促进资源互济共享能力进一步提升。储能规模化应用有力提升电力系统调节能力、综合效率和安全保障能力。

1.2.3 构建新型电力系统的意义

构建新型电力系统是推动能源革命，保障能源供应安全的重要战略举措。

近年来，我国能源对外依存度逐年攀升，2020年石油、天然气资源对外依存度分别达到73%、43%，国家能源安全形势日趋严峻。另外，我国可再生能源尤其是风、光等新能源发展潜力巨大，大规模发展新能源可有效促进能源结构多元。构建新型电力系统，将打造更加灵活高效的能源资源优化配置平台，支撑大规模新能源开发与利用，同时可有效促进需求侧大力推进“新电气化”进程，将是推动能源革命、保障能源供应安全的关键。

构建以新能源为主体的新型电力系统是践行“把握新发展阶段，贯彻新发展理念，构建新发展格局要求”的重要举措。这是中国在“十四五”乃至更长一段时间内经济社会发展的最高指引和根本遵循。实现碳达峰、碳中和，是党中央经过深思熟虑作出的重大战略决策，标志着中国生态文明建设整体布局进入了新阶段。在这场广泛而深刻的经济社会系统性变革中，电力作为关乎国计民生的基础性行业，应深刻认识自身所承担的重大责任，坚持可持续发展理念和清洁低碳方向，满足人民美好生活对绿色电力的需求，以自身高质量发展赋能美丽中国建设，助力构建经济社会高质量发展的新格局。

构建以新能源为主体的新型电力系统是电力行业转型升级的内在要求。近年来，随着电力电子技术、数字技术等的广泛应用，中国新能源发电、分布式能源比重快速提升，储能、电动汽车规模不断扩大，电网、配电网结构不断优化，系统平衡及调控手段不断丰富，电力系统的技术形态正在发生前所未有的变化。同时，随着互联网理念和电力系统的深度融合，电力的应用领域不断拓展，服务和消费理念不断升级，综合能源、虚拟电厂、负荷集成等新业态不断涌现，对能源管理体制、组织形式等也造成了较大冲击。这些都要求行业主动适应变化、加快转型升级，构建以新能源为主体的新型电力系统。

构建以新能源为主体的新型电力系统，是加快生态文明建设的战略选择。近年来，我国陆上风电、光伏发电装机规模均位列世界第一，海上风电居世界第二，带动了新能源技术和产业快速发展。我国生态文明建设以降碳为重点战略方向，大力发展风电、太阳能发电等非化石能源，是能源领域降碳的主要途径，是保障国家能源安全的重要举措。能源安全关系国家安全，实现以新能源为供给主体，将大幅降低我国油气对外依存度，显著提高能源安全保障能力，

是构建新发展格局的强大动力。以终端用能电气化推动能源利用节能提效，增强绿色发展内生动力，为全面建成社会主义现代化国家提供基础支撑和持续动能，是推动能源产业链转型升级的重要引擎。通过自主创新，集中突破能源电力领域核心和颠覆性技术，摆脱关键技术装备对外依赖，推动能源电力产业全链条自主可控和转型升级。构建新型电力系统，将带动全行业产业链、价值链上下游共同努力，引领全球低碳产业发展，在服务和融入新发展格局中展现更大作为。

1.2.4 新型电力系统带来的机遇与挑战

1. 发展机遇

加快构建适应新能源占比逐渐提高的新型电力系统，推动能源绿色低碳转型已成为行业共识。“技术—体制机制”的创新将推动我国新型电力系统的构建，相关扶持政策出台、新兴市场建设以及技术创新为电力系统发展带来新的机遇。

政策层面：“双碳”背景下，各级政府部门将围绕如期实现2030年前碳达峰、2060年前碳中和目标，陆续出台促进能源绿色低碳转型、新型电力系统建设等方面的指导意见、扶持政策和激励措施等，随着引导新能源高质量发展的体制机制和政策体系健全完善，未来新型电力系统的发展将会迎来良好的政策环境。

市场层面：在国家政策的鼓励和支持下，围绕消纳高比例、大规模可再生能源，必将推动适应新能源快速发展的绿色电力交易机制和市场体系建设；引导和鼓励虚拟电厂、需求响应等新兴市场主体协同参与辅助服务市场，充分发挥市场配置资源的决定性作用，实现电力系统安全稳定高效运行。

技术层面：随着政策和市场需求的导向，必然推动新型电力系统相关的技术研发与应用。尤其是能源电力与信息技术深度融合，将为构建能源互联网产业“新生态”提供技术支撑。此外，基于新型电力系统建设过程中取得的“从0到1”的原创性成果，构建适应我国新能源电力系统发展相关的技术规范与标准体系，将为促进相关产业升级与开拓国际市场带来更多推动与支持。

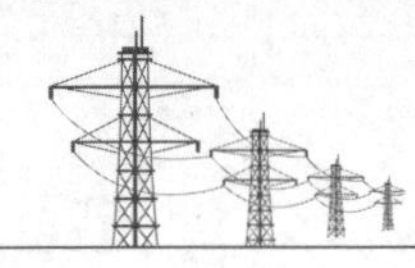

2. 面临的挑战

随着风、光等新能源发电的迅猛发展和电力电子技术在电力生产、传输和消费等环节的广泛应用，电力系统正形成“高比例可再生能源”和“高比例电力电子设备”的“双高”发展趋势，为可靠性供电、新能源消纳、智能优化运行、安全稳定带来了新的挑战。

高比例新能源接入，电力供应保障难度加大。风电、光伏作为波动性电源，只能提供电量，无法参与电力平衡。高比例新能源接入电网会造成系统输出功率随机波动，进而加重了电网调峰频率调节负担；同时高比例新能源发电接入系统，会替代部分常规机组，进一步削弱电网调节能力，给电网安全稳定运行带来全新挑战。因此，在“双碳”背景下，未来更高比例的可再生能源接入电网后，电力的安全供应面临挑战。

电网深度电力电子化，系统稳定问题更加复杂。伴随新能源规模化集中式开发和分布式风电光伏系统投运，促使输电网中高压大容量变流装备的持续推广和配用电侧电力电子设备的广泛应用，电力系统的动态特性发生了巨大变化，所引发的电磁宽频振荡问题已威胁到电力系统的安全稳定运行。高比例电力电子设备引发的电磁振荡问题为现代电力系统带来了新的挑战。

新能源资源禀赋与能源消费呈逆向分布，对电网大范围资源灵活配置能力要求高。我国能源分布广泛但不均衡，新能源富集的大型能源基地，远离负荷中心，难以就地消纳，制约了新能源发展。“十三五”期间，我国新能源飞速发展的同时，新能源富集地区曾出现大面积、长时间的“弃风”“弃光”现象。“双碳”目标下，2030 年风电、光伏总装机量将达到 1200GW 以上，新能源消纳风险凸显。因此，未来新能源电力系统需在能源互联网及灵活智能化方向开展技术创新工作，以增强电网大范围优化配置资源能力，以及防范和解决大规模新能源并网消纳问题。

信息通信技术和电力能源深度融合，电力数据价值挖掘和信息安全防范能力亟待加强。随着信息通信技术和电力能源深度融合，新型电力系统将实现信息与物理系统深度融合，系统中“源网荷储”各环节每时每刻都会产生海量信息数据，如何对其进行即时有效的感知、采集、存储、管理、分析计算、共享

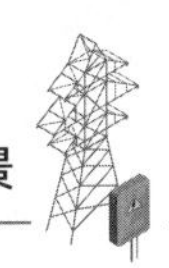

应用和保护，充分挖掘能源大数据作为新时期重要生产要素的价值是未来新型系统需解决的“痛点”问题。

此外，能源系统中广域布局且数量庞大的“源网荷储”设备使得新型电力系统信息安全风险点呈现“点多面广”的特点，存在以能源系统“源网荷储”各环节中某点为突破口，通过网络攻击而导致电网崩溃的风险，网络安全问题凸显。

1.2.5 新型电力系统实施路径

1. 国家电网公司提出新型电力系统行动方案

2021 年 7 月，国家电网公司结合国家“十四五”规划和 2035 年远景目标纲要，研究提出了《国家电网有限公司构建以新能源为主体的新型电力系统行动方案（2021—2030 年）》（简称《行动方案》），深入阐述了构建以新能源为主体的新型电力系统的重大意义、内涵特征和原则要求，系统回答了“为什么”“是什么”“怎么干”等重大问题。《行动方案》全面体现了服务大局的政治性、系统谋划的战略性、尊重规律的科学性和前瞻布局的先进性，提出了“九加强、九提升”，为落实新型电力系统建设提供了战略指引。

新型电力系统发展目标：预计到 2035 年，基本建成新型电力系统，到 2050 年全面建成新型电力系统。2021 ～ 2035 年是建设期：新能源装机逐步成为第一大电源，常规电源逐步转变为调节性和保障性电源。电力系统总体维持较高转动惯量和交流同步运行特点，交流与直流、大电网与微电网协调发展。系统储能、需求响应等规模不断扩大，发电机组出力和用电负荷初步实现解耦。2036 ～ 2060 年是成熟期，新能源逐步成为电力电量供应主体，火电通过 CCUS 技术逐步实现净零排放，成为长周期调节电源。分布式电源、微电网、交直流组网与大电网融合发展。系统储能全面应用、负荷全面深入参与调节，发电机组出力和用电负荷逐步实现全面解耦。

新型电力系统实施路径：构建新型电力系统是一项极具挑战性、开创性的战略性工程，坚强智能电网是基础，“源网荷储”协同是关键，推动科技创新是引领，发挥制度优势是保证。国家电网公司将积极面对发展机遇和挑战，贯

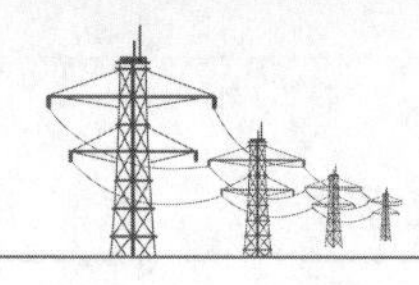

彻新发展理念，坚持系统观念，转变发展方式，落实国家战略，强化规划引领，统筹计划安排，全力推进构建新型电力系统。在公司发展方式上，按照“一体四翼”发展布局，由传统电网企业向能源互联网企业转变，积极培育新业务、新业态、新模式，延伸产业链、价值链。在电网发展方式上，由以大电网为主，向大电网、微电网、局部直流电网融合发展转变，推进电网数字化、透明化，满足新能源优先就地消纳和全国优化配置需要。在电源发展方式上，推动新能源发电由以集中式开发为主，向集中式与分布式开发并举转变；推动煤电由支撑性电源向调节性电源转变。在营销服务模式上，由为客户提供单向供电服务，向发供一体、多元用能、多态服务转变，打造“供电 + 能效服务”模式，创新构建“互联网 +”现代客户服务模式。在调度运行模式上，由以大电源大电网为主要控制对象、“源随荷动”的调度模式，向“源网荷储”协调控制、输配微网多级协同的调度模式转变。在技术创新模式上，由以企业自主开发为主，向跨行业跨领域合作开发转变，技术领域向“源网荷储”全链条延伸。

“九加强、九提升”重点任务：国家电网公司以目标为战略引领、以实施方案为建设方向，提出“九加强、九提升”重点任务。一是加强各级电网协调发展，提升清洁能源优化配置和消纳能力；二是加强电网数字化转型，提升能源互联网发展水平；三是加强调节能力建设，提升系统灵活性水平；四是加强电网调度转型升级，提升驾驭新型电力系统能力；五是加强源网协调发展，提升新能源开发利用水平；六是加强全社会节能提效，提升终端消费电气化水平；七是加强能源电力技术创新，提升运行安全和效率水平；八是加强配套政策机制建设，提升支撑和保障能力；九是加强组织领导和交流合作，提升全行业发展凝聚力。

2. 安徽省提出“一型三力”皖美电网

（1）总体思路。以实现“双碳”目标为引领，落实《行动方案》战略部署，以实现“一型三力”皖美电网为关键路径和核心载体，打造“长三角特高压电力枢纽”以承接“坚强智能电网为枢纽平台”、承接“三地一区”跨区特高压交直流落点安徽，提升“绿色承载力、柔性适变力、融合发展力”以承接“清洁低碳、安全可控、灵活高效、智能友好、开放互动”，以“四大行动举措”落实

“九加强、九提升”重点任务，以“源、网、荷、储”四侧创新实践和体制机制凸显示范性和引领性，创建“六大品牌实践”，打造“三区一点一带一平台”省级示范、“数智柔控、承绿载荷、智慧友好、多元融合、低碳共享”市县园区级示范，构建适合中国国情有更强新能源消纳能力的新型电力系统。

安徽省构建新型电力系统总体思路见图 1–5。

（2）总体目标。紧密结合安徽发展实际，遵循新型电力系统演进的底层逻辑，统筹发展与安全，坚持战略引领和目标导向，分两阶段稳步有序推进安徽新型电力系统建设。

第一阶段（2021 ～ 2035 年），能源电力碳排放先达峰后下降，非化石能源逐步占据装机和电量主体地位，基本建成新型电力系统。

至 2025 年，依托“一型三力”皖美电网初步建成新型电力系统“示范窗口”。建成“两交两直”特高压格局，跨省跨区输电能力达 2000 万 kW；满足 3200 万 kW 光伏风电并网消纳，其中分布式电源装机容量达到 1000 万 kW 以上，新能源发电利用率不低于 95%，火电灵活性改造超 500 万 kW；推动大电网、微电网、局部直流电网形态并存、融合发展，资源配置能力满足多元化负荷和分布式电力灵活接入。完成省调端新一代调度技术支持系统建设，分布式日前预测准确率整体提升至 97%、92%、90% 以上，抽水蓄能装机超过 468 万 kW，新型储能超 300 万 kW；多元柔性负荷资源池进一步扩容，灵活调节能力占比最大负荷超 5%，全社会累计替代电量达到 300 亿 kWh，基本建成中长期交易、现货市场、辅助服务市场相衔接的电力市场，推动“省市县区”新型电力系统先行先试综合示范，打造“三区、一点、一带、一平台”安徽特色名片。

至 2035 年，全省新型电力系统建设取得全面突破，基本建成“一型三力”皖美电网，绿色承载力、柔性适变力和融合发展力实现更高提级。电网清洁能源优化配置和消纳能力实现更大提升，电网数字化转型的作用价值逐步彰显，电网系统调节能力实现更高提级，新能源开发利用水平不断升级，终端消费电气化广度深度不断加强，政策机制支撑和保障能力不断夯实，全行业发展凝聚力基本形成。

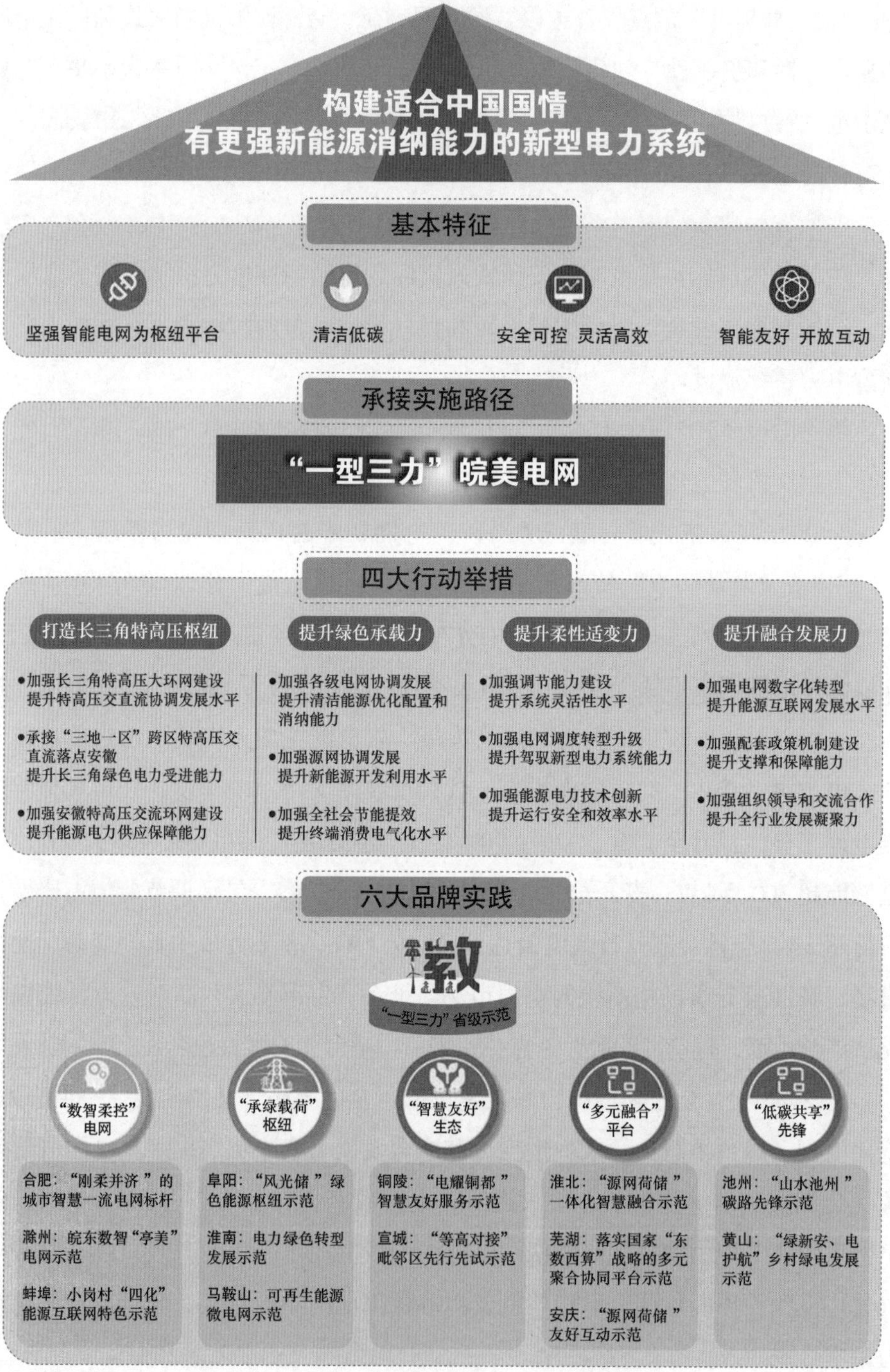

构建适合中国国情
有更强新能源消纳能力的新型电力系统
基本特征
坚强智能电网为枢纽平台
清洁低碳
安全可控 灵活高效
智能友好 开放互动
承接实施路径
“一型三力”皖美电网
四大行动举措
打造长三角特高压枢纽
•加强长三角特高压大环网建设 提升特高压交直流协调发展水平
•承接“三地一区”跨区特高压交直流落点安徽 提升长三角绿色电力受进能力
•加强安徽特高压交流环网建设 提升能源电力供应保障能力
提升绿色承载力
•加强各级电网协调发展 提升清洁能源优化配置和消纳能力
•加强源网协调发展 提升新能源开发利用水平
•加强全社会节能提效 提升终端消费电气化水平
提升柔性适变力
•加强调节能力建设 提升系统灵活性水平
•加强电网调度转型升级 提升驾驭新型电力系统能力
•加强能源电力技术创新 提升运行安全和效率水平
提升融合发展力
•加强电网数字化转型 提升能源互联网发展水平
•加强配套政策机制建设 提升支撑和保障能力
•加强组织领导和交流合作 提升全行业发展凝聚力
六大品牌实践
“一型三力”省级示范
“数智柔控”电网
合肥：“刚柔并济”的城市智慧一流电网标杆
滁州：皖东数智“亭美”电网示范
蚌埠：小岗村“四化”能源互联网特色示范
“承绿载荷”枢纽
阜阳：“风光储”绿色能源枢纽示范
淮南：电力绿色转型发展示范
马鞍山：可再生能源微电网示范
“智慧友好”生态
铜陵：“电耀铜都”智慧友好服务示范
宣城：“等高对接”毗邻区先行先试示范
“多元融合”平台
淮北：“源网荷储”一体化智慧融合示范
芜湖：落实国家“东数西算”战略的多元聚合协同平台示范
安庆：“源网荷储”友好互动示范
“低碳共享”先锋
池州：“山水池州”碳路先锋示范
黄山：“绿新安、电护航”乡村绿电发展示范

图 1–5　安徽省构建新型电力系统总体思路

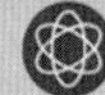

第二阶段（2036～2050年），能源电力碳排放较快下降，新能源逐步成为电力电量供应主体，全面建成新型电力系统。到2050年，新能源全面具备主动支撑能力，在系统中发挥主体作用，火电成为长周期调节电源并通过碳捕捉实现净零排放；储能全面应用，负荷深度参与调节，大电网、分布式、微电网、交直流组网融合发展，“源网荷储”多要素灵活互动，电、气、冷、热、氢等多能有效互补。建成清洁低碳、安全高效的现代能源体系，引领长三角区域以及安徽省能源转型发展，助力尽早实现碳中和。安徽新型电力系统发展目标见图1-6。

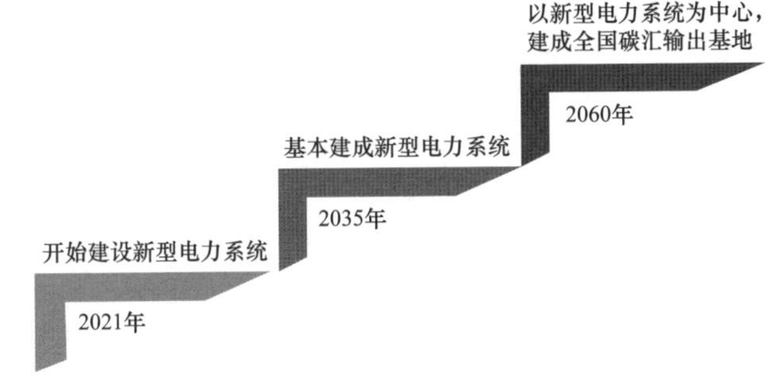

图1-6 安徽新型电力系统发展目标

2021～2035年是建设期。新能源装机逐步将成为第一大电源，常规电源逐步转变为调节性和保障性电源。电力系统总体维持较高转动惯量和交流同步运行特点，交流与直流、大电网与微电网协调发展。系统储能、需求响应等规模不断扩大，发电机组出力和用电负荷初步实现解耦。

2036～2060年是成熟期。新能源逐步成为电力电量供应主体，火电通过CCUS技术逐步实现净零排放，成为长周期调节电源。分布式电源、微电网、交直流组网与大电网融合发展。系统储能全面应用、负荷全面深入参与调节，发电机组出力和用电负荷逐步实现全面解耦。

（3）实施路径。

1）“一型三力”皖美电网内涵。结合安徽资源禀赋和电网发展实际，国网安徽省电力有限公司（简称安徽电力）研究确立了“一型三力”皖美电网实施路径。总的来看，是支撑国家战略开发、推动国家电网规划目标落地的系统谋划，是构建安徽特色新型电力系统的落地实践，是推进安徽电力行业高质量实现“双碳”目标的有效载体。

——“一型”即打造长三角特高压电力枢纽，承接“坚强智能电网为枢纽平台”。

“一型”是指“枢纽型”，即安徽电网将成为长三角区域特高压电力枢纽，这是安徽电网的“体魄”，将是华东区域能源电力交换和资源配置的重要节点，肩负着国家“三地一区”新能源开发直流外送、长三角区域承接特高压区外电力、区域内跨省能源大规模转送和跨省域电力交换的重要职责。

——“三力”即推动电网向能源互联网升级，承接“清洁低碳、安全可控、灵活高效、智能友好、开放互动”。

“三力”包含绿色承载力、柔性适变力、融合发展力，是构建新型电力系统主要着力点。绿色承载力表现在电网绿色电力的流通路径，承接“清洁低碳”是指安徽电网具有支撑清洁能源大规模接入、消纳、调控和消费、利用的能力，实现以清洁能源为主导、电能为中心，持续提高新能源并网消纳能力。柔性适变力表现在电网灵活可靠的形象特征，承接“安全可控、灵活高效”是指电网具备快速响应环境变化的能力，发输变配侧柔性互联、高效互动，资源配置实现自组织、自寻优、自适应，具备在极端故障情况下快速恢复、防灾抗灾的应变自愈能力，各级电网安全始终可控、能控、在控。融合发展力表现在电网多元聚合的创新生机，承接“智能友好、开放互动”是指电网具备能源互联网多元聚合、共享发展的能力，实现纵向融合“源网荷储”各环节要素协同发展，横向融合能源系统、物理信息、社会经济、自然环境各领域要素联动升级，打造成为具有重要影响力的新兴产业聚集地。

2）“一型三力”皖美电网实施路径。落实国家电网公司战略部署，实现“一型三力”皖美电网的核心是打造长三角特高压电力枢纽、提升绿色承载力、提升柔性适变力、提升融合发展力。“一型”是总抓手，体现电力是主力军、电网是排头兵的责任担当；“三力”是构建新型电力系统主要着力点，在新发展格局下，结合安徽电网发展形态，以自身最佳方式，落实“九加强、九提升”重点任务重要举措。

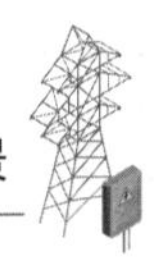

全力打造长三角特高压电力枢纽。全力打造长三角特高压电力枢纽是实现安徽电网从“长三角电力桥头堡”向“承接长三角新增外来电力的中心和省际转送枢纽”升级，是支撑国家“三地一区”战略开发，满足大规模直流消纳和转送（外送规模3.15亿kW，对应外送通道将达到20～30回）的重要载体，远景年将其打造成为全国联网中处于特别重要的特高压枢纽。

至2025年，形成“两交两直”特高压格局，跨省跨区输电能力达2000万kW。至2035年，建成省内“日字型”特高压交流环网，跨省跨区输电能力超过2200万kW。截至2050年，建成灵活安全交换的特高压枢纽。

提升绿色承载力。推动清洁电力大范围优化配置，电源侧承载大容量新能源基地和分布式新能源的接网消纳，负荷侧支撑终端消费电气化发展和满足绿色电力需求。一是加快特高压电网建设，提高跨省跨区输送清洁能源力度，加大配电网建设投入，提高配电网规划精细度；二是完善新能源配套电网工程建设“绿色通道”，支持分布式新能源和微电网发展，服务和推动整县屋顶分布式光伏试点；三是以电为平台和载体，实现能源消费革命，推动居民生活、交通运输、工业用热、工业动力的电气化，促进智慧社区、零碳建筑技术突破，降低社会能耗水平。

截至2025年，风光占比快速提升，实现清洁能源装机、发电量双主体；截至2035年，煤电装机达到顶峰，风光占比稳步增长，全省抽水蓄能和新型储能开发规模超过1000万kW，形成长三角千万千瓦级绿色储能基地。至2050年，煤电逐步升级成超低排放调节性电源，新增电力需求全部由外来电和风光保障，风光成为省内电源主体。

提升柔性适变力。推进电网向能源互联网转型升级，实现多层级柔性互联，广域互动，智能终端广泛覆盖，通信网络高效传输，数据共享互联互通，数字技术赋能赋智，运营指挥协同联动。一是推动抽水蓄能电站、新型储能、气电等调节电源建设和火电灵活性改造，打造长三角千万千瓦级绿色储能基地。二是建成新一代调度技术支持系统，实现提升大电网调度“预想、预判、预控”能力，提高电网对可再生能源的消纳和多元负荷的调控能力。三是推进“源网荷储”四侧“即插即用”全覆盖，实现风险主动预警、超前防范、有效管控，提升极端灾害条件下自主防御和自愈恢复能力。

至 2025 年，智能感知终端全面覆盖，形成交直流微电网融合发展形态。至 2035 年，数字孪生电网基本建成，智慧配电网，以及交 / 直流、配 / 微电网融合的新形态电网全面形成，电网柔性适变能力大幅提升。2050 年分布式电源有效感知率达到 100%，全面建成数字孪生电网，电网具备完整的自主防御和自愈恢复能力。

提升融合发展力。推进以电网为核心的“源网荷储”融合发展，加快数字化转型，加强体制机制建设，实现“源网荷储”多级协同，电网灵活高效，能源配置及利用提升，新兴生态价值显现，多元主体开放共赢。一是加强“大云物移智链”等技术与新型储能、需求响应的融合创新应用，提升配电网智慧化水平，加快能源大数据产业融合应用，建设运用好“绿能云平台”“碳监测平台”等电力数据平台，促进电力大数据产品与电网建设、生态治理、金融服务、政务管理、产业发展共享融合，释放能源数据内聚外通价值。二是推动健全电力价格形成机制，依托全国第二批电力市场试点建设，推动中长期与现货、辅助服务市场有效融合，研判电力供需和电网安全形势，加强政企联动，构建能源电力安全预警体系。三是强化工作组织落实责任，统筹各方资源力量，推动电网和常规能源、新能源、负荷资源及新型储能协调发展，通过“源网荷储”弹性平衡激发融合发展的共生价值。安徽省新型电力系统建设方案见图 1–7。

（4）重点研究攻关方向。

1）加强“源网荷储”协同发展：

方向 1：“双碳”背景下安徽电力发展路径研究。研究全行业碳排放中能源电力行业排放情况，从结构调整、发电技术、电网节能等角度分析减排措施的减排效果；研究相关技术发展需求、技术配置的规模及范围、实现的功能、技术储备保障。分析影响电力消费的关键因素，提出未来电力消费侧结构、电气化替代、节能降耗场景，展望近中远期电力消费发展趋势。明确安徽省碳减排、碳中和三步走战略，构建兼顾安全保障与高效低碳的多元清洁供应体系，提出多场景电源保障方案并测算相应排放水平。研究碳中和愿景下高弹性、高可靠性新一代电网的转型方向，提出输电网和配电网的发展定位和发展格局。

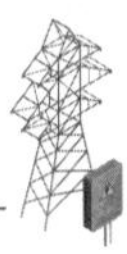

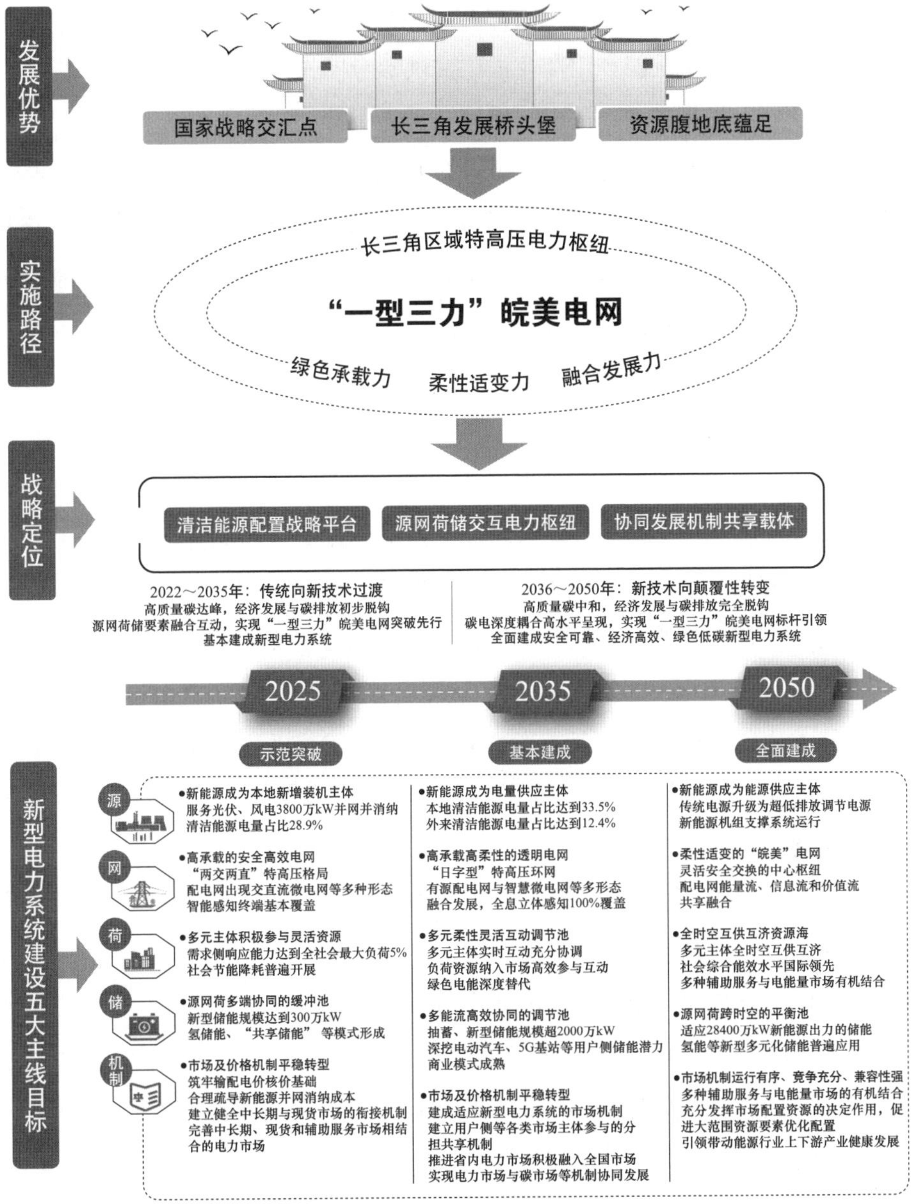

发展优势

国家战略交汇点 长三角发展桥头堡 资源腹地底蕴足

实施路径

长三角区域特高压电力枢纽

“一型三力”皖美电网

绿色承载力 柔性适变力 融合发展力

战略定位

清洁能源配置战略平台 源网荷储交互电力枢纽 协同发展机制共享载体

2022～2035年：传统向新技术过渡
高质量碳达峰，经济发展与碳排放初步脱钩
源网荷储要素融合互动，实现“一型三力”皖美电网突破先行
基本建成新型电力系统

2036～2050年：新技术向颠覆性转变
高质量碳中和，经济发展与碳排放完全脱钩
碳电深度耦合高水平呈现，实现“一型三力”皖美电网标杆引领
全面建成安全可靠、经济高效、绿色低碳新型电力系统

新型电力系统建设五大主线目标

	2025 示范突破	2035 基本建成	2050 全面建成
源	•新能源成为本地新增装机主体 服务光伏、风电3800万kW并网并消纳 清洁能源电量占比28.9%	•新能源成为电量供应主体 本地清洁能源电量占比达到33.5% 外来清洁能源电量占比达到12.4%	•新能源成为能源供应主体 传统电源升级为超低排放调节电源 新能源机组支撑系统运行
网	•高承载的安全高效电网 “两交两直”特高压格局 配电网出现交直流微电网等多种形态 智能感知终端基本覆盖	•高承载高柔性的透明电网 “日字型”特高压环网 有源配电网与智慧微电网等多形态 融合发展，全息立体感知100%覆盖	•柔性适变的“皖美”电网 灵活安全交换的中心枢纽 配电网能量流、信息流和价值流 共享融合
荷	•多元主体积极参与灵活资源 需求侧响应能力达到全社会最大负荷5% 社会节能降耗普遍开展	•多元柔性灵活互动调节池 多元主体实时互动充分协调 负荷资源纳入市场高效参与互动 绿色电能深度替代	•全时空互供互济资源海 多元主体全时空互供互济 社会综合能效水平国际领先 多种辅助服务与电能量市场有机结合
储	•源网荷多端协同的缓冲池 新型储能规模达到300万kW 氢储能、“共享储能”等模式形成	•多能流高效协同的调节池 抽蓄、新型储能规模超2000万kW 深挖电动汽车、5G基站等用户侧储能潜力 商业模式成熟	•源网荷跨时空的平衡池 适应28400万kW新能源出力的储能 氢能等新型多元化储能普遍应用
机制	•市场及价格机制平稳转型 筑牢输配电价核价基础 合理疏导新能源并网消纳成本 建立健全中长期与现货市场的衔接机制 完善中长期、现货和辅助服务市场相结合的电力市场	•市场及价格机制平稳转型 建成适应新型电力系统的市场机制 建立用户侧等各类市场主体参与的分担共享机制 推进省内电力市场积极融入全国市场 实现电力市场与碳市场等机制协同发展	•市场机制运行有序、竞争充分、兼容性强 多种辅助服务与电能量市场的有机结合 充分发挥市场配置资源的决定作用，促进大范围资源要素优化配置 引领带动能源行业上下游产业健康发展

图 1–7　安徽省新型电力系统建设方案

方向 2：基于氢能综合利用的园区微电网协调运行与交易机理研究。研究园区可控可调资源的耦合机理和用能特性。研究基于氢能综合利用的园区微电网协调控制和优化调度技术。研究多元化绿色交易机制和氢能高效利用的商业

运行模式。实现园区电网的安全可靠与低碳高效运行，为分布式电源消纳提供控制调度手段，并为氢能利用商业推广提供参考模式。

方向 3：风光火储一体化协同规划及灵活运行控制技术研究与应用。开展“源网荷储”协同规划方法研究，重点包括高比例新能源规划场景特征提取、电网承载能力评估。开展多类型灵活调节资源的调节潜力精细化评估、平衡机制研究，提出计及多能互补的灵活调节资源配置原则。开展大型能源基地并网联合优化调度技术研究，包括风光功率预测、精准协同控制技术等。

2）加强绿色低碳市场构建：

方向 4：“十四五”安徽新能源侧储能电站配置及并网运行管理策略研究。调研安徽省新能源和储能电站发展现状，研究“十四五”安徽新能源发展趋势和消纳形势。研究“十四五”安徽新能源发电侧储能电站配置标准。研究并提出安徽新能源发电侧储能电站并网管理及调度运行策略。

方向 5：基于碳排放的电力调度模型、算法及评估技术研究。研究储能、新能源、水电及火电的碳排放模型，建立计及多类异质源、储的电力系统碳排放计算方法。考虑安全、潮流等约束，研究基于碳排放的省级电力系统多时间尺度调度模型及智能优化算法。研究省级电力系统调度综合运行效益评估技术，实现计及碳排放的全网综合效益多时间尺度评估。

方向 6：安徽绿色低碳电力市场体系建设研究。新型电力系统下的市场发展关键问题研究主要包括：新形态电力市场发展规划、集中式新能源为主的常规市场建设、分布式新能源为主的新形态市场建设、新能源市场与其他市场的协同机制等。适应新形势的市场机制研究主要包括：与现货有效衔接的中长期交易机制、供需趋紧形势下的关键市场机制、推进市场建设重点问题研究等。提升市场运营水平关键问题研究主要包括零售市场建设、数据价值挖掘、运营风险防控、市场信息披露等。

方向 7：长三角一体化背景下抽水蓄能电价机制研究。研究抽水蓄能电站运营现状及存在问题；研究设计我国电力市场化改革条件下的抽水蓄能费用疏导机制；不同电力市场发展阶段的抽水蓄能费用分摊研究；基于长三角一体化背景下抽水蓄能电价机制研究提出符合我国能源转型需求和国民经济发展需要

的抽水蓄能相关政策建议。

方向 8：能源消费侧脱碳关键技术及需求响应运行模式研究与应用。开展化工、建材、钢铁等重点排放行业以电为中心的减碳典型解决方案研究。开展电动汽车车网互动研究，重点包括大规模电动汽车负荷对电网的影响，减少电动汽车负荷对电网冲击的技术或商业模式。开展需求响应应用场景和负荷特性研究，形成与电源出力特性匹配的需求响应运行方式。

3）加强可观可控能力建设：

方向 9：面向新型电力系统的 5G 配电网保护优化配置和控保协同研究。研究新型电力系统“双高”配电网的故障机理。研究面向新型电力系统的 5G 配电网分布式保护装置的优化配置方案。研究新型电力系统配电网保护控制协同技术。研究配电网保护、测量、控制等多源信息一致数据模型和嵌入式部署的分布式保护装置运行状态轻量化智能评估方法。

方向 10：电网数字化技术适用于高比例新能源接入研究与应用。构建基于数字孪生的全息感知新能源一张网。建立新能源安全校核模型，开展新能源消纳能力薄弱环节评估。生成典型运行方式下新能源消纳管控策略。研发基于数字孪生的新能源孪生平台，在六安、亳州进行实践示范，实现新能源可观、可测、可控。

方向 11：基于多源信息分析的 ±1100kV 换流变压器状态监测与评估关键技术研究。以换流变压器实际运行数据、故障缺陷情况为依据，采用结合因子分析法提取换流变压器各部件的关键参量指标。在对换流变压器振动信号采集的基础上，利用重信息分解与时变权重组合对换流变压器振动状态参量进行综合预测。构造基于相关分析和深度学习的分类器，实现换流变压器状态的智能监测和评估。开发换流变压器状态综合分析和评估软件，实现换流变压器各部件信息的多维展示、详细的波形与数值信息、状态监测和评估、历史曲线查询、故障异常报表生成等功能。

4）提升新能源发电主动支撑能力：

方向 12：面向电力系统的混合储能应用研究。研究其在提高电力系统稳定性、改善电能质量及提升新能源消纳等方面的适用性，探索混合储能在电力

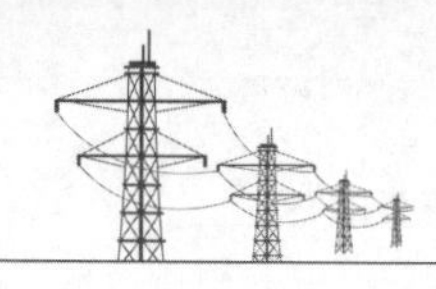

系统中的应用前景。针对电压、功率快速波动及新能源并网调频等具体储能需求，研究混合储能系统性能、经济最优的容量配置方法，研究混合储能系统并网的拓扑结构及控制方法，研究混合储能系统能量/功率响应特性及全生命周期成本。

方向 13：大规模分布式光伏发电数字化协同调控技术研究与应用。部署适配不同通信协议的物联感知终端，研究分布式光伏并网电能质量控制策略。构建融合 5G、LoRa 等多种实时通信网络，研究不同场景下分布式新能源数据采集通信组合方法。研究分布式光伏发电知识图谱构建技术，构建光伏发电预测模型，通过天气预测等数据，实现短时光伏发电精准预测。研究用电负荷精准画像构建技术，开展负荷分类和用电行为分析。研究不同光伏集群的协同控制方法，分析“源网荷储”互动能力，制定调控策略。研究基于区块链的光伏结算及光伏消纳技术，并验证点对点结算和需求响应场景应用。研发大规模分布式光伏数字化运行平台，研发电力看“双碳”、电力助运维大数据应用。

方向 14：“双碳”背景下宿州区域新能源与电网协调发展研究。对宿州地区电网新能源接纳的能力进行深度评估，在保证区域电网安全稳定运行的情况下，充分考虑电网发展，为新能源更为科学地接入宿州电网并充分消纳寻找最优方案，协调地方政府合理安排新能源建设时序及接入规模，指导新能源和电网发展，构建宿州特色的新型电力系统，助力国家“双碳”战略的落地实施。

5）提升系统安全稳定运行水平：

方向 15：高比例分布式新能源电力系统暂态稳定分析理论及主动支撑控制方法研究。研究电网严重故障下高比例新能源电力系统的复杂暂态过程及稳定性变化规律。研究高比例分布式新能源电力系统考虑暂态稳定安全域约束的支撑能力评估方法。研究基于集群动态划分的高比例分布式新能源电力系统的主动支撑控制策略。为实现“双碳”目标及构建以新能源为主体的新型电力系统提供理论支撑和技术保障。

方向 16：面向新型电力系统的全电压等级实用化仿真算法和辅助分析技术研究及应用。开展全电压等级仿真实用化技术研究，提出具备高容错、自适应修正能力的主配网一体化仿真计算方法。开展全电压等级仿真辅助分析关键

技术研究，结合安徽电网特点，提出主网静态安全分析的实时评估辅助分析方法，针对新型电力系统中源、荷具有弹性和韧性特点，分析局部电网的电源和负荷需求，提出分布式新能源、储能和综合能源厂站的发电/负荷最优布点和容量配置的辅助分析方法。构建面向新型电力系统的主配网联合计算与协同分析功能试点应用，实现主配网计算模型按需灵活构建功能，支撑省地县配协同计算、合环分析等工作。

方向17：大规模电动汽车多时间尺度调度机制研究。开展安徽省大规模电动汽车集群多时间尺度可调度容量时空分布预测模型研究，为电动汽车集群控制提供数据支撑。创新提出电动汽车与电网互动新型商业模式和多时间尺度智能控制方法，引导用户主动响应电网调控需求，实现配电网负荷削峰填谷。

方向18：面向交直流柔性互联接入的多元高弹性低碳化智慧城市电网关键技术研究。开展适应分布式电源及交直流柔性互联装置接入的配电网中压线路全面故障处置系统模型、通信架构及云边协同技术研究。开展多元分布式可控资源全景协同态势感知、端边云多层级智能控制技术研究，提出适用于边缘侧、多参量的配电状态动态感知模型。开展配电网数字孪生系统架构及建模技术研究，包括配电网全量精准感知与数字孪生交互技术和面向多业务场景的配电网精益管控技术等。

2 新型配电网发展路径与发展形态

整个电力系统中最靠近用户的是配电网，它对用电的可靠性和安全性起到至关重要的作用。在“双碳”目标、能源转型、新型电力系统建设、能源供需形势等背景下，全球配电网发展均面临进一步提高供电可靠性并接纳逐步增长的分布式新能源的难题。分布式新能源规模性开发较早的一些国家或地区（如欧盟、美国、日本等），积极探索智能电网技术应用，加速配电网转型，推动分布式新能源发展，为我国配电网发展提供了经验借鉴。当前，我国面临分布式新能源的大规模开发以及电动汽车、储能等多元新兴负荷的广泛接入，现状配电网对高比例分布式新能源接入的适应性不足，对储能、充电桩、综合能源站、微电网群等多元化新兴负荷的资源配置能力不足，亟须探索配电网发展新模式及路径，构建具有高承载、高互动、高自愈、高效能等特征的新型配电网，助力配电网转型升级。

2.1 国内外配电网发展现状

2.1.1 国际配电网发展现状

1. 欧洲

欧洲电网转型发展的根本动力主要是配电网中分布式电源（distributed energy resources，DER），尤其是分布式新能源发电（distributed renewable energy sources，DRES）广泛接入，以及电动汽车、储能等负荷形式的显著变化。截至 2018 年，在电力供应方面，风电和光伏累计装机容量为 2.87 亿 kW，其中，工商业和居民分布式光伏装机容量达 7300 万 kW；在新型负荷方面，英国、德国、法国、意大利四国的私人电动汽车保有量达到 84.5 万辆，储能装机容量达到 1533MWh。

除了电力生产和消费的变化外，欧洲的能源政策加速了配电网的转型进程。自 2007 年以来，欧盟致力于实现所谓的“20-20-20”目标，即到 2020 年，欧盟将其温室气体排放量与 1990 年的水平相比减少 20%，一次能源消费中可再生能源占比提高至 20%，同时减少 20% 的能源总消耗。2019 年 12 月 11 日，欧盟委员会发布了《欧洲绿色协议》，提出 2050 年实现碳中和的目标，在 7 个战略性领域开展联合行动，包括提高能源效率，发展可再生能源，发展清洁、安全、互联的交通，发展竞争性产业和循环经济，推动基础设施建设和互联互通，发展生物经济和天然碳汇，发展碳捕获和储存技术以解决剩余排放问题。

为了实现上述目标，越来越多的分布式新能源发电和新型负荷接入配电网中，配电网由单向的、可预测、可控的、集中式的能源系统向双向的、难以预测和控制的、分散式的能源系统转化，从而在保证电力供应和服务质量方面受到日益严峻的挑战。面对这一挑战，与传统的延伸或强化电网物理基础设施的解决方案相比，欧洲配电网更强调引入 IT 技术，增加通信、传感和自动化功能，使得配电网运行灵活且适应发电侧和需求侧的变化，在功能形态上即由传统电网向智能电网转化。

下面以法国巴黎为代表进行具体分析。巴黎核心区电网供电面积约为 $105km^2$，供电用户数量160万，最高供电负荷达到300万kW。巴黎核心区配电网由225kV、20kV、380/220V三级组成，采用N–2[1]可靠性标准。高压网采用双环网结构，中压网采用纺锤形网架结构，开闭所“手拉手”供电，具有很高的可靠性。巴黎城区内均为电缆线路，变电站采用全埋式或半埋式，环境友好，节约空间资源。2018年，巴黎全市供电可靠率99.985%，户均平均停电时间72min。核心区供电可靠率99.996%，户均平均停电时间21min。

2. 美国

与欧洲大力发展清洁能源有所不同，美国的智能电网发展更加侧重电力网络与信息网络的融合发展，以及配电和用电侧技术升级，借此改变人们的电能消费模式，使配电系统成为各种新的服务模式实施的支撑平台。

美国的智能电网发展动力主要是电网设备更新换代需求和信息化产业融合发展。2009年美国启动的《经济复苏计划》智能电网项目中90%属于配电和用电领域。

美国配电系统研究的重点在于负荷侧的智能管理，更加关心配电网络和通信、信息技术的集成。其目的是激发全社会技术创新的能量，动员除公用事业管理者和消费者以外的第三方参与到智能配电系统的建设和运营中来，希望通过信息解决方案来创造新的市场价值，利用信息技术置换和推迟新设备的使用，以其非常高的性能价格比来实现对资产的配置和传统设备的整合。这种信息解决方案将跨越公共基础设施企业的界限，使得配电系统运营者和电力消费者在融合方式上发生根本性的变化。人们希望智能配电系统能够提供一种激励环境，促进电能消费者和第三方资产进行合作，利用电网设施来控制费用和改供电的可靠性。通过实时共享电网的数据信息，利用高速、先进的分布式控制和电子商务来实现实时数据的交互，启发人们随时随地改变电能消费模式进而

---

[1] N-2运行方式是指电力系统的N个元件中的任意两个独立元件（发电机、输电线路、变压器等）发生故障而被切除后，应不造成因其他线路过负荷跳闸而导致用户停电，不破坏系统的稳定性，不出现电压崩溃等事故。

介入电网的运行，提高系统的资产利用率，实现节能减排的目标，并为实现电力的供需合作提供盈利的机会和平台。

美国配电电压趋向高压化，以前多为 4kV，现以 12kV 和 13kV 为主体，少量采用 33、46kV 和 69kV 电压，城市配电网一般均为地下电缆组成，少量采用架空线。家庭配电一般采用单相 3 线制、120/240V 接线方式。在负荷密度特别高的纽约曼哈顿地区，一次配电电压采用了 13.8kV，二次电压为 120/208V，采用“Y”形接线方式。

3. 日本

日本配电系统经过多年的建设和改造，已经具备了一定的智能化水平，其设备已达到世界一流水平。系统具有可靠性高、电能损耗低等特点，配电自动化技术已获得了广泛应用，并取得了非常好的应用效果。

日本配电网的发展也是基于其智能电网发展战略，由于日本能源主要依靠进口，核电自给率有限。为了更好地开发利用可再生能源，2002 年日本政府发布了可再生能源利用比例标准法案，2008 年日本内阁发布“低碳社会行动计划”明确了光伏发电目标，2009 年日本政府公布了包括推动可再生资源和电动汽车等发展政策在内的政府发展战略。因此，日本的配电系统主要围绕大规模太阳能等新能源的高效利用，确保配电系统可靠运行这一目标的发展，强调节能与优质服务，注重通过建设智能配电系统实现各种能源的兼容优化利用。

未来，日本智能配电系统的发展将更加偏重提高资源利用率，降低电网损耗，提高供电服务质量，以及开发储能技术、电动汽车技术等高科技产业，进一步提高电网的先进性、环保性和高效性。

下面以东京为代表进行具体分析，东京供电总面积为 39494 km^2，2015 年最高负荷为 4980 万 kW；核心区（东京都）供电面积约 715 km^2，2015 年最高负荷 1524 万 kW。东京电力配电变压器普遍采用非晶合金变压器和小容量多布点模式；输配电线损率通常控制在 5% 以下；低压电网采用网格化供电模式。中压配电网则多采用环网结构、放射状运行，6.6kV 电缆网采用站间单环网接线方式，6.6kV 架空网采用六分段三联络方式。东京电力在 2000 年左右实现了配电自动化覆盖率 100%，供电可靠性提升明显，故障停电恢复时间缩短为原

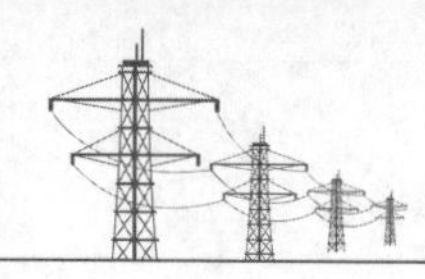

来的十分之一。得益于带电作业的大力普及，供电可靠性接近“5 个 9”（对应 5min）的水平。

2.1.2 我国配电网发展现状

为全面落实国家“双碳”目标部署，国家电网公司层面提出了能源电力落实碳达峰、碳中和实施的具体路径，构建以新能源为主体的新型电力系统行动方案（2021 ～ 2030 年），明确了新型电力系统的发展方向以及不同发展阶段的重要任务，依据国家电网公司的行动方案，各网省公司分别开展了新型配电系统的初步探索，配电网呈现出新的发展态势。

1. 上海

上海配电网综合运用新一代信息技术，不断提高配电网智能化水平，结合重点区域建设，加快打造“钻石型”配电网❶推广应用。

上海电网高压配电网包括 110kV 和 35kV 两个电压等级，110kV 变电站基本上采用辐射型或“手拉手”链式接线模式。110kV 架空线路一般采用同塔双回架设方式，新建电缆线路均采用排管敷设方式。

35kV 变电站基本上采用辐射型接线模式，存量变电站中，早期建成的大多采用两台主变压器配置，20 世纪 90 年代开始逐步采用三台主变压器配置。中心城区以电缆网为主，向外辐射至郊区城镇及人口密集区域，郊区地区以架空网为主，10kV 架空网络基本上采用多分段多联络的接线模式，平均长度为 6.1km，平均单条线路配电变压器装接容量为 4.7MVA，平均供电半径约为 2.1km。至 2019 年，上海中压主干线架空网共有架空线路 5686 条，已消除了辐射型网络，提高了网络可靠性。中压主干线电缆网络绝大部分采用单环网形式，并采用开关站带环网站或开关站带户外配电站的接线模式。

❶ “钻石型”配电网是指以 10kV 开关站为核心节点、双侧电源供电、配置自愈功能的双环网电网结构，以高安全可靠性，兼具经济性和可实施性为目标，具备安全韧性、可靠自愈、经济高效、易于实施等多重优点。“钻石型”配电网由国网上海市电力公司在全国率先提出并探索实施，目前已在西虹桥、徐家汇及张江科学城等地区率先试点应用。“十四五”期间，将在上海市市中心城区、中国（上海）自由贸易试验区、临港新片区和一体化示范区等重点区域推广应用，为上海城市高质量发展提供有力支撑。

截至 2019 年，上海电网配电自动化覆盖率约为 75.35%，其中“三遥”终端、标准型“二遥”终端、动作型“二遥”终端、基本型“二遥”终端占比分别为 54.31%、11.61%、5.45%、28.62%，城农网供电可靠率差距大幅减小，全口径供电可靠率达到 99.9911%，城市供电可靠率为 99.9945%，农村供电可靠率为 99.9888%。

未来，上海电力全力打造“海绵城市电网”以提升城市应急能力，通过用电负荷管理系统实现规模化双向负荷调控能力，涵盖工业生产移峰、自备电厂、冷热电三联供、冰蓄冷空调机组、电力储能设施、公共充电站、小区直供充电桩等全类型可控负荷。大规模填谷式电力负荷需求响应的成功实施，不仅直接而有效地平衡了电力负荷，缓解低谷时段电网运行调节压力，而且为今后加强需求响应精细化管理，完善可再生能源消纳机制，促进节能减排做出了有益的探索和尝试。“海绵城市电网”具备双向调控能力。如果将每个电力客户都看作是一块小负荷海绵，那么整个城市的用电侧就是一块大负荷海绵，在用电负荷管理系统的统筹下，负荷海绵就可以有效参与电网运行，实现“需求弹性，协同供需”。

2. 北京

近年来，国网北京市电力公司大力推动配电网高质量发展，坚持以客户为中心、以提升供电可靠性为主线，强化标准化建设、精益化运维、智能化管控，配电网可靠供电水平明显提升。

北京配电网架空线采用多分段多联络，电缆网采用双环双射，10kV 架空线路分段平均用户数 1.86，平均分段数 4.13，线路联络率 100%，$N-1$[1] 通过率 100%。配电自动化各类型终端覆盖全市 9025 条 10kV 馈线，且全部投入馈线自动化功能，全域配电自动化覆盖率和功能投入率实现双 100% 目标。2017 年以来，国网北京市电力公司供电可靠率逐年提升，远郊农村地区供电可靠率提升幅度较大，与城市供电可靠率差距明显减小。2019 年，全口径供电可

---

[1] $N-1$ 运行方式是指电力系统的 N 个元件中的任一独立元件（发电机、输电线路、变压器等）发生故障而被切除后，应不造成因其他线路过负荷跳闸而导致用户停电，不破坏系统的稳定性，不出现电压崩溃等事故。

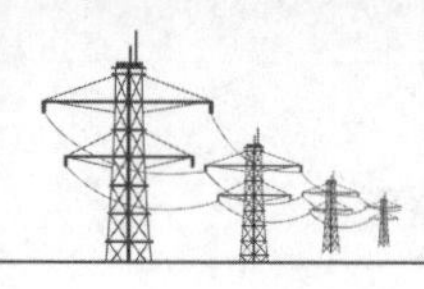

靠率达到 99.976%，城网用户供电可靠率为 99.991%，农网用户供电可靠率为 99.964%。

“十四五”期间，北京将建成高可靠智能化城市配电网。按照《北京市“十四五”时期重大基础设施发展规划》，北京将统筹本地及周边区域电源设施布局，持续完善外受电通道，优化城市电网结构，加强本地电源应急储备和调峰电源建设，建成高可靠智能化城市配电网。到 2025 年，全市供电可靠率达到 99.996%。

3. 浙江（杭州）

2021 年 5 月，浙江省政府发布的《浙江省电力发展“十四五”规划（征求意见稿）》指出：在杭州、宁波打造坚强局部电网，持续提升中心城市配电网安全可靠水平，满足杭州亚运、火车西站等重大活动、重大项目的保电需求。围绕共同富裕示范区建设，推进农村电网巩固提升工程，加速城镇电网提档升级改造，有效解决电网“卡脖子”问题。

浙江省电力着力打造“多元融合高弹性电网”，利用电网能源供应枢纽和能源服务平台作用，让提升能源综合利用水平和效率的元素参与电量平衡，在不改变电网物理形态的前提下，改善电网辅助服务能力，为电网赋能，改变电网运行机制，提高电网安全抗扰能力，从而大幅提升社会综合能效水平。以多元融合高弹性电网为关键路径和核心载体，以电网弹性提升主动应对大规模新能源和高比例外来电的不确定性和不稳定性，以体制机制突破和创新实践体现引领性和示范性，以大规模储能为必要条件，以“源网荷储”协调互动为关键举措，创建大受端电网清洁低碳转型和可持续发展的省级示范。

杭州市配电网架空网采用辐射式、多分段单联络式、多分段适度联络式，电缆网采用单环网、双环网，架空线路辐射式、多分段单联络式、多分段适度联络式线路比例分别为 13.93%、58.65%、17.42%。配电自动化方面，全部开闭站（开闭所）均采取“三遥”，10kV 开关站采用“断路器 + 保护”配电网自动化方式配置，另有市电提供断路器的二次系统直流电源。

目前，杭州已实现了比肩世界一流的可靠供电。2018 ～ 2021 年，杭州三年内户均停电时长分别逐年下降 61%、58.5%、29.9%，2021 年杭州全口径户

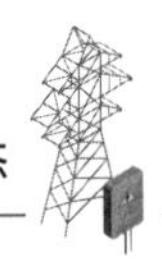

均停电时长仅 41min，全域供电可靠率达 99.9922%。2022 年 6 月，国家能源局发布 2021 年度电力可靠性指标，杭州再次入围年均停电时间一小时城市之列，相关指标继续全国领跑，比肩纽约、巴黎等特大城市。

4. 江苏（苏州）

国网江苏省电力有限公司（简称江苏电力）用 4 年左右时间，将苏州作为示范城市，打造“安全可靠、优质高效、绿色低碳、智能互动”世界一流城市配电网，构建“区域清晰、接线标准、负荷均衡、可靠灵活”的网架结构，选用“成熟可靠、技术先进、节能环保”的设备技术，打造“信息流、业务流穿透末端业务”融合平台，实现“状态全感知、可观可控、友好互动”智能互动服务。

苏州配电网架空线路采用多分段多联络、多分段单联络，电缆网采用双环网、单环网的接线方式，10kV 配电自动化覆盖率为 100%。至 2019 年，全口径供电可靠率为 99.92%，城市供电可靠率为 99.95%，农村供电可靠率为 99.91%。

江苏电力提出了“5310 战略”，以“5 化”（能源供应清洁化、能源消费电气化、能源利用高效化、能源配置智慧化、能源服务多元化）为目标方向，按照“顶层设计、规划先行，迭代优化、基本建成，总结提升、全面建成”3 步走策略，用 10 年时间，规划建设江苏能源互联网。“5310 战略”对上承接建设“具有中国特色国际领先的能源互联网企业”战略目标，对下统领全省能源互联网建设。

5. 香港

目前，香港已经打造了“世界一流城市配电网”，培育了以高可靠性为核心竞争力的配电服务，电力可靠性指标已达 99.995%，年户均停电时间小于 1.5min，而国内大部分城市的这一指标都要以小时计算。

香港 11kV 配电网采用三主一备接线方式，开环运行；22kV 配电网采用闭环系统，由从同一分区变电站母线引出的两条馈线组成环路。配电自动化方面，已实现全光纤覆盖，所有中压线路和配电变压器“三遥”配置率 100%；控制结构清晰，形成了一套逻辑结构清晰、控制直接的配电自动化系统。实现 100% 对配电网的远方监测和操作；实用性强，已完全实现了故障的自动隔离，且通过故障识别和恢复专家系统，自动提供故障恢复操作方案。从1997年开始，香港的供电可靠率便已达到99.999%以上。

然而，香港电网供电可靠性虽然能够达到99.99%，但付出的代价却是50%的电力装机冗余。按香港公开的电力统计数据分析得出，香港燃煤、燃气机组年平均利用小时数仅为3200h，较国内燃煤机组年平均利用小时数5200h低2000h。因此，在保证供电可靠性的同时，降低电力装机冗余，优化输配电网规划布局，是香港电网的发展方向。

6. 安徽

《安徽省国民经济和社会发展第十四个五年规划和2035年远景目标纲要的通知》(皖政〔2021〕16号)提出，重点研发智能电力电网、分布式能源等技术，加快突破风光水储互补、先进燃料电池等技术瓶颈。要加快推进“外电入皖”特高压输电通道建设，加强两淮电力送出通道、过江通道等省内重要输电工程建设，强化骨干网架结构，打造长三角特高压电力枢纽。加快主干网架结构升级，构建坚强地区环网。提高配电网智能化发展水平，推动城乡供电服务均等化，实施农网巩固提升工程，推进老旧小区供电设施改造，提高供电质量和供电可靠性。优化“皖电东送”机组运行方式，提升长三角电力互济互保能力。

截至2019年年底，安徽电力经营区域110kV内架空线路、电缆线路长度分别为18651、504km，电缆化率为2.63%。其中市辖供电区电缆长度为464km，电缆化率为9.17%；县级供电区电缆长度为40km，电缆化率为0.29%。

全省110kV电网多数采用的是单链式接线和双链T接线。主接线形式推荐采用单母线分段或者桥式接线，变电站内可以设置两台或三台主变压器。110kV整体装备水平较高，运行年限较长的设备及线路主要集中在负荷发展缓慢、地形条件复杂、改造难度较大的区域。目前的设备运行状况大部分尚能满足需求。35kV电网结构以单链、单环和双辐射为主。10kV架空线路有多联络、单联络和辐射式结构。

截至2021年年底，安徽省户均容量达到3.0kVA，城、农网供电可靠率分别提升至99.96%、99.86%。其中，市辖供电区110kV及以下综合线损率与

10kV 以下综合线损率分别为 4.98% 和 5.25%，供电可靠率为 99.95%，户均配电变压器容量为 3.65kVA/ 户。县辖供电区 10kV 及以下综合线损率与 10kV 以下综合线损率分别为 5.89% 和 5.35%，供电可靠率为 99.83%。

2.2 配电网发展面临的形势与挑战

2.2.1 我国配电网发展面临的机遇与挑战

1. 发展机遇

新形势下，我国新型配电网发展在政策、市场、技术等层面面临着良好的发展机遇。

政策层面：在“双碳”背景下，各级政府部门将围绕如期实现 2030 年前碳达峰、2060 年前碳中和目标，陆续出台促进能源绿色低碳转型、新型电力系统建设等方面的指导意见、扶持政策和激励措施等，随着引导新能源高质量发展的体制机制和政策体系健全完善，新型配电网的发展将会迎来良好的政策环境。

市场层面：在国家政策的鼓励和支持下，围绕消纳高比例、大规模可再生能源，必将推动适应新能源快速发展的绿色电力交易机制和市场体系建设；引导和鼓励虚拟电厂、需求响应等新兴市场主体协同参与辅助服务市场，充分发挥市场配置资源的决定性作用，实现电力系统安全稳定高效运行。

技术层面：随着政策和市场需求的导向，必然推动新型配电系统相关的技术研发与应用。尤其是能源电力与信息技术深度融合，将为构建能源互联网产业“新生态”提供技术支撑。此外，基于新型配电系统建设过程中取得的“从 0 到 1”的原创性成果，构建适应我国新能源电力系统发展相关的技术规范与标准体系，将为促进相关产业升级与开拓国际市场带来更多推动与支持。

2. 形势与挑战

分布式清洁能源开发，配电网承载能力亟须提升。一方面，分布式清洁能

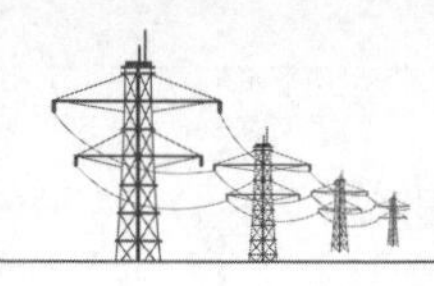

源大规模开发，对配电网特别是较薄弱的农村电网提出了严峻挑战，受制于配电网的承载能力，个别新能源项目可能无法及时接入电网；在一些区域，分布式清洁能源的开发规模远超当地负荷消纳水平，引起设备反向重载甚至过载，带来供电安全和质量问题。另一方面，配电网需要满足各类新型负荷接入，电供暖、电动汽车充电设施等新型负荷具有单体功率波动大等特点，快速发展对配电网承载能力提出了更高的要求。

多元主体持续快速增长，智能化水平亟须提高。随着新型电力系统的加快构建，配电网观、测、调、控主体和参数规模将呈现数量级增长态势，配电网对分布式资源的可观可测能力还未充分实现，配电网感知、决策和执行能力有较大提升空间。现阶段配电网仍以“源随荷动”模式为主，面向“源网荷储”一体化协调控制的数字化智能化技术未得到充分应用，亟待创新突破。

控制需求呈现多元化，专业管理手段亟须优化。配电网正在从无源网络向有源网络演变、由确定性规划向概率性规划转变，传统配电网规划理念和方法、规划管理体系和机制需要优化。随着分布式资源的海量接入，配电网的控制对象扩展到“源网荷储”各环节，同时向低压配电网延伸，调控对象大幅增加，现有调度模式和调度手段需要进行适应性调整。

电力交易市场不断完善，交易价格机制亟须完善。我国电力市场在中长期交易的基础上，逐步试点现货交易和辅助服务，分布式交易和期货交易处于萌芽阶段，分布式清洁能源、储能、负荷聚合商等新兴主体参与市场化的交易规则、电价机制、交易平台功能尚不完善，未形成公平的收益分配机制，难以适应规模化交易，无法充分激发社会投资主体的积极性。

2.2.2 安徽配电网发展面临的形势与挑战

1. 发展面临的新形势

一是服务“双碳”目标实现，亟须加快城市配电网向能源互联网升级。随着碳达峰、碳中和进程加快推进，能源格局的深刻调整，使得配电网电源结构、电网形态、负荷特性、运行特性等方面具有了新的特征。作为能源互联网建设的主战场，配电网正面临保障电力持续稳定供应和加快清洁低碳转型的双

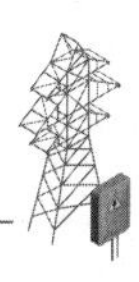

重挑战，必须加快技术革新，实现规划建设、运营管理、体制机制等方面的全面突破，全力保障电力安全可靠供应，满足清洁能源开发、利用和消纳需求，推动能源生产清洁化转型、能源消费电气化提升、能源利用高效化发展。

二是推进长三角一体化发展，亟须城市配电网不断提高供电保障能力。安徽省立足“一体化”、紧盯“高质量”，不断推进长三角一体化发展，安徽省发展改革委印发《安徽省推动长三角一体化发展 2022 年工作要点》（皖长三角办〔2022〕2 号）。围绕推动区域协调发展、强化科技创新攻坚力量、加强产业链供应链协同、推进更高水平协同开放、提升城市发展质量、加强基础设施互联互通、推动生态环境共保联治、促进公共服务便利共享等领域，安徽省发展改革委印发《安徽省新型城镇化规划（2021—2035 年）》（皖发改规划〔2022〕136 号），打造分工协作、以大带小的城镇化新格局，深入推进农业转移人口市民化，推进以老旧小区、老旧厂区、老旧街区、城中村改造为主要内容的城市更新行动，加快新型城市建设步伐，推动更多人民群众享有更高品质的城市生活。安徽省能源局、安徽电力联合印发《全面提升我省“获得电力”服务水平持续优化用电营商环境工作方案》（皖能源电调〔2021〕11 号），提出了办电更省时、办电更省心、办电更省钱以及用电更可靠的工作目标，推动“获得电力”整体服务水平稳步提升。面对长三角一体化发展和新型城市建设步伐加快，城市配电网要深度融合城市发展，服务民生保障需求，不断推进网架、设备、技术、管理、服务升级，提升供电保障能力和优质服务水平，构建与经济社会高质量发展、人民美好生活需求和产业转型升级相适应的新型配电网，不断增强人民群众的获得感和幸福感。

三是落实国家电网公司战略部署，亟须加速城市配电网全面实现高质量发展。国家电网公司深入贯彻新发展理念，提出“夯基础、强管理、抓创新、塑文化”12 字工作要求，倡导树立“忠诚、实干、创新、争先”文化理念，对高质量推进城市配电网建设提出了新要求。城市配电网规划建设要承接能源安全新战略及国家电网公司新时期“一体四翼”发展总体布局，以坚定实施公司“一体三化”现代能源服务，奋力书写建设“具有中国特色国际领先的能源互联网企业”安徽篇为追求，为服务新阶段现代化美好安徽建设作出积极贡献。

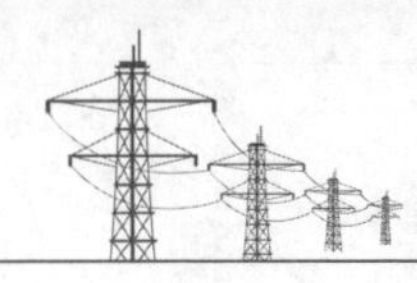

城市配电网发展应以更高站位、更宽视野，贯彻公司战略部署，落实现代设备管理体系建设要求，在配电网建设运营理念、方法、手段、能力等方面适应公司发展面临的新形势、新任务和新要求，全面夯实配电网安全基础、转变业务模式，充分挖掘资产价值，以先进技术革新推动配电网全业务、全环节数字化转型升级，全面支撑企业运营绩效提升，服务公司高质量发展。

2. 转型面临的新挑战

新形势下，高比例新能源接入、高可靠性供电、高效用能服务等需求对安徽配电网提出更高要求，结合安徽省发展实际，配电网在规划建设、运维管控、用能服务和运营管理等方面面临新挑战，亟须加快转型升级，适应高质量发展需求。

一是规划建设实施难度增大。目前，安徽省分布式光伏装机 544 万 kW，占光伏总装机容量 39.7%，光伏年发电量 130 亿 kWh，且未来占比可能还要保持在较高水平。大量分布式新能源接入配电网，电源由可控性强的集中式场站转变为海量分散接入的分布式电源，对电网新能源消纳能力、负荷承载能力提出了新的要求，对配电网建设的适应性和安全可靠性带来了全新挑战。配电网的规划原则、电气计算和网络结构发生深刻变化，需要满足新能源接入电网的安全标准和消纳要求，满足配电网低碳化建设要求，构建柔性可靠、低碳高效的配电网。

二是运维管控安全风险增加。配电网本质安全水平不高，裸导线大档距、铜铝过渡设备线夹等设备本体缺陷依然存在，设备防灾抗灾能力不足，受自然灾害影响较大。2021 年安徽省经历了“烟花”台风、“11 · 7”风灾等数轮恶劣天气，期间配电网故障造成停运线路 908 条（含支线）、配电变压器 5.39 万台。基础运维和运行监测分析质量较差，外破、树障、异物、小动物等问题引起的故障跳闸居高不下，故障原因查找不明、分析不清、治理措施不精准的情况仍然存在。年度检修和工程施工任务愈发繁重，而作业方式仍以停电作业为主，不停电作业人员、装备配置与先进地区仍存在较大差距，运维管控安全风险不断增加。

三是用能服务互动需求多样。实现“双碳”目标，能源是主战场，电力是

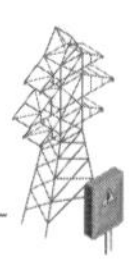

主力军，配电网是排头兵，安徽省争创国家能源综合改革创新试点省，能源生产清洁化、消费电气化、利用高效化的趋势将加快演进，新型用能形式、发展新模式将不断涌现，用能服务互动多元需求对城市配电网建设提出新的要求。配电网需要加快配电自动化实用化进程，提升综合承载能力和灵活控制能力，实现配电网由传统单向无源网络演变为区域能源资源配置平台，满足清洁能源足额消纳和多元化负荷灵活接入需求，打造“供电 + 能效服务”，创新“互联网 +”现代客户服务模式，促进企业节能提效及低碳转型。

四是运营管理质效亟须优化。随着经济社会快速发展，电力与人民群众生产生活的关系更加紧密，城市配电网运营管理难度更大、要求更高，对安徽配电网供电可靠性、供电质量和优质服务提出了更高要求。在当前电力保供备受关注的大背景下，配电网运营管理质效经受严峻考验，对配电专业管理在理念方法、业务实施、队伍素质等方面提出了新要求：亟须优化完善业务管理模式和标准制度体系，提高配电业务及管理数字化水平，培养知识型、技能型、创新型人才队伍，全面提升配电专业化管理能力，助力公司实现跨越发展。

2.3 配电网发展路径演变趋势

2.3.1 新型配电网定位、特征及发展路径

1. 新型配电网发展定位

传统配电系统主要通过变电站和线路来满足具有时变特性的负荷需求。但随着高比例分布式新能源的接入，新能源发电的间歇性、波动性和随机性特征将会对配电网运行的安全造成极大的不确定性，这就需要系统的智能化、弹性发生根本性变化。同时，由于配电网中需求侧响应技术的快速发展与用户侧储能的规模化配置，配电系统需要协调调度供应侧和用户侧，运行方式将发生巨大变化。基于此，在考虑源荷具有不确定性的条件下，通过一些互动运行手

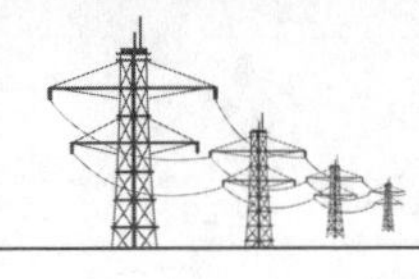

段，满足配电系统在不同时空尺度下的各样需求成为当前应对配电系统所面临新挑战的主要方式。

新型配电网通过接入海量分布式新能源，降低电力生产环节碳排放；借助灵活的网架、分布式储能、柔性电力电子设备及多元化的灵活互动方式，充分满足电动汽车等新型负荷用电需求，推动电能加速替代。

从本质来看，新型配电系统将以新能源为主体，依托多类型“源荷储”资源交互平台，在规划、运行、交易等多方面深刻体现出“源网荷储”一体化特征。

2. 新型配电网特征

新型配电网的主要特征体现在高承载、高互动、高自愈、高效能。在高承载方面，新型配电网能够大幅消纳分布式新能源，实现源荷之间友好互动；在高互动方面，新型配电系统通过互动机制，使弹性资源更有活力，唤醒沉睡的资源；在高自愈方面，能够更快地调动资源来抵抗干扰，具有很强的受到干扰后的自愈能力；在高效能方面，新型配电系统通过充分调动系统中不活跃的资源，实现电网的高质量发展。

分布式电源、分布式储能与新型负荷的大量接入使得配电系统出现供电多元化、用电互动化、电力电子化、装备智能化以及管理数字化等全新形态特征。

（1）形成发电主体多元化开发利用新格局。传统交流配电网通常是无源的，只能从主网单一供电途径获取电能。“双碳”目标下，为实现电源结构清洁低碳转型，以风电、光伏为代表的分布式新能源发电必将更加蓬勃发展。传统配电系统中供、用电环节清晰的角色界限逐渐模糊，“双碳”目标下构建适应高比例新能源发展的电力系统，负荷不再单纯从电网获取电能。2016 年 12 月，国家发展改革委、国家能源局关于印发《〈能源生产和消费革命战略（2016–2030）〉的通知》（发改基础〔2016〕2795 号），明确指出“十四五”期间，光伏、风电、生物质能、地热能等能源系统的分布式应用、创新发展将成为我国应对气候变化、保障能源安全的重要内容。截至 2020 年，安徽分散式风电总装机 106 万 kW，分布式光伏总装机 7831 万 kW，装机总量不断提升

的同时，风电、光伏平价上网进程也在加速推进。2020 年 3 月，国家能源局发布了《关于 2020 年风电、光伏发电项目建设有关事项的通知》（国能发新能〔2020〕17 号），要求推进平价上网项目建设。平价上网项目的落地将会进一步提升新能源发电的竞争力，推动新型配电系统中分布式新能源发电占比不断提升。配电网呈现供电多元化的特征。

（2）凸显用电互动化与电力市场化新特征。在“双碳”目标下，为实现减少碳排放，电能替代将加速推进。2021 年 4 月，国家能源局印发《2021 年能源工作指导意见》，提出本年度电能占终端能源消费比重力争达到 28% 的目标。

一方面，在交通运输领域，电动汽车飞速发展，替代了传统燃油汽车。中国汽车工业协会数据显示，2020 年中国纯电动汽车销量为 111.5 万辆，同比增长 14.8%，全国电动汽车保有量 400 万辆。国际上，多个国家颁布了燃油车禁售时间表，荷兰和挪威从 2025 年禁售燃油汽车，印度和德国从 2030 年禁售燃油汽车，法国和英国从 2040 年禁售燃油汽车。海南省于 2019 年发布的《海南省清洁能源汽车发展规划》（琼府〔2019〕11 号）提出，2030 年海南省全域禁售燃油车。电动汽车逐渐取代传统燃油车之后，将会给配电系统带来庞大的增量负荷。

另一方面，电能替代导致空调、取暖器、热水器等负荷增加。2017 年 12 月，国家发展改革委等 10 部门联合印发《北方地区冬季清洁取暖规划（2017—2021 年）》（发改能源〔2017〕2100 号）。其中明确，2021 年北方地区电供暖（含空气能热泵）面积达到 15 亿 m^2，电供暖带动新增电量消费 1100 亿 kWh。此外，江苏、上海、浙江、广东等负荷集中地区，供电峰谷差大、配电网资源紧张、扩建空间不足。2017 年 7 月 11 日，江苏电网成功完成了首次以需求侧响应缓解电力供应紧张的技术实践。实际响应负荷为 2.6 万 kW，有效缓解了夏季高峰期的电力供应紧张问题。需求侧响应正逐渐替代传统有序用电行政手段，进一步提升用户用电体验。

此外，中共中央、国务院《关于进一步深化电力体制改革的若干意见》（中发〔2015〕9 号）开启了新一轮电力市场改革的序幕。目前，全国所有省级电网已开展了电力市场化交易的改革，其中，广东、浙江等省现货市场已在

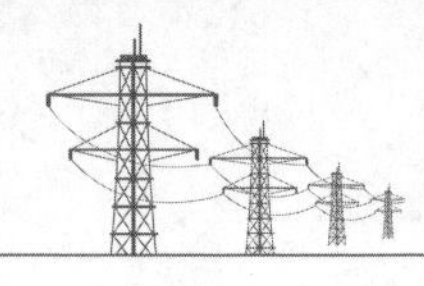

运行，青海、甘肃等省辅助服务市场也已开启。基于智能用电技术，以电动汽车、分布式储能、商用空调、工业用户为主体的源荷储互动以及电力市场是维持系统功率与电量平衡的重要手段，也是配电系统未来运行控制的关键。

（3）强化直流配电及新型电力电子装备大规模应用。随着电力电子变流技术的飞速发展，中低压直流配电技术快速兴起，有效精简了配电系统电能变换环节，增强了配电网潮流调控的灵活性，在配电网潮流精确调控、低压远供、海岛供电、异步联网等领域有广泛的应用前景。目前，国内已落地多个交直流混合配电网示范项目，包括珠海唐家湾多端柔性交直流混合配电网示范项目、浙江海宁尖山主动配电网示范项目、苏州工业园区主动配电网示范项目等。上述示范项目在能量路由器、柔直换流阀、直流断路器、直流变压器等多类世界领先的柔性直流配电网核心装备自主研制方面取得了具有工程推广价值的示范成效。

电力电子技术及装备已在配电网中广泛应用。变频调速是在配电系统中最早应用的电力电子技术，因其效率高、平滑性好、调速范围广、精度高等优点，已广泛应用于轨道交通、工业生产、家用电器等行业。

静止无功发生器（static var generator，SVG）是一种基于全控电力电子器件的无功补偿装备，可根据需要注入感性或容性无功电流，补充负荷消耗的无功功率，改善负荷功率因数，调节负荷电压，降低线损；SVG 具有动态响应速度快、无功连续可调的特征，广泛应用在轧钢、炼钢、轨道交通等行业。在低压配电网中，单相居民用电占总负荷比例较大，三相不平衡导致的线损增大、电压偏移、变压器利用率降低等问题较为严重，SVG 利用其动态响应负荷变化、连续补偿不平衡功率的优势，可有效解决三相不平衡带来的配电网电能质量及经济运行问题。

有源电力滤波器（active power filter，APF）是一种用于动态无功补偿和谐波抑制的电力电子装备。APF 具有快速跟踪补偿冲击负荷和非线性负荷的无功补偿功能，可抑制电压波动和闪变，改善供电质量，广泛应用在冶金、轨道交通、港口机械、空调密集场所等谐波污染严重场合。随着负荷的增长、分布式电源及其电力电子并网设备的大量接入，谐波治理和无功补偿所需要的 APF 容量不断提升，提高了 APF 的制造和运行成本。混合有源电力滤波器（hybrid

active power filter，HAPF）是 APF 新的发展方向，HAPF 将 APF 和无源电力滤波器（power filter，PF）组合，无源部分用于无功补偿，有源部分用于谐波抑制，可有效降低 APF 配置容量。

智能软开关（soft open point，SOP）能够调节各条馈线的功率分布。SOP 的应用使得传统“合环设计、开环运行”方式正在转变为更为灵活的“合环设计、合环运行”方式，以利于多种分布式电源之间的功率互济，有效解决短时间尺度内分布式新能源出力波动导致的线路功率不合理问题。

直流配电技术及新型电力电子装备为配电网灵活性提升提供了新手段，其不仅能控制线路开通和关断，还能连续调节有功、无功潮流，减少分布式发电与储能装置并入配电网所需的电能变换环节。降低了电力电子变换设备的投入与配电损耗，实现配电系统高效、绿色、可靠运行。借助直流配电技术和新型电力电子装备增强配电网灵活性是新型配电网的另一重要特征。

（4）强化数字化和智能化技术大规模推广应用。传统配电系统基于监测控制和数据采集（supervisory control and data acquisition，SCADA）、能量管理系统（energy management system，EMS）等管理系统的整体管理，依赖于企业网格员的手动输入和配电网运维巡检人员的人工信息修正，依赖于配电终端设备（distribution terminal unit，DTU）、馈线远方终端（feeder terminal unit，FTU）、配电变压器监测终端（transformer terminal unit，TTU）等远程终端进行电气量数据的获取以实现配电系统的状态监测和稳定运行。

“双碳”背景下新型配电系统包含分布式电源、储能、充电桩等大量非电网资产以及透明配电网、增量配电网、能源互联网、微电网群等新业态的出现，配电系统存在与交通网、天然气网等非电网网络在多时空状态下的耦合，存在设备产权归属不一、生产厂商多样、管理人员配置不合理等问题。新型配电系统中设备管理的数据不仅包含传统配电系统的设备参量、设备运行状态、网络潮流、工作环境状态，还包含新型配电系统下的电动汽车、充电桩等电网资产。

数字化技术的应用不仅可以提升配电设备管理水平和电能利用效率，还将实现配电设备数字化、小微化、融合芯片的电力加电子集成转型，减少传统配电设备的占地面积和损耗等，进一步支撑碳减排。面向虚拟电厂、源—网—

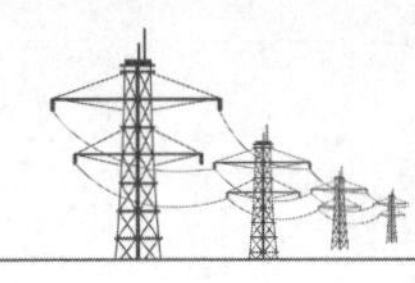

荷互动等新业态的信息通信技术和各类智能终端、电力专用芯片将得到大规模应用。

一方面，数字化技术应用使得大量电网和非电网资产统一化管理成为现实；另一方面，一二次装备融合装备、基于边缘计算的智能终端装备将改变传统配电网 DTU、FTU、TTU 等远程终端的形态和功能。资产数字化和装备智能化是新型配电网的主要特征。

3. 新型配电网发展路径

（1）我国配电网的发展路径。考虑可再生能源发展、新技术演变、新型电力市场完善等多重因素影响，我国配电网发展过程可分为雏形期、发展期、蜕变期、智融期 4 个阶段形态。配电网四段式发展特征见表 2–1。

表 2–1　　配电网四段式发展特征

特征	发展阶段			
	雏形期	发展期	蜕变期	智融期
可再生发电渗透率（%）	0 ～ 10	10 ～ 35	35 ～ 50	60 ～ 70
可再生能源电量占比（%）	0 ～ 5	5 ～ 20	20 ～ 30	30 ～ 40
新能源及储能技术	少量抽水蓄能	风光成本下降，多主体广泛参与	风光发电平价上网，100MW 以上化学储能量产	分布式储能及电动汽车形成成熟效益体系
需求响应（%）	无	0 ～ 20	20 ～ 30	30 ～ 80
多能互补业态	无	个别地区出现微电网、能源站等	能联供市场及微电网供能体系建成，用户渗透率达到 5% ～ 10%	能联供市场及微电网供区体系成熟，用户渗透率超过 20%
市场模式	尚无电力市场机制	引入电力市场机制，开放售电侧	供应商与用户同时具有生产、消费、销售多重角色	形成完善的能源与碳资产交易市场及新型市场体系

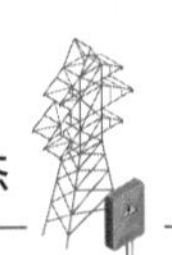

续表

特征	发展阶段			
	雏形期	发展期	蜕变期	智融期
电力生产方式	电力生产自动化信息化水平较低，依赖各工种专业技能和经验	多岗位专业化生产，全环节实现了自动化和信息化，大多数工种依赖专业技能和经验	生产装备革新，物联网、人工智能技术融入，对电力生产起到辅助作用，效能提升 10% ~ 20%	"大云物移智链"技术全面支撑电力生产，生产方式全面转向智能化管理、操控

雏形期：配电网基本依赖大电网提供电能输入，有少量可再生能源开始接入配电网。该阶段可再生发电装机渗透率在 10% 以内，非可再生发电装机渗透率在 5% 以内。除了少量抽水蓄能，尚无其他储能系统接入，基本上没有需求侧响应能力，也尚未引入电力市场机制，大机组和大电网建设未成形，大范围资源配置能力较弱，电力生产自动化信息化水平较低，依赖各工种专业技能和经验。

发展期：配电网主要依托大机组、大电网提供电能输入，并承载一定比例的可再生能源。主要特点为依托特高压交直流输电及各电压等级交流电协调坚强的输电方式，实现配电网大范围的资源优化配置能力。可再生发电装机渗透率在 10% ~ 35%，非水可再生发电装机渗透率在 5% ~ 20%。该阶段网架不够坚强，智能化水平较低，智能互动负荷较少，电网与外部系统的协调互济能力较弱。

蜕变期：是实现可再生电源高渗透率友好接入，具备一定比例负荷侧响应能力，配电网人工智能化的阶段。在此期间，通过规范制定及技术提升，实现可再生能源特别是新能源的友好接入，明确可再生能源上网"权责利"界限。可再生发电渗透率提高至 40%。电化学储能技术实现 100MW 以上量产化，具备一定比例双向负荷参与电力响应控制。形成微电网、微能源网、综合能源站等供能体系。物联网、人工智能技术融入电力生产各环节，极大提升生产力。

智融期：是新型配电网的完善成熟阶段，交直流混合配电网全面建成，可

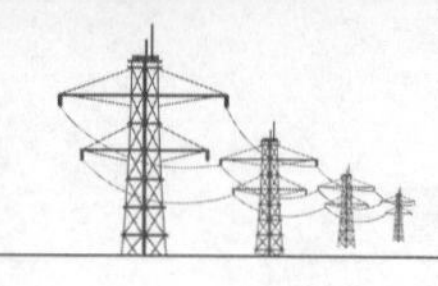

再生能源成为主要电源，分布式电源、储能及广泛负荷群体具备响应调控能力。实现清洁电力为主导、全环节智能可控、广泛互联综合调配，巩固提升电力核心地位，实现以电为核心的电网、气网、热力网和交通网的柔性互联、联合调度。

结合我国不同地区的配电网发展现状，大部分区域处于发展期向蜕变期的过渡阶段，部分发展较快地区已经处于蜕变期，上海、北京等发达地区正迈向智融期。

（2）安徽配电网发展路径。根据区域特点和配电网发展规划，安徽配电网发展路径可以分为 2020 ～ 2025 年、2025 ～ 2030 年两个阶段，不同阶段配电网在网架结构、能量调度、自愈控制、信息互联、市场交易等方面呈现出不同的特点。

1）2020 ～ 2025 年配电网发展形态。

a. 网架结构——配电网网架结构标准化水平全面提升。直流配电网在国内目前仍处于实验研究和示范运行阶段，安徽金寨“十三五”期间结合示范工程也建设了直流示范，但结合安徽经济社会及电网发展形势，在较长的一段时间内交流配电网仍是安徽配电网的发展重点。中压配电网联络复杂、无效联络、单辐射、分段不合理等问题仍然突出，低压配电网分布式电源接入适应性差、阶段性重过载、电能质量等问题仍然在部分地区普遍存在。

因此，“十四五”期间，安徽配电网网架结构将处于标准化水平全面提升的关键时期，高压配电网全面消除单线问题，结合新增布点逐步向标准网架过渡；中压配电网联络率大幅提升，结合网格化规划成果的落实，网架结构逐渐清晰，无效联络、单辐射等问题逐步消除；低压配电网设备选型逐步简化，季节性重过载、电能质量、问题逐步解决，新能源接纳能力显著增强。最终形成各电压等级强简有序、电压序列合理、转供能力适中、运行效率全面提升、网架结构标准化水平显著提升的智能配电网。

配电网架规划的思路如下：

110kV 电网目标网架以发展单链、双链等高可靠性结构为主，统筹考虑地区经济和电网发展需求，打造实现坚强可靠、结构清晰的高压配电网。

35kV 电网以单链、单环网为终期目标网架结构，其中单链和单环网最多允许串两座 35kV 变电站。

市辖区、县城区等负荷密集地区，目标网架以发展 110kV 电网为主，逐步弱化城区 35kV 电压层级。城区目标网架建设需紧密结合地区饱和期供电、城市规划发展等需求，统筹考虑地区地形地貌、电网供电范围、供电半径等因素，提前规划好变电站布点、走廊通道等内容。

农村地区目标网架建设需充分发挥 35kV 变电站在解决农村供电半径长问题上的核心作用，结合农村地区经济发展和电网建设水平，统筹考虑 110kV 变电站的 35kV 出线和 10kV 出线规模，确保 110kV 和 35kV 电压层级协调发展。

b. 能量调度——在集中式能量调度管理的基础上，探索“分布自治”与“互动协调”的能量管理模式。依托国家重点项目“分布式可再生能源发电集群灵活并网集成关键技术及示范应用”在金寨的实践落地，针对分布式发电大规模接入的消纳问题，探索自治－协同的分布式发电分层分级群控群调方法。该项目建立分布式电源集群动态自治控制、区域集群间互补协同调控、输配两级电网协调优化三层级群控群调体系，着力应对大规模分布式发电并网带来的控制对象的复杂性和多级协调的困难性的挑战，提升分布式发电的可控性，实现集群的灵活友好并网，解决分布式发电的消纳问题。

通过该项目的深化应用，为安徽大规模分布式可再生能源发电并网消纳调控提供有效的解决方案，实现分布式发电的友好并网，降低分布式电源脱网风险，提升系统可再生能源发电消纳能力。分布式发电群控群调系统主要包括地区主配协调自动电压无功控制（AVC）系统，可再生能源优先的有功调度系统，集群间协同调控系统，以及分布式发电集群调控系统等。

c. 自愈控制——考虑分布式电源分散接入配电网的自愈控制。“十三五”期间，以分布式光伏为代表的新能源在安徽快速发展，考虑光伏建设成本的进一步降低及低风速风电的开发，“十四五”期间光伏、风电仍将呈较快的发展态势，其出力的间歇性及灵活分散地接入中低压配电网的特点对配电网的规划、运行产生较大的影响。因此，自愈控制在传统的“三步走”的基础上，应考虑分布式电源接入的影响。

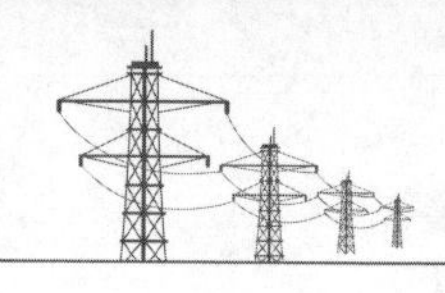

合理的网架结构：实现分布式电源分散接入配电网的自愈控制的基础。

当大容量可再生能源接入配电网后，将会引起配电网潮流大小以及方向的频繁变化，使系统电压波动频繁，严重影响系统电能质量，配电网运行风险增大。因此分布式电源并网后，配电网的结构和运行方式都将发生巨大的变化，这就要求未来的配电系统具有新的灵活的可重构的配电网络网架，并且发挥需求侧响应的作用，提升电网运行的自愈能力和抵御风险的能力。

配电自动化：实现分布式电源分散接入配电网的自愈控制的保障。

依托新型电力系统的建设，以配电网高级自动化技术为基础，通过应用和融合先进的测量和传感技术、控制技术、计算机和网络技术、信息与通信技术等，各种具有高级应用功能的信息系统利用智能化的开关设备、配电终端设备等，实现配电网在正常运行状态下可靠地监测、保护、控制和优化，并在非正常运行状态下具备自愈控制功能，最终为电力用户提供安全、可靠、优质、经济、环保的电力供应。

d. 信息互联——基本建成智能互联现代配电网。在能源转型和数字化转型的双重背景下，配电网数字化转型势在必行，建设现代智慧配电网是支撑转型的重要实践。现代智慧配电网可看作是新型电力系统的配电网形态（新型配电系统），通过"大云物移智链"等现代信息通信技术与有源配电网深度融合，以数字化、智能化、智慧化赋能新型配电系统，实现配电网多元主体的互联互通。该阶段电力物联网远距离传输仍以光纤通信为主，辅以无线通信等通信技术。在电力光纤通信方面，通信介质以架空地线复合光缆（OPGW）、电力特种光缆（OPPC）、光纤复合低压电缆（OPLC）贯通高压到低压，形成高压输电线路到用户家庭的完整光纤通信网络；在无线通信方面，4G 技术成为主流数据通信方式，同时 5G 技术逐步成熟且被推广应用，电力无线专网将形成规模，承载电力物联网配用电侧多种业务。

依托智能配电网将信息通信技术与传统电网高度融合，极大地提升电网信息感知、信息互联和智能控制能力；利用物联网所建立的数据庞大的终端传感器等采集设备，从输配电侧到用电侧的各类设备采集所需要的数据信息，为智能电网各种应用提供数据支持，有效整合电力系统基础设施资源和通信基础设

施资源，提高电力系统信息化水平，改善电力基础设施的利用效率。

一次设备智能化：具有准确的感知功能，能自动适应电网、环境及控制要求的变化。

二次设备网络化：通过基于标准化、模块化的微处理机设计制造，设备之间的连接全部采用高速通信技术，通过网络实现数据共享、资源共享。

应用平台专家化：通过自动分析各类设备、环境、运行的数据，对各类问题进行定性推理和定量决策，实现智能化信息技术在配电网生产管理中的应用。

生产管理无人化：能够准确感知配电网规划、建设、运行等全过程的设备及系统运行状况，包括自动检测、调节和控制，系统和元件的自动安全保护，网络信息的自动传输，系统生产的自动调度等。

e. 市场交易——开展基于双边交易模式的绿色电力交易。考虑到过渡期内售电侧放开的程度不高，另外考虑到配电网中一般不含有大电源，因此初期不足以形成大型的、有充分资源的集中电力库来强制市场成员参与。再者，双边交易的前提是需要市场成员基本了解整个市场的信息，对于过渡期普遍存在的微电网运营商较少，从而区域微电网市场的市场结构并不复杂的现状，刚好适合。此阶段，由于市场成员较少的缘故，对于市场成员匹配彼此的电量与报价信息也较为简便，同时也不需要依靠完善的平台方可实行。

综合以上，考虑上述的“自由开放”市场交易第一阶段应该“建立基于双边交易模式的绿色电力交易市场”。

双边交易是指绝大部分电量交易都由供购双方协商完成，交易量和交易价格不由集中市场统一确定的一种交易方式。这种交易方式的确立，有助于微电网卖方与微电网买方进行直接电力交易，因此适合区域微电网市场已基本确立，微电网买方、卖方已构成市场主体的阶段，同时也适合于微电网买方、卖方市场均不复杂的阶段。具有以下优点：一是交易双方自主协商电量与价格，交易形式灵活；二是有助于充分发挥需求侧管理的技术，通过市场价格信号，鼓励需求侧更积极地调控自身负荷，从而有利于供给需求均衡。

2）2025 ～ 2030 年配电网发展形态。

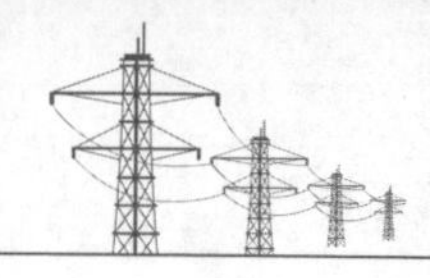

a. 网架结构——打造枢纽型、平台型配电网网架结构。国家电网公司提出建设具有枢纽型、平台型、共享型特征的现代企业。其中枢纽型企业既指传统意义上的发电与用户连接的枢纽，又指能源革命形势下电能成为各种能源转换利用的枢纽，包括电与冷、热、氢能、化学能之间转换；平台型企业，汇聚各类资源，促进供需对接、要素重组、融通创新，打造能源配置平台、综合服务平台和新业务、新业态、新模式培育发展平台；共享型企业，积极有序推进投资和市场开放，吸引更多社会资本和各类市场主体参与能源互联网建设和价值挖掘，带动产业链上下游共同发展，打造共建共治共赢的能源互联网生态圈。

配电网作为地区电网承上启下的重要环节和城乡发展不可或缺的基础设施，覆盖范围广、功能要素全、用户影响深，在保障"源网荷储"协调发展中发挥着举足轻重的作用。"十五五"期间安徽配电网发展面临以下形势：一是电力体制改革的不断推进，配电网的发展面临新形势，输配电价改革进一步压缩电网盈利空间，要求配电网提升精准规划、投资水平，不断提升电网运营效率。分布式电源交易、增量配电等进一步挤占电网市场份额，同时促进交换式平衡等典型场景出现。二是根据国家电网公司统一部署，"十四五"期间，建成电力物联网，配电网应为两网融合及深化应用提供网架基础。三是以风电、光伏为代表的新能源继"十三五"期间的爆发式增长后，2030 年前仍将保持较快的增长速度，预计规模将达到 2500 ～ 3000 万 kW 的水平；随着电动汽车保有量的不断增加，充电设施分散接入配电网的需求日益增加；考虑储能的技术发展及成本降低，储能日渐具备商业化运营的环境，该阶段储能将在用户侧、电源侧、电网侧不断深化应用。

因此该阶段配电网网架结构应仍以交流为主，逐步开展直流试点应用，并具备以下特征：

一是平台型：应能为光伏、风电等分布式新能源灵活接入，电动汽车的新型负荷分散接入，储能在电网、电源、用户侧的深化应用方面提供网络平台。

二是枢纽型：应能为实现电、冷、热、氢能、化学能等多种能源形式之间安全、高效转换提供网架基础。

b. 能量调度——建设多时间尺度协同、供需互动灵活的调度模式。在信息、新材料、新能源等领域技术快速发展的驱动下，新装置、新设备和高级系统在该阶段将会对能量调度提出新的要求。在电网调峰方面，随着储能装置的广泛应用及在削峰填谷、平滑负荷的作用，电网运行方式和调度将更加灵活，调峰压力大大降低，在很大程度上缓解可再生能源发电的间歇性和随机性问题。在新能源交互方面，储能系统与电动汽车密切配合，可实现电动汽车与电网间的能量转换。因此，该阶段可实现分布式和集中式发电并存，多种市场交易模式并存下的能量调度与控制；大规模电动汽车与电网的能量互动与调控将逐步实现推广应用；有功、无功调度控制全面实现闭环，并实现风险预防和有效规避；同时智能变电站的推广应用，“变电站 – 调控中心两级分布式分析决策”将进一步成熟化、实用化。具体表现在：

大规模间歇式能源集中并网的协调调度：随着以光伏、风电为代表的清洁能源在安徽大规模接入，新能源的消纳问题将成为该阶段网源协调发展的瓶颈。因此满足大规模间歇式能源集中并网的协调调度主要表现在以下两个方面：一是全自动、自适应、在线分析与优化等全智能技术应用于可再生能源发电功率预测，实现风电、光伏功率的超短期、短期及中期出力预测；二是该阶段在“分布自治”与“互动协调”的能量管理模式的基础上，进一步建立多时空尺度协调的电厂 – 电网两级互动的能量调度体系。

支持电动汽车广泛随机接入的能量调度：从智能电网能量管理角度出发，大规模广泛随机接入的电动汽车主要通过其集群效应对电网能量流产生影响。因此该阶段可实现智能电网与智能交通网实时交互，构建综合交通信息和能量信息的电动汽车集群信息模型，动态跟踪不同时间尺度、不同充电模式、不同能量流动方向、不同车辆规模等复杂情况下电动汽车集群对电网的影响，实现调控命令和市场信号双重作用下的电动汽车集群响应调度。

含储能的电力系统能量调度：随着电化学储能技术的成熟及成本的降低，该阶段储能具备广泛应用于安徽配电网、电源、用户侧的条件，储能的广泛接入能够有效提高电网的兼容性，在电网紧急支援、可再生能源发电协调控制等方面发挥积极作用。随着可再生能源和储能技术的发展及应用，该阶段的能

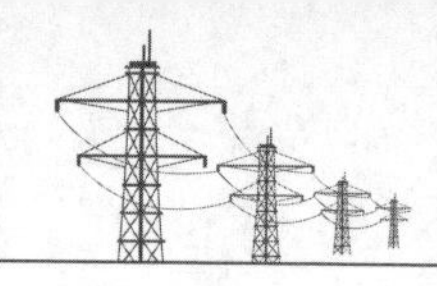

量调度管理应能够满足大容量储能设备接入后电网调度控制决策的需要，包括考虑储能装置并网供蓄特性的充放电调度、正常状态下的经济调度、故障或检修状态下的紧急调度等，运行方式的制定需要考虑储能装置的备用容量。另外随着控制性能的改进，含储能的可再生能源发电将具备参与自动发电控制（AGC）服务的技术能力，使可再生能源与智能电网有效协调。

c. 自愈控制——基于“网源荷储”多目标自趋优的自愈能量控制。随着安徽风电、光伏等分布式新能源的渗透率逐步提升、电动汽车充电设施的进一步增加、储能设施的逐步推广应用，安徽城市、农村将逐步出现自平衡系统试点应用及交换式平衡系统的场景，该类场景对配电网的自愈控制提出新的要求。在传统配电网由合理的网架结构满足配电网自愈重构需求及各种运行方式下供电能力的基础上，实现配电网、分布式电源、电动汽车等负荷、储能多方参与的自愈控制系统。

基于“网源荷储”多目标自趋优的自愈能量控制，在正常运行方式下，依托配电网的网架结构及配电自动化，电力系统的各项指标均保持在趋优的状态；当电力系统由于受到各种小的扰动导致部分指标不满足要求时，依托配电网网架的优化调整，通过及时、合理的决策与调控，使电力系统恢复到多目标趋优的运行状态；当电力系统受到故障等大的扰动，电力系统可以通过信息交互，合理判断受扰动区域的电力资源及需求，统筹“网源荷储”等多方资源，实现电力系统在特殊状态的自愈控制及目标趋优，并减少由于电力系统局部扰动对配电网的依赖和冲击。

d. 信息互联——电力物联网在配电网各环节全面深化应用。智能电网将会形成新的通信和交互机制，实现电网设备间的信息交互，以此为依托大幅提高配电网的智能性。

发电环节：常规能源比例降低，光伏、风电等清洁新能源比例显著提高，依托电力物联网的信息交互可以提高常规机组状态检测水平。另外，物联网终端具备实施分布式分析和决策功能，能够对发电设备进行控制，实现快速调节和深度调峰，提高机组运行和稳定控制水平。

变电环节：能够将重要设备的状态通过传感器感知到管理中心，进行可视

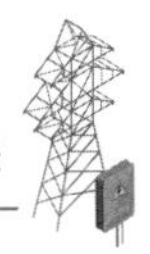

化指示并发送到上级系统，实现变电站设备信息和运行维护决策与电力调度全面共享互动，为电网实现基于状态检测的设备全寿命周期综合优化管理提供基础数据支撑，实现对重要设备状态的实时监测和预警。

配电环节：广泛应用在配电网设备状态检测、预警和检修方面，实现配电网的全面监控、灵活控制、优化运行以及运维管理的集约化，提升电网整体的可靠性和运行效率。

用电环节：给用户带来良好的智能家居应用体验，智能表计以及用电信息采集、家庭安防、电动汽车及其充电站的管理、家电能效检测与管理等，均较现阶段有较大性能和功能提升。

e. 市场交易——开展基于电力库交易模式的绿色电力交易，全面发展需求响应、增值服务业务。随着市场建设逐步成熟，新能源发电投资方的发电技术已经足够成熟，分布式电源、微电网卖方、储能卖方作为售电公司逐渐被人们接受。在此阶段，初具规模的微电网买方、卖方具备了给集中竞价提供充足报价和交易电量信息的条件，同时分布式绿色能量管理系统建设完成，此时可以依托此平台，成立对应于各区域微电网市场的“微交易中心”来进行集中竞价。

电力库交易模式又称集中竞价模式，是指在一个区域，只有一个强制市场成员参与的、集中的、竞争的市场。市场运营中心统一组织卖方和买方提交报价和交易电量，市场运营中心根据一些系统经济运行、功率平衡等约束条件来统一组织制定市场出力，并以系统边际成本作为系统出清电价的运行模式。其具备以下优点：一是以电力库交易模式作为向竞争性运营机制转变的过渡改革方式，其激烈程度较弱，易于接受；二是利用竞价交易平台可以开展日前、实时等多种交易，有利于维护市场供需平衡，保障系统安全稳定运行；三是可以有效规避市场建立初期的价格波动带来的市场风险。

电力库交易模式又分为非竞争购电和竞争购电的模式。前者指仅在发电侧进行卖方之间的竞争投标，后者是在前者的基础上要求买方也要提交购电的投标。由于在竞争购电模式下，报价较低的买方可能买不到电，但为了充分规避市场风险，在市场建立最初期，可以采用非竞争购电模式，由区域微电网市场调度机构组织分布式电源、微电网卖方、储能卖方进行集中竞价，统一出清并

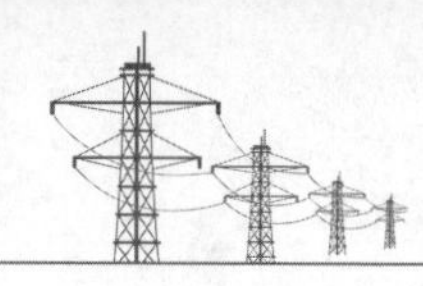

安排各个中标售电主体的出力，当市场出清不满足功率平衡条件时，可由大电网提供功率缺额部分。

同时，随着需求侧管理的推行，已有部分体量较大、需求弹性较大的电力用户参与需求响应。为了规避风险，应鼓励其与区域内能够满足自身需求的售电公司签订购售电合同进行电力交易，有条件者更是可以通过签订长期合约来固定电价。此外，售电公司更是可以逐步开展对产业基础要求低的增值服务，比如节能服务和能效服务。

2.3.2 电力技术发展及应用

新型配电系统建设是一个具有高度非线性和随机性的复杂系统工程，传统的配电技术已不能够满足新型配电系统的发展需求，为更好地适应配电网的发展趋势，需要针对面临的问题，研究应用新型配电技术，并在关键技术领域实现突破。

1. 分布式电源与微电网技术

此处分布式电源包括接入 35kV 及以下电压等级配电网的分散式风力发电和分布式光伏发电以及储能系统。其基本内涵是要求分布式新能源发电和储能可以灵活构建离、并网型区域微电网为负荷供电，同时，区域多个微电网（群）间能量可灵活互动，协同运行。

（1）分布式新能源发电技术。分散式风电和分布式光伏通过低惯性电力电子装备大量接入配电网，且大多数分布式新能源发电装置以追求最大发电量为目标，电力电量平衡调节完全由电网承担。这给配电网运行带来了两方面问题，一方面，新能源发电并网设备大多采用基于锁相环的跟网型控制策略，在发生功率跃变时缺乏对系统的惯性支撑能力，将会引发稳定性降低、电能质量恶化等问题；另一方面，最大功率跟踪控制策略下分布式电源出力随机、波动性大，无法根据调度指令参与一二次调频、调压。为了解决上述两方面问题，使分布式电源（在配电系统内）成为具有主动支撑能力的构网主力电源，需要明确分布式电源并网标准，研究出力预测技术为分布式电源参与调频调压提供基础，通过研究分布式新能源集群控制技术以保证可再生能源大规模接入背景

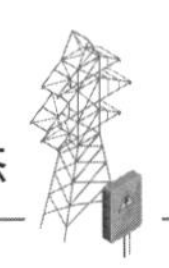

下配电系统安全、稳定、经济运行。

1）分布式新能源发电主动支撑技术。在高比例电力电子装备接入背景下，系统等效惯性降低，功率波动引起系统频率、电压快速变化，严重威胁到系统的稳定运行。分布式电源不仅需要具备在一定范围内调节频率、电压的能力，还要具有抑制频率、电压快速变化的能力。现阶段，已有学者提出了一种“惯性－刚度补偿器”，使分布式电源在系统发生功率缺额时具有瞬时频率、电压支撑能力，并用功率跃变瞬间提供的有功功率补偿定量表述了分布式电源的频率惯性支撑能力，这为后续制定相关并网标准提供了依据。

2）分布式新能源发电出力预测技术。精准预测新能源发电出力是调度规划备用容量，实现分布式电源参与一二次调频、调压的基础。大规模风电场、光伏电站的短期、超短期预测已有相关研究成果。然而，分布式新能源发电具有空间广域分布、周边微气象特征复杂、受建筑及人类生活影响大等特点，出力预测较为困难。目前研究成果主要集中于利用天气预报、气候条件进行发电预测，较多地考虑了自然条件对新能源出力的影响，缺少对分布式电源空间分布特性及人类社会活动因素的考量。

3）分布式新能源发电集群控制技术。分布式电源以集群形式并入配电网，对单个电源进行独立控制难以实现分布式电源对系统频率、电压的支撑功能，需要从集群协同控制的角度考虑分布式电源控制策略。集中式与分散式是两种主要的分布式电源并网集群控制策略。集中式控制的优势在于利用全面搜集的量测数据对分布式电源进行协同控制，充分利用区域内可调资源，但对通信和计算能力要求较高。分散式控制则利用局部量测信息对分布式电源进行自治控制，虽然降低了对通信即时性和计算速度的需求，但是也放弃了大量可调资源，限制了分布式电源集群对系统的支撑能力。分布式控制方式将配电网中的分布式电源划分为若干个子集群，每个子集群采用相同的控制策略，兼顾了集中式控制的资源调动能力和分散式控制的快速响应能力，具有理想的鲁棒性、灵活性及扩展性，是新能源高渗透配电系统中理想的分布式电源集群控制方式。

（2）分布式储能技术。在负荷高峰期这一相对较长的时间尺度内，源荷两侧功率不平衡导致了峰谷差等静态问题；在系统发生功率跃变时刻到一次调频、调压动作前这一相对较短的时间尺度内，电力电子设备缺乏类似同步发电机的转子惯性，无法对系统功率不平衡进行支撑，导致系统稳定性下降，电能质量恶化。分布式储能技术为解决上述不同时间尺度内功率不平衡导致的静态、动态问题提供了可行方案。主要包括储能调峰调频技术、稳定性与电能质量增强技术等。

（3）微电网技术。微电网作为配电系统中一个相对独立的自治区域，可以高效集成多种分布式新能源发电装置与多元负荷，实现新能源的就地生产和消纳。从微电网层面内考虑各种分布式资源的协同控制，将微电网对外等效为电压 / 电流源，可降低配电系统频率、电压稳定性控制的复杂度；从微电网群层面考虑功率互济与调度优化，可利用不同区域内新能源与负荷之间的互补特性解决分布式电源出力波动、峰谷差等经济调度问题。主要包括新能源微电网频率和电压动态稳定技术、微电网群观群控技术等。

2. 源荷互动技术

源荷互动技术是指新能源发电出力动态变化时，根据系统源荷平衡关系，动态调节可控负荷消耗的电力，利用源荷交互关系，实现更加安全、高效、经济地提高电力系统动态平衡能力的目标，其本质是一种实现能源最大化利用的运行模式。源荷互动技术利用不同分布式新能源发电的互补特性，协同规划配电区域内各种新能源发电装置容量配置，抑制总体出力波动，从而提升新能源利用率；利用柔性负荷可控特性平抑峰谷差，提升配电设备利用率。因此，基于信息技术、传感技术、控制技术的“源荷互动”模式将成为未来电力系统的重要调度运行方式。目前，源荷互动模式下的配电系统调度研究集中在以下几个方面：计及源荷不确定性因素的潮流计算方法、源荷互动模式下配电系统多目标优化调度技术、电力市场环境下经济运行技术、虚拟电厂技术等。

（1）计及源荷不确定性因素的潮流计算方法。潮流计算是配电系统规划与调度运行的重要基础。分布式电源出力的波动性、多元负荷接入的随机性以及负荷侧响应调度调峰需求意愿的复杂性给配电系统调度运行带来了较高的不确定性，传统确定性潮流计算方法已经难以处理变量以及互动的不确定性。现

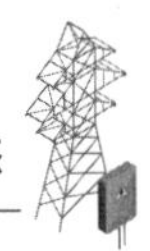

阶段，已有学者提出了考虑光伏、风电出力不确定性的潮流计算方法。总体来看，现有研究成果已经较为广泛地考虑了源荷互动各环节不确定性因素，并提出了各种不确定性因素单独作用下的潮流计算方法。

（2）源荷互动模式下配电系统多目标优化调度技术。传统配电系统调度优化一般以单一经济性目标为导向，系统供电的安全性和可靠性主要取决于设备本身，优化模型中一般将安全性和可靠性作为约束条件处理。源荷互动模式下，调度决策很大程度上影响了系统运行的安全性与可靠性，在优化模型中将安全性与可靠性作为量化的目标函数，可以直观地观察安全性、可靠性与经济性的相互定量影响关系，这在日前调度方案制定中具有参考意义。目前，已有学者提出了利用二阶锥优化、粒子群算法进行多目标潮流优化的方案，该类方案通常利用帕雷托最优解集对潜在最优解进行多维度评价，给运行调度人员提供了更灵活的决策方案，有助于实现源荷互动模式下的安全、稳定、经济调度。

（3）电力市场环境下经济运行技术。通过各种激励方式引导多元主体参与电力市场交易是推进源荷互动的重要手段，其具体技术形式包括需求侧响应和虚拟电厂。目前，相关研究集中在利用价格激励机制激发用户参与响应的积极性。负荷侧的响应意愿和参与程度确实是源荷双侧高效互动的关键一环，但是仅依靠负荷侧的积极响应并不能充分发挥源荷互动潜力，实现削峰填谷。

围绕源荷互动开展的研究主要包括潮流分析及优化技术和市场引导机制两方面。在潮流分析与优化技术方面，现有不确定性潮流计算及优化调度策略研究大多只单独考虑了分布式发电装置出力的波动性或增量负荷取能的随机性，忽略了配电系统源荷集聚带来的时空耦合特性以及气温关联特性。在市场引导机制方面，需求侧响应仍然是引导多利益主体参与源荷互动的主要方式，但该方式是一种基于预测信息在系统发生或即将发生较大功率不平衡事件时的补救措施，考虑到负荷响应不可避免的时滞特性，需求侧响应并不能完美解决配电系统峰谷差问题。需要考虑结合柔性负荷深度控制技术，使得负荷用能曲线能够实时跟踪新能源发电曲线，以实现实时源荷平衡，从根本上解决峰谷差问题，提升配电设备利用率。

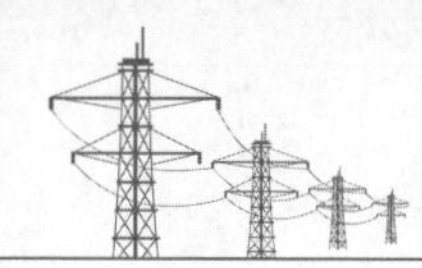

3. 直流配电技术

直流配电技术为提升新型配电系统运行经济性、灵活性、可靠性以及电能质量提供了有力支撑。直流配电网可通过较少的电能变换环节接纳新能源发电装置以及向电动汽车等直流负荷进行供电，减少了电能多级变化带来的损耗和谐波，有效提高供电能效和电能质量。另外，借助电力电子变流装置柔性可调特性，可实现潮流灵活控制，在用电高峰期避免个别线路功率阻塞，提升供电能力。目前，直流配电技术研究主要集中在以下几个方面：电压序列与标准化、直流配电系统故障保护技术、直流配电系统协调控制与调度优化技术等。

目前，直流配电技术研究主要集中在以下几个方面：

（1）电压序列与标准化。直流电压等级序列是直流配电网规划建设的关键性基础问题。合理规划直流电压等级序列可以有效避免直流设备电压等级混乱、电能变换环节重复设置、配电效能低下、建设成本过高等问题。目前，国际上暂无统一的直流配电电压等级序列标准。国内外学者从供电能力、投资成本、直流设备制造水平、电能质量要求、配电经济性、各种典型配电场景的负荷需求特征等方面提出了多种直流电压等级序列选择方案。GB/T 35727—2017《中低压直流配电电压导则》明确了直流配电系统电压等级确定应当坚持简化电压等级、减少变压层次、优化网络结构的原则，另外还需要考虑与现有交流电压序列的衔接，方便直流负荷、新能源、储能装置的友好接入。目前，相关标准集中在中低压公共直流配电系统电压等级的规划，对于通信系统、楼宇供电、船舶供电、城市轨道交通等具体场景的直流电压等级序列规划还缺乏细化标准。

（2）直流配电系统故障保护技术。直流配电网故障保护技术是保障直流配电网安全运行的关键手段。以两电平电压源换流器、模块化多电平换流器为代表的新型配电设备以及环网拓扑结构的出现，深刻改变了配电网的故障特征。

（3）直流配电系统协调控制与调度优化技术。直流配电网一般通过多个换流站与交流电网连接，形成一种多端供电、运行方式多样、双向潮流的环网状拓扑结构。利用换流站改变交直流系统间传递的有功功率，可实现线路潮流的灵活控制。这就涉及直流配电网的协同控制与调度优化问题。直流配电网的控

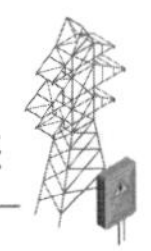

制一般可以归纳为 4 层：器件级控制、换流阀级控制、换流站级控制和系统调度级控制。其中，换流站级控制的目标是实现直流电压稳定，系统调度级控制是实现配电网经济运行。

目前，直流配电网的电压控制策略主要采用主从控制、下垂控制和电压裕度控制 3 种方式。主从控制原理简单，但是依赖换流站之间的低时延通信；下垂控制借鉴同步发电机的下垂调节特性，所有具有功率裕度的换流站均可根据预先整定的下垂曲线参与直流电压控制，对站间通信依赖程度低，但是存在电压调节的稳态误差；电压裕度控制原理与主从控制类似，考虑到作为平衡节点的主站在负荷高峰期可能出现备用容量不足问题，该控制方式选定多个后备定电压换流站，在需要时进行主站的切换。从直流配电网示范工程建设经验来看，主从控制是现阶段应用较为广泛的直流配电网电压控制方式。

直流配电技术的研究虽然在关键设备研发、规划建设、保护控制、调度优化技术等方面取得了一定成果，但是仍未满足新型配电系统的发展需求。作为交直流配电系统的核心接口设备，大功率电压源换流器大多采用带联络变压器的隔离型结构，增加了直流配电网运行损耗，难以发挥直流配电方式在经济性方面的优势。另外，随着分布式电源、储能以及柔性负荷的大量接入，微电网将会是实现配电系统新能源友好接入与高效消纳的重要途径，结合直流配电技术的交直流微电网群协同控制技术是后续值得关注的研究方向。

4. 数字化配电网技术

数字化技术泛指以计算机技术为首的人工智能、深度学习、强化学习技术以及信息通信技术为基础的云边协同、数据驱动等技术。数字化技术为电力系统处理复杂场景中的海量多源异构数据提供了解决方案，凭借其优良的抗干扰能力、高精度、强保密、多通用的特点，可解决新型配电系统中的资产管理、电能质量管理、分布式发电管理、智能表计以及储能负荷的协调控制问题。

（1）电气设备智能化技术。数字化管理技术的基础是电气设备具有数据采集、运算及通信能力。数据采集依赖于高精度的传感技术，然而嵌入式传感器的精度又与体积、成本成正比。压缩感知技术可以利用低秩数据对原始信号进行高概率重构，是解决智能电力设备传感器成本与性能矛盾的有效方法。智能

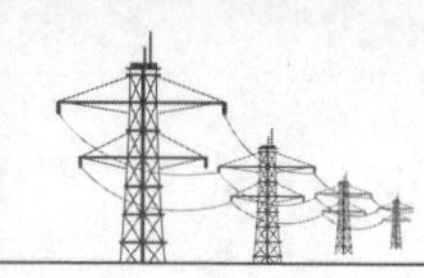

化电力设备的运算能力主要体现在基于传感数据进行故障预测、诊断及状态评估，目前，已有学者提出了实现相关功能的算法，如何实现算法轻量化并应用于边缘计算是值得关注的问题。在通信方面，无线通信、光纤通信及载波通信是现阶段电力设备实现远程通信的主要方式。

（2）配（微）电网透明化技术。新型配电系统所存在的各类传感器带来海量的电气量及非电气量数据，数字化技术依靠构筑底层逻辑的电力定制化芯片和顶层算法的人工智能、数据驱动体系进行海量多源数据的融合，通过构建设备的多状态监测库实现新型配电系统整体的可观可控，逐步向透明化方向发展。新型配电系统中所产生的多参量包括以电力量测为代表的时间序列等结构化参量，也包括图像、检修报告等非结构化参量，二者在物理意义和表征形式上有很大的差别。对多参量进行融合，使其相互补充和增强，能有效提高电力感知的精确性，提高配电设备运维管理的效率。目前电力多参量融合已有一定应用基础，但跨类型、多维度的数据分析技术薄弱，状态量间的关联分析挖掘能力不足，对异构多参量进行融合的迫切需求与有限的技术手段之间的矛盾依旧突出，仍需要不断研究。数字化管理技术的研究仍然处于起步阶段。在多源数据采集环节，配电设备还未实现智能化，缺少各种电量及非电量数据的采集手段，亦未形成统一的数据上传接口标准。在数据处理与分析环节，缺乏多模态、多类型数据相关性的挖掘技术，无法充分利用数据中包含的时空关联信息进行配电运行优化。

根据新型电力系统建设发展路径，配电网不同领域的关键技术经历技术研发、试点应用、推广应用等发展阶段，配电网关键技术发展阶段如表 2–2 所示。

表 2–2　　配电网关键技术发展阶段

序号	技术领域	关键技术	发展阶段		
			2021～2030 年	2031～2045 年	2046～2060 年
1	基础支撑技术	灵活直流组网技术	试点应用	推广应用	

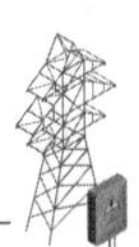

续表

序号	技术领域	关键技术	发展阶段		
			2021～2030年	2031～2045年	2046～2060年
2	基础支撑技术	高效光伏发电材料，新型绝缘材料、新型电力电子材料等	技术研发应用		
3	数字化技术	“大云物移智链”	推广应用		
4		智能传感及感知技术	推广应用		
5		智能芯片	推广应用		
6		智能量测	推广应用		
7		先进通信技术	推广应用		
8		网络安全技术	推广应用		
9		数字孪生技术	推广应用		
10		虚拟电厂技术	推广应用		
11	关键设备研发技术	分布式调相机	推广应用		
12		新能源主动响应	推广应用		
13		自同步电压源新能源机组	试点及推广应用		
14		吉瓦级储能	试点及推广应用		
15		无 SF_6 高压电气设备	试点应用	推广应用	
16	系统分析控制技术	新一代调控系统	推广应用		
17		“源网荷储”资源协调控制技术	技术研发	试点应用	推广应用
18		储能支撑电网安全运行	技术研发	试点应用	推广应用
19		“双高”电力系统仿真分析系统	技术研发	试点应用	推广应用
20		“双高”电力系统故障防御体系	技术研发	试点应用	推广应用

续表

序号	技术领域	关键技术	发展阶段		
			2021～2030年	2031～2045年	2046～2060年
21	市场技术	现货市场机制	试点应用	推广应用	
22		中长期与现货市场协调机制	试点应用	推广应用	
23	市场技术	计划－市场双轨制运行协调机制	试点应用	推广应用	
24		电价机制和出清机制	试点应用	推广应用	
25		辅助服务市场机制	试点应用	推广应用	
26		跨区跨省区域市场融合机制	技术研发	试点应用	推广应用
27		新型主动参与市场机制	技术研发	试点应用	推广应用
28		容量市场机制	技术研发	试点应用	推广应用

2.4 配电网未来形态研判

2.4.1 新型配电网发展趋势

与传统配电网相比，新型配电网应融合可再生能源、分布式能源、天然气等多类能源，强调多能互补，加强源荷互动，发挥用户侧的需求响应，提升能源综合利用率。传统配电网和新型配电网对比见图 2–1。

随着可再生能源和分布式能源的不断渗透，以分布式可再生能源和微电网为重点的多元电力供应系统将逐渐改变传统配电网的形态。对电网而言，分布式综合能源的接入将使配电网自身以及输、配电网之间产生双向的功率流动；用户的不确定性，以及负荷所具有发电和消费电能的双重身份，将使新型配电网与输电网和用户之间形成双向、互动的供需关系。因此，新型配电网将发展

为兼容多种发电方式和能量转化新技术，支持可再生能源发电、电动汽车充放电及其他储能装置的灵活接入和退出，形成需求响应资源优化管理和控制的配电系统。

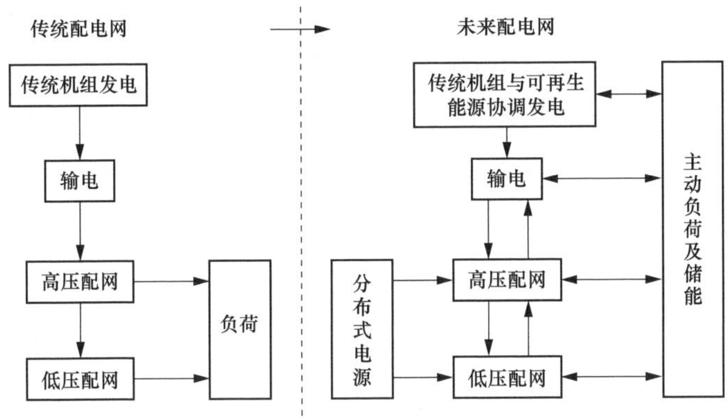

图 2-1　传统配电网和新型配电网对比

与传统配电网相比，新型配电网的发展趋势总结为以下 10 个方面。

（1）分布式智能微电网和配电网的融合交叉，配电网形态不断丰富。加强引入分布式能源之后的双向潮流状态下的稳定控制、电能质量。强调用户交互，随着测点增多和实时性要求，后台软件将面临真正的海量数据，移动互联技术更使得巡视、维护、检修与远程办公融为一体。

（2）新材料在配电网中广泛应用。高压大功率电力电子器件（如宽禁带半导体器件等）和装备将会使得对高压大功率电力的变换和控制，如同集成电路对信息的处理一样灵活高效。电力电子器件和装备的广泛使用，将使得电网像计算网络处理和分配信息资源一样来处理和分配电力，因而可以把新型配电网看成是一个“能源配置网络”，各种电力资源通过“能源配置网络”有机组织、联系和控制起来，从而为用户提供可靠的电力。因此，这个“能源配置网络”也可以称为“云电力网络”，而用户从“云”中获取可靠的电力。

新型高性能的电极材料、储能材料、电介质材料、高强度材料、质子交换膜和储氢材料等的发明和使用，将使得高效低成本电力储能系统成为现实并进入千家万户，从而优化电网的运行、简化电网的结构和控制，并对电源波动和

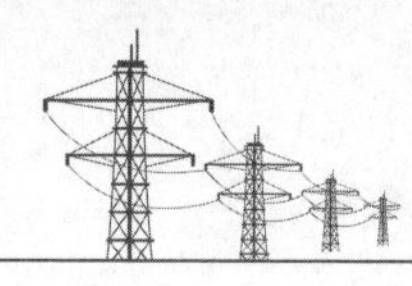

电网故障做出响应。电力储能系统就如同计算网络中的信息储存系统一样，对于未来电网是必要的。高性能的超导材料在电网中的应用，将大大降低电气设备的损耗、质量和体积，并可提高电气设备的极限容量和灵活性。

（3）物理配电网将与信息系统高度融合。当前的配电网，不仅在物理层是不完善的，而且其信息系统的建设与未来需求还有很大的差距。在现有电气设备的基础上，仅仅依靠提升配电网的信息化程度，远远解决不了未来电网所面临的问题。改变电网的结构和运行模式、提升电气设备的性能和采用新型功能的电气设备，对于解决未来电网的问题同样重要。

（4）配电网具有更高的供电可靠性，具有自愈功能，最大限度减少供电故障对用户的影响。解决当前供电可靠性不足和提高电能质量是配电网未来的发展重点。智能配电网无疑能够承担起这项功能。

（5）主动配电网成为市场主要方向。随着新能源的接入、电动汽车和充电站在未来环境改善中扮演越来越重要的角色，现有的配电网已经变得越来越复杂，其控制保护早已区别于传统意义的配电网，配电网的发展正在向主动配电网迈进。

（6）分布式电源、储能系统、微电网将会在配电系统中大规模存在。各类分布式能源迅速发展，分布式光伏、天然气增长最为迅速，分布式风电也将有较大幅度增长。配电网将从传统的“无源网”变成“有源网”，潮流由单向变为多向，对配电网短路电流水平、继电保护配置、电压水平控制带来一定影响，对配电网规划设计和安全管理提出了更高的要求。未来电网中的大量可再生能源电力是变幻莫测的，而电力用户对电力的需求也具有多样性且也是随时变化的，因而对电力的变换和控制的目的就是将变幻莫测的电源变成能满足用户需求的电力。

（7）大量电动汽车充换电设施将会接入配电系统。电动汽车将持续快速发展，局部地区配电网将要承载快速增长的电动汽车充电负荷。需要通过加强规划设计、接入管理和标准化建设等工作来提高配电网的适应能力。

（8）能源消费模式将会因用户与配电系统间灵活互动机制的建立而改变。随着电网的发展，用户将迎来更科技、更高效、更便捷的智能配电系统，以确保用户更安全、更经济、更方便地使用电能。

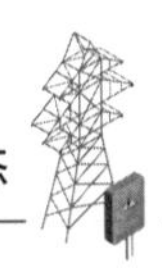

（9）配电系统将会成为电力、信息服务的综合技术平台。随着先进的传感量测技术、信息通信技术、分析决策技术、自动控制技术和能源电力技术与电力系统的融合，分布式电源、储能装置、智能电器的快速发展，云计算、大数据、移动终端等现代信息技术的广泛应用，并与电网基础设施高度集成，配电系统将会成为电力、信息服务的综合技术平台。

（10）先进的信息网络、传感网络及物联网将在配电系统中广泛应用。新型配电网需要解决传统电网的信息系统在信息采集、传输、处理和共享方面的瓶颈，核心技术涵盖从传感网络到上层应用系统之间的物理状态感知、信息表示、信息传输和信息处理。

2.4.2 新型配电网形态

在“双碳”目标下，配电系统的源、网、荷、储及管理都将发生显著变化，面临一系列全新问题，将呈现新的发展形态。

分布式可再生能源成为配电网重要甚至主力供电电源，多层级微电网（群）互动灵活运行成为重要运行方式。在新型配电系统中，风电、光伏、小水电、地热、生物质能等类型的分布式发电将会成为主力电源，实现发电侧低碳化甚至零碳化。分布式发电装置不仅能够基本满足配电网内负荷用电需求，还具有构网能力，可实现对配电网电压、频率的主动支撑与调节功能。微电网将会成为分布式新能源就地消纳的主要形式，多层级微电网（群）之间可实现灵活的功率互济与潮流优化，有效提升配电网运行的安全性、稳定性和经济性。

负荷将不再只是被动受电，配电网运行模式也将从“源随荷动”变为“源荷互动”，多元柔性负荷将深度参与源荷互动调节。电能加速替代将会带来巨量的电动汽车、集群空调、电供暖等增量负荷，这些增量负荷普遍具有柔性可调特性。柔性负荷将在源荷互动技术、高效的电力交易及博弈机制支持下，即时响应配电系统功率调节，深度参与源荷互动，平抑峰谷差，提升配电网运行效率。

基于电力电子的配电设备灵活调节电力潮流，提高配电网络的灵活性，全面提升配电网运行水平。随着柔性电力电子装备技术的推广应用，新型配电系统网架将会发展为灵活的环网状结构，各配电区域通过柔性开关实现互联，潮流流向及运行方式日趋多样化。配电调度将具有对潮流进行大范围连续调节的能力，系统运行灵活性显著提升。

数字赋能，实现系统全景状态可观、可测、可控，提升配电网管理水平及能源利用效率。新型配电系统具有对配电网运行产生的海量多源异构数据进行采集、传输、存储、分析的能力，从而实现系统全景状态可观、可测、可控，并利用大数据技术为调度决策、运行维护、电力交易提供指导。配电网管理水平及能源利用效率显著提升。

从物理架构、设备形态、运行控制形态、产业形态、市场机制等方面细化分析如下：

1. 物理架构

未来配电系统与传统配电网的最终本质区别在于运行方式和设备上的变革，配电网架构设计及其宏观拓扑结构是影响系统功能和特性的重要研究基础。因此在形态分析部分首先展望未来配电系统的结构形态，新型配电网框架如图 2-2 所示。

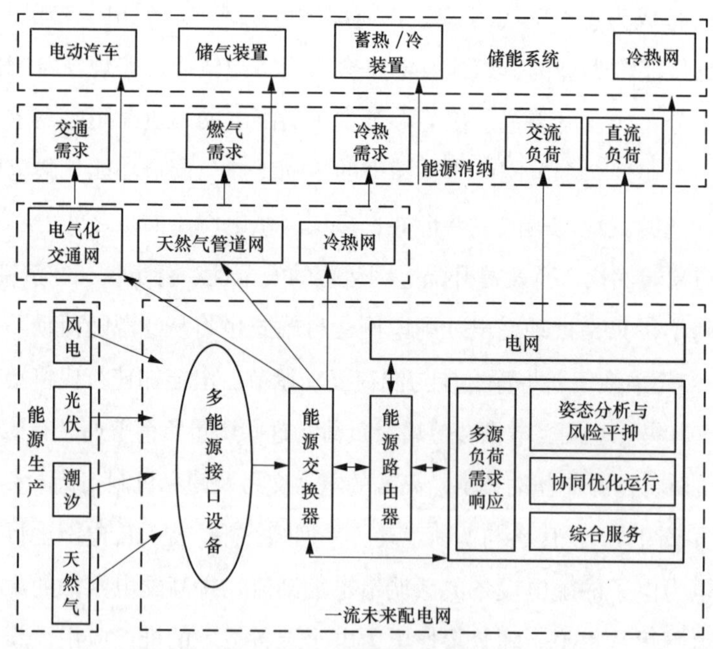

图 2-2　新型配电网框架

从新型配电网的框架可以看出：首先新型配电网对供电能力、传输效率与传输质量有更高的要求；其次表现为对各种能量之间的转换接口，以及与信息网络广泛连接的网络拓扑的要求；另外新型配电网将能够满足能源互联网的新型需求，即满足能源网络负载存储协调、多能量协调和新控制形式的多需求效应协调。

在网络构架上，新型配电网将在高压和中压形成基于环形母线的多层级交直流混联、具备统一规范的互联接口、基于复杂网络理论灵活自组网的结构模式。层级结构是其主要特征，在区域直流、交流环形母线为基本结构单元的环状结构上，可以方便地接入各种电源和负荷和储能装置，构成一个层级的基本结构单元，同时也是能量管理单元的设备支撑。正常运行时，单元内部母线以环形、网形结构合环运行，同一层级不同单元间通过软常开开关（soft normally open points，SNOP）等电力电子装置连接，不同环形母线之间可以实现功率输送或双向功率交换控制。

在层级结构上可设置为 4 层，分别称为区域综合配电系统、局域综合配电系统、综合微电网和直流信息纳电网，对应电压等级定为：AC110kV/DC ± 150kV、AC10kV/DC ± 10kV、AC220V/DC ± 200V、DC48V。其中，综合微电网概念为传统微电网概念基础上综合多能源接口；直流信息纳电网参考移动纳米电网概念，专门针对计算机、服务器等关键信息技术设备，采用交直流双端供电保证可靠性。

同时，为满足能源互联网实现革新性发展的需求，未来综合配电系统的拓扑结构也应对互联网拓扑结构的社团、小世界、分形等特征及其实现方式进行合理借鉴，在配电侧能源交易的主体之间，应建立更多样化的连接方式，以服务于能源互联网下的电力平衡和产业形态。

2. 设备形态

对未来综合配电系统的设备形态进行展望时，遵循以下 4 个原则：

（1）未来综合配电系统的设备应尽可能具备物理信息融合的特点，即既有物理上的能源传输分配功能，又有信息上的协调控制功能。

（2）根据未来配电系统的整体协调 + 区域自治控制框架，设备形态中应既有集中控制设备，又有分层自治控制设备。结合物理信息融合原则，分层自治设备控制该设备电气下游区域。

（3）对功能相近但所处层级不同的设备，参考电力系统中的定义方式，一般不进行设备概念的单独定义，只对层级进行补充说明。

（4）兼顾纯配电设备和多元能源融合设备，在多元能源融合设备方面重点关注与配电系统具有接口、控制等交互关系的设备。

由此，设计了一种包含多种新设备概念的未来综合配电系统设备体系，未来综合配电系统设备体系如图 2-3 所示。

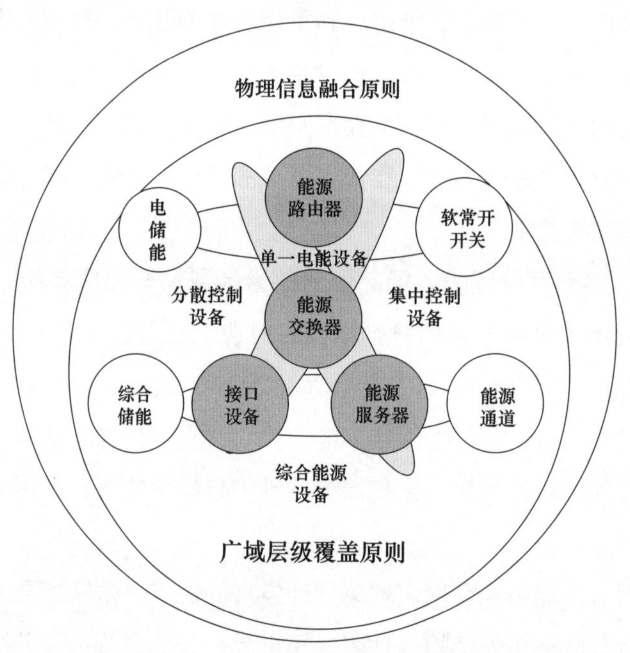

图 2-3　未来综合配电系统设备体系

（1）电储能与综合储能。未来配电系统中，储能装置的重要性将进一步加强，不仅仍然发挥维持电力电量平衡的缓冲作用，同时能够实现能源的分包储存发送、综合传输。储能设备是实现对各层级能源管理单元的精细化管理的关键设备。未来综合配电系统需在不同层级根据不同需求配置不同能源形式、规模、特性的综合储能单元，且以电储能和热储能为主。小型储能单元主要用于用户终端的综合微电网或集成于其中的设备；中型储能单元主要集成于中高电

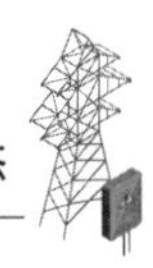

压等级能源路由器；大规模储能系统主要用于能源生产、传输和服务企业，可布置在能源服务器，负责全网或较高层级的能量缓冲。

（2）能源服务器。本书所述能源服务器是一种物理信息融合设备概念，其信息部分是未来配电系统的集中控制中心，核心环节是大数据云计算分析平台。合理借鉴互联网理念，可将其功能设计为：负责在全配电系统层面通过大数据云计算，分析系统安稳态势，处理各自治区域间的能源调配，高压配电网侧能源产生、储存以及分配，还可越级处理底层控制设备难以计算的复杂需求侧响应和复杂业务。此外，还可以引入“EIP 地址”概念，由能源服务器负责将“EIP 地址”段分配给各区域控制单元，再由区域控制单元分配给每个能源网络基础结构，此后全系统中的区域和设备调度均以“EIP 地址”进行识别。能源服务器的物理部分可设计为包含大容量电、热储能的综合储能网络，为大时空尺度能量调配平衡提供支撑，为能量信息化提供可能性。

（3）能源交换器。在将综合能源需求分为电、热、冷、气、交通等需求的基础上，提出能源交换器的设备概念。能源交换器是一种典型的物理信息融合设备，其信息部分负责比较能源需求信息与能源输入情况，控制各类能源接口设备将各类能源进行一定比例的相互转化，使转换后的能源比例满足能源需求比例；物理部分负责将转换后的非电能源按需求分配到通向下一层各用户或区域的能源通道，而电能由能源路由器负责分配。能源交换器可用于不同层级，如设置为区域能源交换器、局域能源交换器等。

（4）能源路由器。是一个纯电能的物理信息融合设备，并不涉及其他能源形式，由固态变压器、集成储能和区域协调控制系统组成，是未来配电系统物理层级连接和信息区域自治管理的核心设备，需承担区域内下级各综合配电单元互联、电能调配、电能质量监控、信息通信保障及维护管理等功能，引入“EIP 地址”后还应负责“EIP 地址”的具体分配与管理。能源路由器可用于不同层级，如信息侧分别对应局域综合配电管理系统、综合微电网管理系统等。

（5）电能与多种能源间接口设备。接口是不同能源形式间相互转换利用的设备，未来综合配电系统主要关注于电能与其他能源形式的接口设备，如逆变器、电动汽车等，他们是配电系统实现能源融合的关键。接口设备是一种终端设备，可认为没有层级而有能源容量大小之分，接口体系应注意标准化建设，以服务于各类能源的即插即用。电能与多种能源间接口设备情况见表 2–3。

表 2–3　　电能与多种能源间接口设备情况

对象	主动配电网阶段接口设备	未来配电系统接口设备
交通系统	电动汽车	电动汽车、综合储能、移动 App
燃气	燃气轮机、燃气汽车	燃气轮机、燃气汽车、综合储能
风、光、生物质等可再生能源	分布式电源、逆变器	信息物理融合的多功能逆变器、综合储能、能源路由器
热能	热电联供电厂、电热机、热储能	热电联供电厂、综合储能
电能	变压器、电储能	能源路由器、综合储能

（6）能源通道。其是一种多能源综合传输通道。从电能替代的角度分析，电能将是能源互联网中流动的主要能源形式，由能源路由器调控下的配电网络负责配送，故能源通道不承担电能传输功能，仅为理念介绍。设想其作用是实现化学能、热能等多种能源的打包长距离柔性传输，应具有对各能源形式进行隔离传输，提高传输效率等功能。

（7）SNOP 是一种新型的可控电力电子装置，基于全控型电力电子器件实现准确控制所连两侧馈线的有功、无功功率以及电气解耦。在未来配电系统中可用于在中高压层级替换传统配电网中的联络开关或分段开关。

以上设备构成的未来综合配电系统设备体系与传统配电智能设备一同构成了未来综合配电系统的设备形态，其在概念上契合能源互联网概念，并与智能电网时代设备有明显区别，设备形态与结构形态一同促使未来配电系统运行方式发生变革。

3. 运行控制

配电系统中能量、信息、调控指令的流动情况是新型配电网运行与控制形态的关键问题。面向能源互联网的新型配电网能量流如图 2-4 所示。

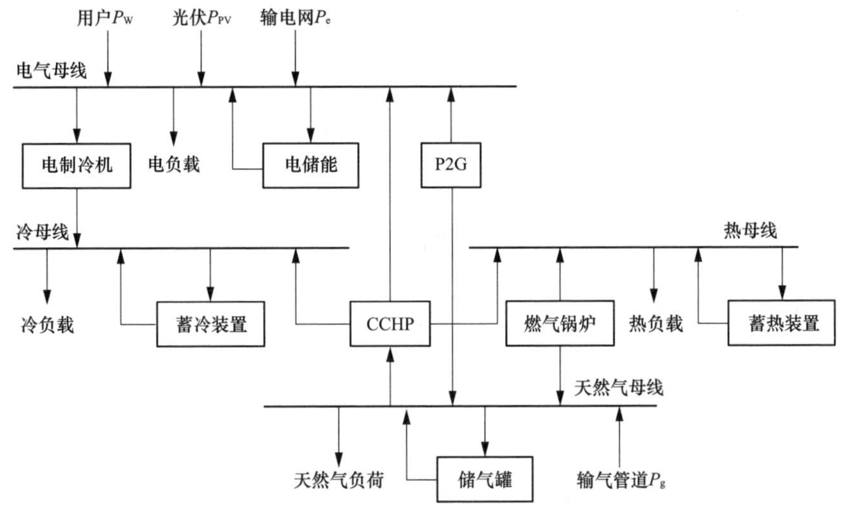

图 2-4　面向能源互联网的新型配电网能量流

CCHP—冷热电联产；P2G—可再生能源发电技术；P_W—用电功率；P_{PV}—光伏发电功率；P_e—输电网传输功率；P_g—输气管道输送容量

（1）能量流动。

1）在能量形式方面具有多元融合的特点：能够实现对可再生能源、燃气、热能、交通等多种能源综合互补利用，对各种能源及其包括发电在内的各种利用形式进行充分交融和优化调度，保证大能源供需平衡、系统安全稳定运行的同时获得最优经济效益。

2）从能源流动方向与平衡的角度，仅就电能而言，不仅层间普遍存在双向潮流，得益于交直流环状网架，同层各单元间也会存在联络双向潮流。特别是在低压侧引入点对点互联后，结构上形成了近似全联通网络，为各层级能量灵活流动提供基础，电能可进行区域局域间的协调支援以保障供需平衡。

3）在能量传输通道方面包含混合形式：对于电能传输，为满足新型电源、多种负荷和储能的需要，采用分层交直流混合传输，未来技术取得突破的情况下还可能采用超导或无线电能传输技术进行传输。

（2）信息流动。配电网点多面广，海量设备实时监控，信息双向交互频繁，且光纤敷设成本高、运维难度大。作为有线的拓展和补充，尤其在解决配电网业务“最后一公里”接入方面，无线以“安全、可靠、经济、灵活、迅速”的优点，赋能全联接电网。因此，智能配电网需要 5G 连接。5G 网络在配电网中应用示意图见图 2–5。

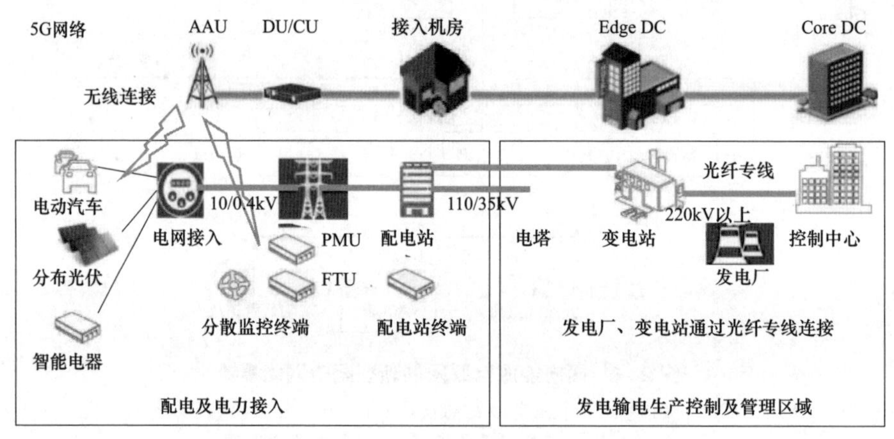

图 2–5　5G 网络在配电网中应用示意图

AAU—有源天线单元；PMU—电源管理单元；FTU—配电开关监控终端；DU/CU—分布式单元 / 集中式单元；Edge DC—边缘双连接；Core DC—核心双连接

5G 在配电网中典型的业务场景可分为控制、采集两大类：

控制类包括分布式配电自动化、用电负荷需求侧响应、分布式能源调控等。随着精准负控、分布式能源接入等业务发展，主站系统逐步下沉，更多的本地控制与主网控制联动，时延需求将达到毫秒级。

采集类包括低压集抄、站所内外场景的智能电网大视频应用等。未来采集对象将趋于多媒体化、深入用户行为分析；采集内容将趋于视频化、高清化；采集频次将趋于准实时，且从单向采集向双向互动演进。5G 在配电网中的典型业务场景见表 2–4。

表 2-4　　　　5G 在配电网中的典型业务场景

<table>
<tr><th rowspan="2">业务名称</th><th rowspan="2">业务类别</th><th colspan="4">通信需求</th></tr>
<tr><th>时延</th><th>带宽</th><th>可靠性</th><th>安全隔离</th></tr>
<tr><td rowspan="3">控制类</td><td>智能分布式配电自动化</td><td>≤ 15ms</td><td>≤ 2×10^6 bit/s</td><td>99.999%</td><td>安全生产Ⅰ区</td></tr>
<tr><td>精准负荷</td><td>≤ 200ms</td><td>1×10^4 ～ 2×10^6 bit/s</td><td>99.999%</td><td>安全生产Ⅱ区</td></tr>
<tr><td>分布式能源调控</td><td>采集类：≤ 3s；控制类：≤ 1s</td><td>≥ 2×10^6 bit/s</td><td>99.999%</td><td>综合服务包含Ⅰ、Ⅱ、Ⅲ区业务</td></tr>
<tr><td rowspan="6">采集类</td><td>低压集抄</td><td>≤ 3s</td><td>1×10^6 ～ 2×10^6 bit/s</td><td>99.9%</td><td>管理信息大区Ⅲ</td></tr>
<tr><td>电站巡检机器人</td><td rowspan="5">≤ 200ms</td><td rowspan="3">4×10^6 ～ 1×10^7 bit/s</td><td rowspan="5">视频：< 200ms；控制：< 100ms；99.9%</td><td rowspan="5">管理信息大区Ⅲ</td></tr>
<tr><td>配电线路无人机巡检</td></tr>
<tr><td>配电房视频综合监控</td></tr>
<tr><td>移动现场施工作业管控</td><td rowspan="2">2×10^7 ～ 1×10^8 bit/s</td></tr>
<tr><td>应急现场自组网综合应用</td></tr>
</table>

5G 网络为配电网业务无线接入提供了优化解决方案，为智能电网不同业务提供了差异化的网络服务，提高了配电网可靠性和安全隔离能力，提高了海量接入终端高效灵活的运营管理能力。5G 网络在配电房、开闭站集中监控、线路保护隔离、配电线路立体巡检等方面被广泛应用。

5G 技术将给电力配电网发展带来深刻变革。推动大量智能微型传感器在配电设备中的应用，促进电网“智能化”、“透明化”及“可感知、可互动”，助力电网向智慧能源运营商、能源产业价值链整合商、能源生态系统服务商转型发展。

5G+ 配电的应用将在配电网“规划、设计、建设、运维”全寿命周期中发挥不可估量的作用，电网行业与通信运营商的合作模式将发生变革。“B to C 普遍性服务”向“B to B 差异化服务”过渡，推动共享式、嵌入式的双赢、高质量发展。

4. 产业形态

未来配电网形态愈发复杂，为适应新的发展需求，配电网的产业形态也更加丰富，将在综合能源服务、负荷聚合商、基础设施产业等方面扩展其产业形态。

（1）综合能源服务。综合能源服务是基于全社会日趋多样化的能源服务需求，综合投入人力、物力、财力等资源，集成采用能源、信息和通信等技术和管理手段，为用户提供个性化、差异化的能源服务。含电、热、气综合能源系统结构见图 2–6。

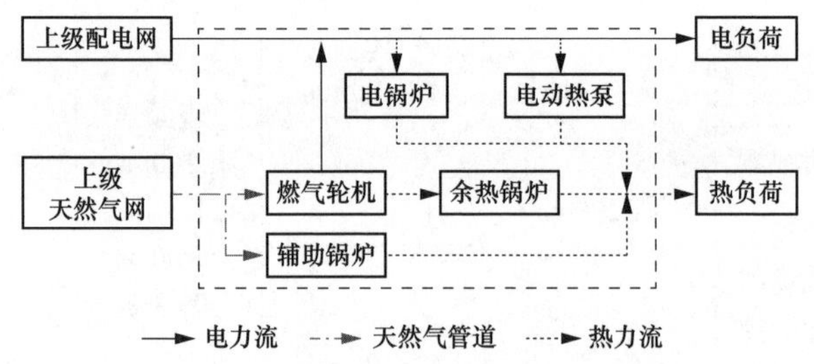

图 2–6　含电、热、气综合能源系统结构

综合考虑政策背景、技术支撑等因素，我国综合能源服务市场需求巨大，发展前景广阔，大致有以下几个特点。

服务以能源为中心。综合能源服务的宗旨和初衷均围绕“能源”二字展开，主要在能源生产、加工转换、输配、储存、终端使用等全环节开展综合能源服务业务。与传统能源服务相比，综合能源服务业务范围广泛，但始终以能源为中心展开。

服务日益多样化。鉴于客户能源服务需求的多样性，综合能源服务的供能服务品种日益多样，具体涉及为客户提供用能相关的安全、质量、高效、环保、低碳、智能化等多样化服务，服务形式包括但不限于规划、设计、工程、投融资、运维、咨询服务等。

服务产业链化。鉴于全社会综合能源服务对象在能源生产、加工转换、输配、储存和终端使用等各环节均有能源服务需求，形成了由各类综合能源服务所贯穿而成的产业链。同时，配合客户多样化的能源需求，综合能源服务的业务价值与产业链发展日趋成熟。

（2）负荷聚合商。随着需求响应市场越来越多样化，大量具备可调度潜力的居民负荷、商业负荷等中小型负荷迫切需要参与需求响应市场，但由于自身性能和容量的限制，无法达到市场准入要求，不能直接参与需求响应市场。为使这些分散的需求侧资源参与需求响应市场，国外首先提出利用负荷聚合商调控需求侧资源。负荷聚合商是为电力市场和终端用户提供灵活服务，并通过专业技术手段和评估措施在调控需求响应资源的同时获取利润的独立市场主体。

负荷聚合商是处于终端用户和电力市场中间位置的第三方机构，其在参与需求响应市场时不仅能够改善电网电能质量、降低终端用户用电成本，还可以最大化自己的利益。

对电网而言，负荷聚合商调控需求侧可调度资源是一种新的辅助服务。由于电能的生产、输送、配送和消耗过程同步完成，为保证良好的电压质量和频率质量，电网需要借助调频、调峰、备用等辅助服务保证电网安全可靠地供电。传统上电网获取辅助服务的手段是调整发电侧发电机组出力大小或者增减发电机组，然而负荷聚合商的出现挖掘了具有可调度潜力但没有被有效利用的资源，为电网获取辅助服务拓展了一条新途径，减轻了发电机组的负担，减少并延缓了电网在输配电线路和建设电厂方面的投资，有效降低了电网运营成本。

从终端用户的角度来说，负荷聚合商为其参与需求响应市场创造了条件。一方面是部分有参与需求响应意愿但容量和性能不达标的中小型可控负荷由负荷聚合商聚合分类后可参与需求响应市场。另一方面，中小型负荷不能及时准确地把握电力市场电价信息，对电价型需求响应不敏感，不能有效地参与需求响应市场。负荷聚合商不仅给那些有参与需求响应意愿且具备可调度潜力的中小型负荷提供了平台，还能够使用户更加敏感地捕捉到电力市场实时电价的变化，从而使用户积极参与需求响应。

从负荷聚合商的角度来看，其最终目的是获取利润。负荷聚合商在接收电

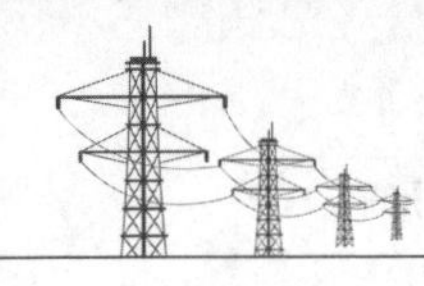

力市场电价信息后，选择在合适时段向电力市场购、售电量，完成储电任务，然后根据终端用户实际用电情况，通过专业技术手段制定科学的电价策略，引导用户参与需求响应并对其进行评估，从而保证最佳的收益。负荷聚合商的收益实质上来源于电力市场，并将其共享给终端用户，最终实现双方共赢。

负荷聚合商作为一个独立的市场主体，帮助有参与需求响应且具备可调潜力的终端用户参与需求响应市场，其运营方式主要是整合用户侧具备可调度潜力的资源参与需求响应市场交易，负荷聚合商从中获利。负荷聚合商运营方式见图 2–7。负荷聚合商控制的资源见图 2–8。

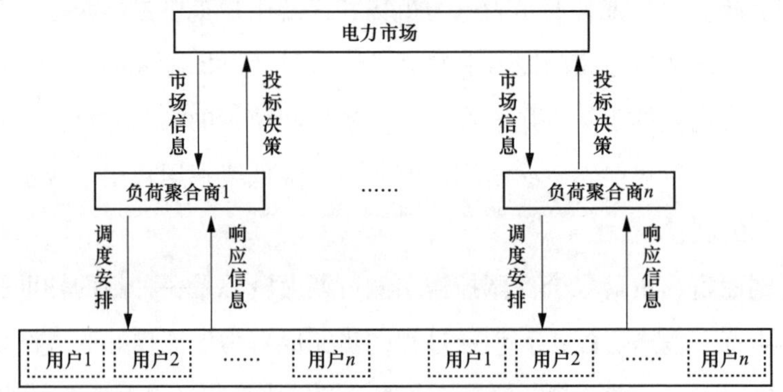

图 2–7　负荷聚合商运营方式

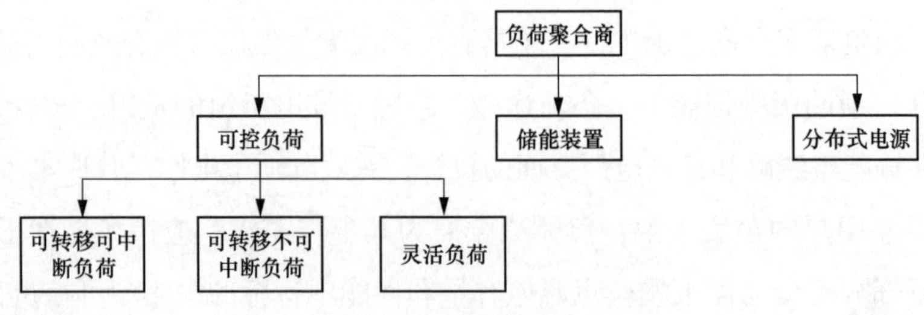

图 2–8　负荷聚合商控制的资源

（3）基础设施产业。未来综合配电系统综合了与其他能源的物理接口设备与信息协调控制设备，形成了新的结构形态与设备形态，为能源信息基础设施产业带来了设备与系统革新的重大机遇。传统配电系统与其他能源系统设备的物联网化改造，多种能源之间接口设备的普及需求，新型物理信息融合能源设备的研发、生产、替代、维护，集中控制中心与区域控制系统的技术研发及待

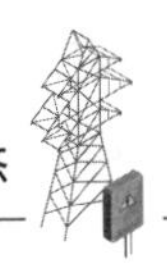

建，都蕴含着巨大市场潜力，可能催生出各自的新产业结构。未来综合配电系统的产业结构示意图见图 2–9。

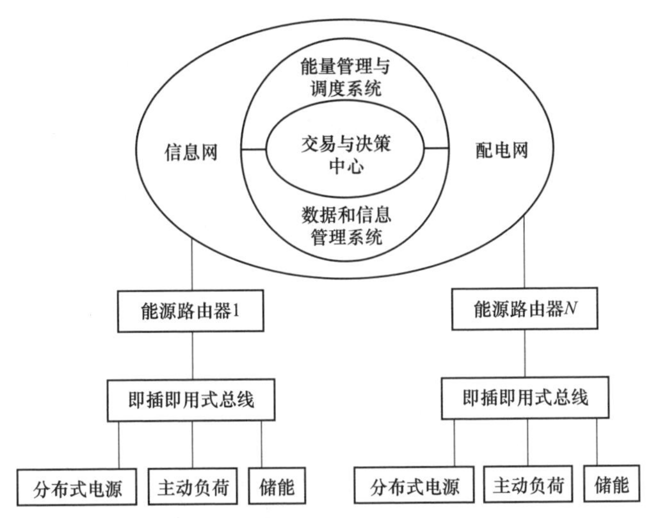

图 2–9　未来综合配电系统的产业结构示意图

5. **市场机制**

基于我国电力市场现状及发展判断，“统一市场、两级运作”的全国统一电力市场建设思路将是电力市场未来的趋势，具体可分为试点和推广 2 个阶段。

试点阶段：以省间市场为引领，全面开展省间中长期、现货交易，率先面向市场化运作。组织 8 家现货试点省建立省内中长期和现货交易机制。到 2020 年，逐步实现省间市场加省内市场的联合市场化运作，建成省间、省内交易有效协调和中长期、现货交易有序衔接的电力市场体系。

推广阶段：结合国家有关要求和试点情况，逐步向全国范围推广，全面建成“统一市场、两级运作”的全国统一电力市场。2025 年以后，逐步推进省间和省内交易的融合，研究探索一级运作的全国统一电力市场，适时开展容量交易、输电权交易和金融衍生品交易。

考虑当前省间市场和省内市场将长期共存的情况，省间交易与省内交易衔接模式如图 2–10 所示。在交易时序上，中长期交易中省间交易早于省内交易。

现货交易中，首先在省内形成省内开机方式和发电计划的预安排，在此基础上，组织省间日前现货交易。在市场空间上，省间交易形成的量、价等结果作为省内交易的边界，省内交易在此基础上开展。在安全校核及阻塞管理上，按照统一调度、分级管理的原则，国调（及分调）、省调按调管范围负责输电线路的安全校核和阻塞管理。而在偏差处理上，省间交易优先安排并结算，交易执行与结算电量原则上不随送受端省内电力供需变化、送端省内电源发电能力变化进行调整，发电侧和用户侧的偏差分别在各自省内承担，并参与省内偏差考核。

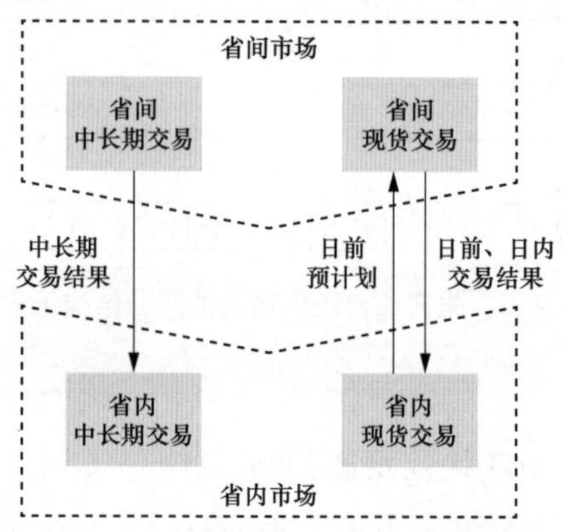

图 2-10　省间交易与省内交易衔接模式

从市场空间、市场范围、市场体系、市场主体等多个角度来看，未来我国电力市场形态特征主要包括以下几个方面。

（1）市场空间方面：加速计划体制向市场机制的转变，持续扩大市场化交易电量比例。

（2）市场范围方面：逐步打破省间壁垒，不断提升跨区跨省电力交易比例，省间与省内市场逐步融合形成一级运作的全国统一电力市场。

（3）市场体系方面：加速建设完善现货市场，逐步建立中长期与短期相结合的完整市场体系，根据市场发展需要逐步开设辅助服务市场、容量市场、输电权交易、金融衍生品交易等。

（4）发电侧市场主体方面：逐步提高发电侧清洁能源参与市场比例，结合

中国能源资源与负荷的分布情况，实现清洁能源的大范围消纳。

（5）用电侧市场主体方面：允许分布式能源、微电网、虚拟电厂、电动汽车、储能、交互式用能等多元化新型小微市场主体广泛接入，逐步扩大参与市场交易的数量和规模，探索以用户为中心的综合能源服务模式。

（6）分布式发展方面：逐步开展分布式电源、微电网的市场化交易，形成局部地区“自平衡+余量送出”的交易模式，并根据用户侧电力平衡方式的改变探索批发市场与零售市场的协调运作。

3

新型配电网规划技术

新型配电网将逐步适应高比例分布式新能源和多元化新兴负荷的广泛接入，依托多类型“源荷储”资源交互平台，向清洁电力为主导、全环节智能可控、广泛互联综合调配等方向发展。配电网规划是根据规划期间负荷预测的结果和现有网络的基本状况，在满足负荷增长和安全可靠供应电能的前提下，确定最优的系统建设方案，支持城市建设和经济发展。近年来，分布式电源（distributed generation，DG）、储能等新技术的发展及需求侧响应的实施，极大地丰富了配电网规划的内容，对配电网的规划模型和规划方法也产生了诸多影响，配电网规划技术也随着外部环境变化和新技术发展不断更迭。本章旨在厘清国内外关于新型配电网规划技术的应用及研究现状，为了便于系统性介绍配电网规划技术，便将其归纳为三大类，即电力供需预测、设施布局和综合性规划，其中电力供需预测类主要包含新能源和负荷特性预测，设施布局类主要包含配电网选址、网架、接入等，综合性规划类主要包含供需双侧协同、能源互联网、综合能源等。

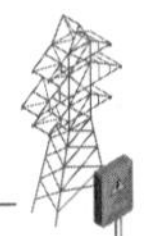

3.1 国内外配电网规划技术

3.1.1 国外配电网规划技术

1. 配电网规划特点

（1）北美。北美电力系统的主要特点是系统规模庞大，电力市场相对成熟，电力市场对发电、电网运行及工程设备的投资有一定的优化调配能力。规划的重点涉及电网可靠性和经济性的分析，着力打造一个具备较高充裕性的绿色电网。

1）规划目标可靠性和经济性并重。北美电网规划的目的是通过规划、设计、建设，以使电网在所有的需求水平、系统负荷预测范围内及各类规定的故障条件下，均可为预计的用户和公司提供输电服务。传输系统的能力和配置、无功电源、保护系统及控制装置，应充分确保系统安全稳定运行。即要符合电网安全标准，在提高电网充裕性的基础上满足电力用户的要求，保障电网可靠运行，保证电力市场的稳健性和有效竞争，保证电力市场对电力资源的有效调配。

在北美电网规划中，输电系统考虑包括可靠性和经济性在内的多个方面，尤其是提供一个可变化的且可以快速扩充的电力市场。但在输电规划中，可靠性和经济性之间的区别越来越模糊。可靠性问题是经济性方面的问题，它会影响电力市场的不同参与者采取不同的行为。因此，为了电网运行的稳定性，可能会使更符合经济利益的电能输送方案受到限制。在电力系统充裕性上，北美电网规划将电力市场调度的输电约束等同于经济性约束，只要在事故之前电力系统经过调整能够维持在可靠性限制之内运行，经济性约束不应该视为违反了可靠性标准。

2）新增分布式电源规划。为满足市场需求，美国每年需要增加大量的分布式发电市场装机容量，为解决这个巨大的缺口，美国能源部提出了以下几个涉及分布式发电技术的计划，包括燃料电池、分布式发电涡轮技术、燃料电池和涡轮的混合装置等。

3）走绿色电力规划路线。绿色电力是指来自风能、水力、太阳能、地热、生物质和其他可再生能源的电力。从 20 世纪 70 年代开始，以可再生能源为原料的绿色电力规划已逐渐成为常规火力发电建设的一种替代，在美国电力产业发展中占据了一定的地位。美国各州根据自己电力市场竞争程度范围设计了绿色电力定价和绿色电力选择项目，鼓励消费者使用绿色电力。

（2）法国。法国电网具有跨度小、输电线路短和稳定裕度大等典型特点，因此在其规划中并未强调系统的稳定问题，而是强调对各种类型电源和用户的公平接入。

1）电网充裕度较高规划注重经济性。由于法国电网充裕度较高，因此其规划更加注重经济性，要保证所有电源能够有效接入，参与市场的调度。法国电网规划的目的有两点，一是保护环境的同时进行合理规划，并和邻国电网互联；二是本着公平的原则保证用户入网。此外，法国电网公司制定的发展规划需要满足法规要求、协调要求、电网长期发展的要求。

2）政府为主导多主体参与制定。法国电网规划首先由地方政府进行构思，设置地方协调机构，通过地区性国土治理与发展委员会下属的委员会（或者通过有类似经验的地区协调委员会）操作。协调机构在地方政府的指导下，围绕有关电网发展的所有主体——国家、公众、社会各行业代表、法国电网公司、当地配电所、发电站和环境保护组织等做协调工作，起草发展规划。

在电网效率方面，法国电网企业以最低的成本为用户输电，尽量减少输电损失和输电阻塞。此外，法国在制定电网规划时还对电网运行年龄进行分析，并考虑基本的电网情况、负荷增长预测、发电能力预测、电力交易、供电质量、新能源、环保因素等。

3）制定专项接入方案。无论是发电上网用户还是耗电用户，是工业用户还是低压配电用户，都存在入网问题，法国电网规划对不同类型用户的接入问题进行专项分析并给出相应的接入方案。

a. 配电用户入网。通过建设新的电源变电站进行配电用户入网，这与某一

地区电力消费的显著增长有关。

b. 特定用户入网。特定用户包括法国铁路网（RFF）、工业用户、发电上网用户，其中为铁路网设立的分站入网需要对电网进行整治或对变电站进行改造；为满足工业用户和新的发电厂入网需要新建入网接线或新建变电站，甚至要加强上一级电网。

c. 风力发电入网。鉴于风电场出力剧烈波动，产生的问题尚无可靠的系统解决办法，所以其问题要从总体方案上解决。近年来，随着欧洲地区能源战略对可再生能源尤其是风能的大力支持，不断增加的风电装机对欧洲电力系统的影响越来越大。

4）遵循“远近结合”规划方法和思路。法国输电网公司（RTE）电网规划遵循“远近结合”的思路，首先制定全国范围内的 10～15 年长期发展规划，在此基础上编制 5～10 年的中期发展规划，将长期规划方案分解到中期规划之中予以落实。在中期规划中通过细化输电线路、变电站和其他设备选择，分析电网薄弱环节，最终形成规划方案，提供给决策部门作为决策支撑依据。

（3）德国。德国新能源发展迅速，力争加快打造海上高压电网，积极增加电网储能容量，推进建设智能电网，保障电网企业可持续发展能力。

1）提高可再生能源经济性。虽然可再生能源已经逐渐成为德国能源电力结构中的重要组成部分，但是在未来发展可再生能源过程中德国面临要付出较大经济代价的形势，因此为了避免这一问题的发生，德国将通过一系列政策措施鼓励可再生能源的发展。具体措施包括：为虚拟电厂引入市场溢价或合理激励；进一步发展全国范围内的分摊机制，促进需求响应和使用可再生能源电力；进一步发展绿色电力市场，在不提高可再生能源附加费的情况下加强市场和电力系统的相互适应等。

2）加快海上电网规划与建设。海上风电被列为德国风电产业未来发展的重点，2020 年、2030 年海上风电装机容量规划目标分别达到 10GW 和 25GW。为了确保海上风电的安全可靠送出，实现在欧洲大电网范围内的消纳，德国将加强与北海沿岸国家合作，加快规划和建设海上输电电网。同时，加强海上风电场群集中并网模式研究，降低工程成本，提高电网对并网风电的控制能力。

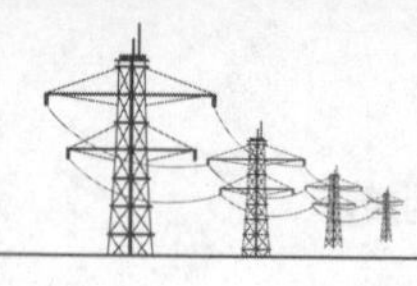

3）加快超高压电网规划与建设。未来德国将大力发展海上风电，海上风电多分布在北海和波罗的海，需要将北部风电输送到西部和南部的负荷中心，这对电网的电压等级提出了更高要求。因此，德国将加快传输距离更远、损耗更低的超高压电网的规划与建设。

4）加快跨国互联大电网建设。随着太阳能光伏发电、风电，特别是海上风电的大规模发展，德国电网对间歇性可再生能源的消纳能力日渐不足，迫切需要发挥欧洲大电网的资源优化配置作用，依靠欧洲大电网平抑间歇性电源的出力波动。为此，德国将建设跨国联络线、融入欧洲大电网作为未来电网规划与建设的重点之一。德国跨国互联电网建设的远期目标是充分利用挪威、奥地利、瑞士等国的水电调峰资源。

5）积极增加电网储能容量。储能技术发展的具体措施包括中期要考虑技术和经济参数，挖掘德国国内抽水蓄能的开发潜力。因此德国在长期内，要充分利用国外抽水蓄能电站的调峰能力，加强新兴储能技术的研究，如压缩空气储能、储氢、甲烷制氢、电动汽车电池等，同时做好大规模商业应用的可行性研究。

6）加快推进智能电网建设。德国智能电网建设具体措施包括政府推动智能电能表安装，确保采用最新技术和工艺；修改智能电能表接入条例，要求联邦网络署确定最低技术标准和智能电能表接口；推进智能电网示范项目，研究和测试基于信息通信技术的能源系统等。

7）保障电网企业可持续发展能力。为了确保电网运营商拥有充足的资金用于电网扩建项目，并保护其投资电网建设的积极性，德国政府将考虑修改完善相关管理办法，提高电网运营商的收益。德国政府将充分认可电网运营商进行电网扩建所付出的成本，提高超高压电网及应用新技术的投资收益率，制定质量准则和惩罚措施，奖励电网的创新发展，激励对电网的升级改造。

（4）俄罗斯。俄罗斯在制定可靠性准则时主要突出系统的可靠性问题，因为俄罗斯电网的地域范围跨度很大，通过加强电网来提高安全性的方式不现实，为了确保系统的可靠性，除了规定事故前、后运行方式下断面的最小静稳定裕度及负荷点电压最小裕度外，还将规划的重点放在特定干扰下系统应对故

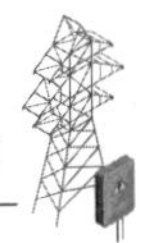

障的自动装置设计上，其主要手段是加强系统的反事故保护措施，其原理是通过对特定（规范化的）事故的动态稳定性的初步计算，选择和协调反事故自动化的措施（如切机或降低发电机出力、切负荷、切电抗器等），使系统成功地过渡到事故后运行方式。

2. 配电网规划技术

（1）英国强调负荷曲线预测。英国负荷预测方法强调对单个变电站进行预测，采取由分到总及由下到上的办法来验证负荷预测的准确性和说服性，并采用持续负荷曲线进行分析，此种方法的预测结果对电网的建设或改造需求评估更具有实际指导价值。在基础数据管理和数据筛选方面，英国采用将原始数据通过过滤进入负荷预测的数据库，以此保证数据完整、正确及延续性。

（2）新加坡采用自下而上负荷预测方法。新加坡目前采用的负荷预测方法为自下而上的方法，即以用户的负荷发展信息为基础（其中对 500kW 及以上的用户做负荷发展调查），采用负荷密度分析法，计算 66kV 变电站的基本负荷，66kV 变电站负荷预测的程序如图 3-1 所示。

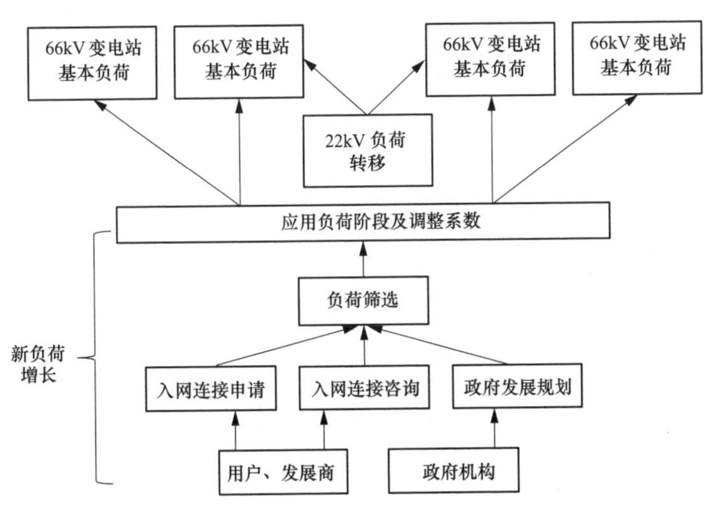

图 3-1　66kV 变电站负荷预测的程序

1）新负荷增长 = 新申请容量 × 负荷调整系数 × 负荷阶段系数。

2）负荷调整系数：住宅区为 35%；负荷低于 5MVA 的高压负荷申请为

85%；负荷低于2MVA的低压负荷申请为60%。

3）负荷阶段系数：高压负荷申请（负荷低于5MVA）第一年为30%，第二年为50%，第三年为20%；低压负荷申请（负荷低于2MVA）第一年为60%，第二年为40%。

（3）法国采用多场景负荷预测方法。法国的需求预测与我国基本类似，在分析历史资料的基础上，综合考虑GDP、人口、需求侧管理、油/气价格、电价等因素影响后，预测负荷水平基本方案，在基本方案基础上再预测高、低、需求侧管理（demand side management，DSM）3个方案：

1）基本方案，正常的GDP、人口增速和电价、油/气价格。

2）高方案，在基本方案的基础上，按高人口增速和低电价测算。

3）DSM方案，在基本方案的基础上，加强DSM的作用。

4）低方案，在DSM方案的基础上，进一步按GDP低增长和高电价、高燃料价格测算。

各需求预测方案参数选择情况如表3-1所示。

表3-1　各需求预测方案参数选择情况

方案	GDP增速	人口增速	DSM措施	燃料价格	电价燃料价格联动关系
高方案	基本	高	一般	高	弱
基本方案	基本	基本	一般	高	强
DSM	基本	基本	基本	强	高
低方案	低	基本	强	很高	强

（4）北美基于多目标约束的配电网规划方法。北美电网规划主要需完成潮流计算、优化潮流计算、动态计算、短路计算4项计算任务，即：采用负荷潮流模型计算经过线路和变压器的稳态潮流和整个电力系统的母线电压；最优潮流（OPF）模型根据传输极限限制、特殊负荷和传输条件，为模拟的特定负荷和输电条件寻找最低成本或最低价格的发电分配方式（包括损失），并以OPF模型计算变压器分接开关和无功补偿配置，将运行成本降到最低；采用动态模

型来研究系统在受到各种有可能导致失稳的干扰下的响应，通过仿真从数个周波到数秒的时段内的系统运行情况，分析系统功角和电压稳定性；短路模型用于帮助设计系统保护装置，并保证断路器能承受和切断最有可能出现的故障（短路）电流。

（5）美国基于概率风险评估模型（PRA）的设备评估法。为了确定 500kV/230kV 变电站的充裕性情况，美国研发了概率风险评估模型（PRA）和方法。PRA 模型首先考虑现役变压器数量、位置、性能、年限等特征，估算出变压器发生故障的可能性，同时考虑变压器故障所产生的后果，计算出变压器故障成本；接着，假定多种变压器维护 / 更换策略，计算不同策略的未来现金流情况；最后，通过比较变压器故障成本和维护 / 更换成本，发现成本最小的策略，确定淘汰一个正在运行中的变压器的最优时间，以及整个 PJM[1] 库存备用变压器的最优数量。

（6）法国基于用户停电损失的配电网规划方法。受监管机制的影响，RTE 的电网规划以达到政府规定的可靠性指标为前提，以尽量节约成本为目的。其中成本开支的一项重要内容即是用户停电损失赔偿。

在确定目标网架能够满足监管部门对电网可靠性的要求后，RTE 主要通过经济手段来比较不同的方案。通过评估不同方案投资过程的费用，考虑财务期内的投资成本、运行成本、输电阻塞费用、损耗等因素，并考虑通货膨胀的影响，比选出总成本最低的方案。

3.1.2 国内配电网规划技术

1. 布局规划技术

（1）基于“网格化”的配电网布局规划方法。配电网的“网格化”规划是使复杂的网架更加清晰和简洁，为以后的配电网智能化奠定相应的基础。网格之间相互独立，使网架更加清晰明了，便于对区域进行更加精细化的

[1] PJM 是指 Pennsylvania—New Jersey—Maryland，即宾夕法尼亚—新泽西—马里兰州，是经美国联邦能源管制委员会（FERC）批准，于 1997 的 3 月 31 日成立的一个非股份制有限责任公司，它实际上是一个独立系统运营商。

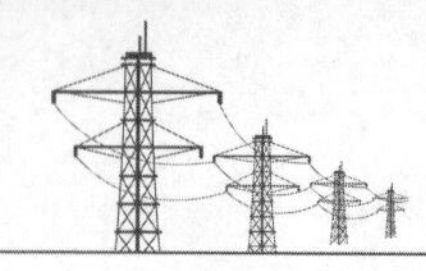

管理。

网格模型：网格化分层标准如图 3–2 所示，主要分成三个层次的网格。第一层的配电网格 L1 主要以高压配电网格为主，每个网格主要是由 3 ～ 5 个 110kV（或 220kV/20kV）的变电站构成，其主要的作用是提出变电站的建设需求、监控间隔利用率等；第二层的配电网格 L2 主要以中压配电网格为主，每个网格由低于 4 组标准接线构成，主要的作用是解决网架架线、线路资源调配和负荷信息、中压问题的收集与项目包的建立；第三层的配电网格 L3 主要以低压配电网格为主，每个网格由台区为基本单元构成。

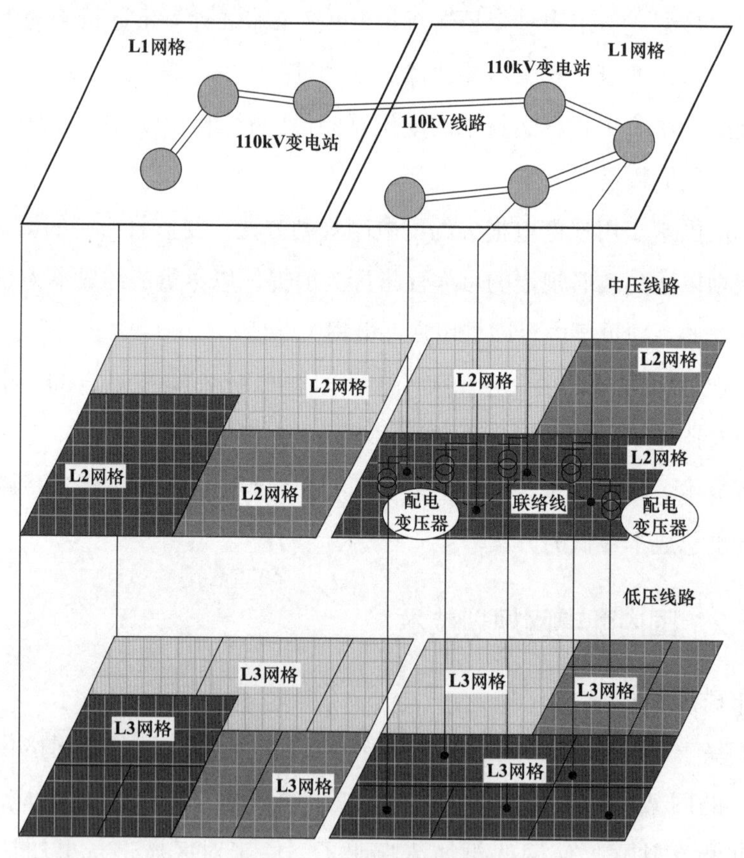

图 3–2　网格化分层标准

网格划分原则：网格划分可以理解成为把一个复杂的模型分解成几个简洁的模型，但是这些简洁的模型之间又相互关联，相互约束，组成一个完整结

构。通过解决这些简单的结构，就能够把握整体的变化趋势，网格划分得越精细、整齐，其结果也就越准确。

用电网格划分原则主要有以下几点：

1）地理分布：通常以山川和道路等地理边界为网格界线。

2）行政区划：原则上同一网格最好不要跨越两个及以上的行政区。

3）目标网架：结合远景目标网架和线路供区，将具有电气联络的、独立于其他线路的一组或几组接线的供区划分到一个网格。

4）电源点：网格电源点应以就近原则为准则进行确定，在原则上，任一网格内电源点应来自不少于两个变电站，并且每一个变电站的负载应尽可能保持平衡，避免主变压器重载或轻载现象的发生。

5）地块定位：同一网格不应包含不同定位的地块，例如同时包含城镇地块和农村地块。

6）地块开发：将开发程度相近、地理相邻的区块划分到同一网格，利于制定配电网的建设改造原则。

7）负荷性质：计及市政规划用地性质，将相同负荷属性且地理相邻的地块划分到同一网格，尽量减少同一网格的负荷种类。

8）电网规模：在远景负荷分布和目标网架的基础上，按照负荷均等、规模相当的思路来平衡同一配电分区内的网格规模。

9）统筹协调：在网格划分时，应综合考虑各方面因素，使网格尽量同时满足上述原则。在实际划分时，若无法同时满足，则可以视具体情况统筹协调来调整网格（包括合并、分割等手段），使之满足首要的考虑因素。

配电网格化（层级）布局模型：DSMT（需求侧－供给侧－管理侧全模型）配电网格化（层级）模型是一个协同电力需求侧（基于地块用地性质的用电网格划分）、电力供给侧（基于电网电气边界的网络布局）及运行管理（基于业务管理现状的分层分区管理）三个视角的配电网格化规划全模型。其中：

用电网格层级模型（需求侧）：用电需求侧根据市政用地规划（基于地块用地性质的负荷分布），采用“配电网格、功能网格、用电网格”三层网格定义。配电网格和用电网格分别与电力供给侧配电分区（配电网格）、接入单元（用电网格）对应。

网络布局层级模型（供给侧）：电力供给侧根据电网电气关系，采用“统筹区、配电分区、站间联络片、接线单元、接入单元”五层结构定义，并以此形成与电力需求侧配电网格（配电分区）、用电网格（接入单元）的对应。

分层分区层级模型（管理侧）：组织管理根据电网分层分区管理原则，采用“供电分区、配电分区、供电单元、接线单元、接入单元”五层结构定义，并以此形成与电力需求侧及供给侧的统一。

（2）基于 CFSFDP[1] 算法的配电自动化终端布局规划方法。该方法会进一步优化配电网布局，使配电系统运行的可靠性和服务水平得到全面提升，同时，也能全面提升电力企业的经济效益和社会效益。科学的配电自动化规划能够进一步改善和优化终端布局方式，有效控制供电故障发生的概率。

1）配电自动化终端布局规划：

优化布局：配电自动化终端在规划过程中应严格按照标准要求规定的电网结构、设备等相关参数，明确配电终端类型、布设位置及一次开关设备。全面优化配电自动化终端能够在保障重大布局合理的基础上，一旦系统出现故障可以迅速实现故障隔离和自主恢复，使故障的波及范围得到有效缩减，从而为用户带来更好的供电体验，也能全面提升供电质量。从当前供电网络的运行状况来看，配电自动化终端通常都具备遥测、遥控和遥信三种功能。因此，线路在新建过程中应结合配电网自身特征来实现布局的合理优化。

规划原则：在整个配电网络中常用的开关类型可分为出线、分段、分界以及联络等。通常情况下，在变电站内部安装出线开关，通过出线开关的设置来管控和操作战略检测系统，整个检测过程不需配电终端参与。分界开关通常是安装在用户端，在配置过程中需结合电流负荷大小来实现配电终端安装，还要结合相关的专业技术指导，通过布设光纤通信来实现应用。同时，要充分结合

[1] CFSFDP 算法即为 Clustering clustering by fast search and find of density peaks，基于密度峰值的快速聚类算法。

实际状况，来实现配电自动化终端的针对性选择，在此过程中还需要对是否符合建设要求和经济性进行充分考虑。

模型优化：在针对配电自动化终端进行布局优化和规划过程中，首先明确规划目标，也就是明确分段开关的类型以及具体安装位置。在充分保障供电系统能够实现稳定运行的前提下，最大程度控制建设费用，从而全面提升共建企业的整体经济效益。对于供电企业来说，其建设总费用主要包括各停电损失、设备运行及设备投资等几个部分。在实际开展终端布局的过程中，应充分结合一次设备和配电终端，可按照以下公式进行计算：

$$C_{G}=C_{G1}+C_{G2}$$

$$C_{G1}=N\times P_{F}\frac{(1+i)S\times i}{(1+i)S-1}$$

式中：C_{G} 为配件终端建设过程中的一次设备年投资费用；C_{G1}、C_{G2} 为分段开关年投资费用以及配电终端的年投资等值费用；P_{F} 为分段开关投资限制单价；N 为分段开关数量；i 为整体的投资回报率；S 为投资期限。

2）优化方法：

规划网架结构优化：在进行配电网自动化建设过程中需综合各方面因素来实现终端设计，同时，也要与整个配电网络的改造进行有效结合。另外，还需对区域的配件网络发展水平、供电负荷密度等相关条件进行综合考虑之后实现重点区域的合理划分。针对不同的区域，应该在技术方案和规划目标方面体现出针对性。配电网在运行过程中会产生海量数据，网架结构规划过程中针对每一个节点的用户数量、负荷量和变压器台数等相关信息，由于无法进行及时获取，因此在数据方面只能进行粗略估算。终端配置方案也应采取整数非线性规划方法，针对每条配电线路，假设其用户数量为 N，分段开关数量为 M，而且分段开关在整个线路上属于均匀分段，配件自动终端安装在第 k 个分段开关上，如果该线路每年的故障率为 F（次 / 年），其故障处理时间为 T（小时 / 年）。其中，故障处理时间主要包括了开关操作时间 T_{C}、区域故障查找所需时间 T_{S} 以及故障恢复时间 T_{R}，由此就得出 $T=T_{C}+T_{S}+T_{R}$。另外，假设故障区域人工查找时间为 T_{S0}，手动操作开关消耗时间为 T_{C0}。对于供电企业来说，“二遥”

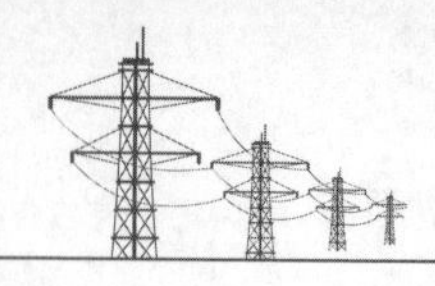

与“三遥”的自动配置终端结合方式投资效益更加良好，而且也能够提升整个网络的自动化水平。如果在仅仅安装“二遥”的情况下，假设其故障查找时间为 T_{S2}，开关操作时间为 T_{C2}，那么故障查找缩短的时间 $T_{SN}=T_{S0}-T_{S2}$，开关操作缩短时间 $T_{CN}=T_{C0}-T_{C2}$，此时故障处理实际缩短的时间为 $T_{SN}+T_{CN}$。另外，遗传算法也是配件自动化终端布局规划过程中应用比较广泛的一种方法，该方法在应用过程中首先需要对编码问题进行有效解决。

（3）配电网多阶段动态布局规划方法。该方法基于密度峰值聚类的等效负荷点位置信息，采用布雷森汉姆 – 粒子群优化算法驱动的线路规划方法形成待规划线路集合，并运用混合整数二阶锥规划模型结合动态规划的方法对配电网规划这一非凸、非线性问题进行求解。该规划方法契合实际应用需求，为配电网规划提供一种最优规划解。

1）考虑障碍区域影响的线路规划模型。针对考虑空间信息的线路规划问题，Bresenham 算法可确定两点相连所穿过的网格情况，然后利用粒子群优化算法（particle swarm optimization，PSO）求解线路规划模型，得出规划线路集合，辅助解决线路的空间布线问题。

基于 Bresenham 算法构建的障碍区域线路长度模型：该算法为适应显示器的像素化成像方式，可将网格图中的任意线段通过平移、翻转等操作变换为平缓线段。该线段沿 x 方向以 0.5 格为递增梯度的方式检测线段间各点与各网格的接触情况。若待检测点位于网格内部，则判断为所在的网格均为被穿过的网格。若待检测点位于两个网格的边界上，则判断为所接触的两个网格均被穿过。但是，若待检测点位于 4 个网格的交界处，则判断为该点未与周围 4 个网格接触，周围 4 个网格是否被穿过与此待检测点无关。得到线段穿过的网格情况后，可根据所穿过的网格类型确定其环境权重 e_k，并根据下式计算出环境权重平均值作为该线段的环境系数 E。把该系数与直连线段长度 D 的乘积作为考虑环境因素影响下的线路长度 d，d 即任意两节点相连时的实际线路规划长度，其表达式为

$$E=\frac{\sum_{i=1}^{N_g} e_k}{N_g}$$

$$d=DE$$

式中：e_k 为网格 k 的环境权重；N_g 为线段所穿过的网格总数。

Bresenham–PSO 算法驱动的线路规划方法：为了能够在含障碍区域的地理信息系统（geographic information system 或 geo — information system，GIS）网格图中确定配电网线路空间分布，可将连续的线路进行离散化操作。离散化的线路模型介绍如下：首先，将线段在网格图中经过平移翻转等操作变换为平缓线段，并将两点间的线段分为 N 个部分，插入 N–1 个分割点；然后，以各个分割点所在射线与水平方向的夹角 θ_m 作为输入量搭建线路规划模型，目标函数与约束条件如下：

$$\min d_{com}=\sum_{m=1}^{N} d_m E_m$$

$$d_m=\sqrt{\Delta x_m^2+\Delta y_m^2}$$

$$\Delta x_m=\frac{mD}{N}(\cos\theta_m-\cos\theta_{m-1})$$

$$\Delta y_m=\frac{mD}{N}(\sin\theta_m-\sin\theta_{m-1})$$

式中：d_{com} 为环境因素影响下两点间规划的线路长度；d_m 为第 m 段分割线段长度，m=1，2，…，N；E_m 为第 m 段分割线段的环境系数；Δx_m 和 Δy_m 分别为第 m–1 个分割点与第 m 个分割点之间横坐标差值和纵坐标差值；θ_m 和 θ_{m-1} 分别为第 m 和 m–1 个分割点所在射线与水平方向的夹角。

2）基于规划路径集的网架规划凸模型。网架规划的物理模型通常以最小化线路投资为目标函数，在安全运行约束的条件下确定网架结构。将基于现值因子计算的建设成本、损耗成本以及运维成本等综合成本作为模型的目标函数，改善规划结果的经济性。同时，将非凸、非线性的交流潮流方程进行二阶锥松弛、凸优化得到便于求解的凸模型，以降低网架规划的求解难度。最终，根据上述方法将传统网架规划模型优化为考虑线路综合规划成本的 MISOCP 模型，降低了求解难度，提高了规划结果的经济性和可行性。

基于现值因子的综合规划成本分析：考虑到线路建设成本、维修成本及

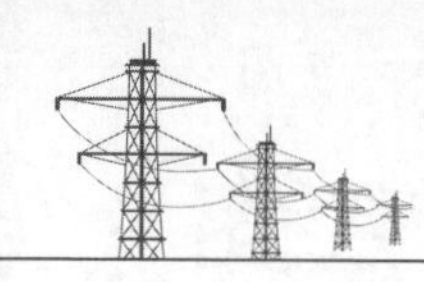

损耗成本，配电网规划线路综合成本应当是线路潮流有功功率的二次函数。最后，基于现值因子计算的配电网综合规划成本为

$$C_{\mathrm{con}}=\sum_{(i,j)\in\phi}d_{ij}\left(l_t+\omega_1 A+3\omega_2 T_{\max}\lambda r_t I_{ij}\right)Z_{ij,t}$$

$$I_{ij}=i_{ij}^2$$

式中：I_{ij} 为节点 i、j 之间线路上电流的平方；r_t 为型号 t 的电缆单位长度电阻值；d_{ij} 为线路 ij 的长度；l_t 为电缆型号 t 的单位长度成本；ω_1 和 ω_2 分别为线路年运维成本和运行损耗成本的现值因子；A 为每年维护成本；$T_{\max}$ 为年最大负荷损耗小时数；λ 为年均购电价格；i_{ij} 为节点 i、j 之间的电流；$Z_{ij,t}$ 为节点 i、j 之间电缆型号 t 的线路电缆建设情况，$Z_{ij,t}$=1 表示规划建设。

3）基于 CFSFDP 算法的空间负荷聚类。配电网规划是一个中长期的动态规划过程，涉及多个对象、多类投资成本以及多个阶段的综合规划效益。首先针对 GIS 提供的各阶段负荷空间分布数据进行分析，通过基于密度峰值的快速聚类算法实现空间负荷聚类，并将聚类中心作为等效负荷点以缩小规划问题规模、提高求解效率。

采用 CFSFDP 算法按照负荷点的地理分布进行聚类分析，聚类中心的 GIS 坐标可近似为环网柜或分支箱空间位置，将其绘制在 GIS 网格图中作为等效负荷点。为确定等效负荷点在 GIS 网格图中的空间分布，需要首先利用密度峰值算法计算出各负荷节点的局部密度 ρ_i 和相对距离 δ_i 如下所示。

$$\rho_i=\sum_{j\neq i}^{n}\chi(d_{ij}-d_{\mathrm{c}})$$

$$\chi(x)=\begin{cases}1, & x<0\\ 0, & x\geqslant 0\end{cases}$$

$$\delta_i=\min d_{ij}$$

式中：d_{c} 为截断距离。

最后，筛选出局部密度与相对距离较大的负荷节点作为聚类中心绘制在 GIS 网格图中。聚类负荷点空间分布见图 3-3。

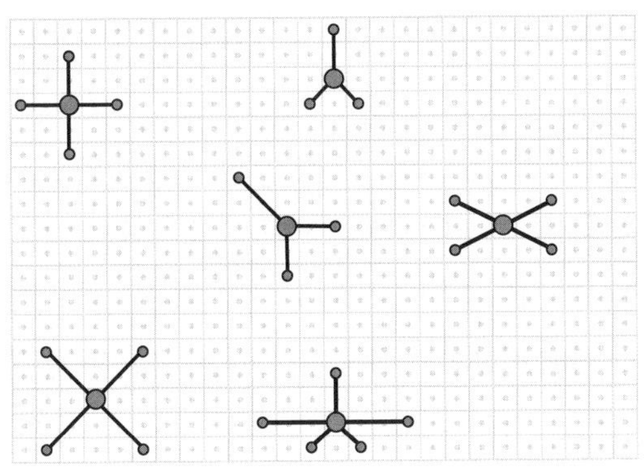

图 3-3 聚类负荷点空间分布

2. 负荷预测技术

（1）基于用户分类的配电网负荷预测方法。本方法针对用户分类配电负荷预测准确率较低提出了优化方案，将电力用户分为农业用户、居民用户、工业用户和商业用户等，通过历史数据建立各类用户在不同典型日下的负荷模型，提高了配电网负荷预测准确率，解决了由于配电网用户众多及负荷预测准确率偏低的难题。

1）负荷的分类与分区方法。对于每个分区，需要根据负荷特性对具有不同特征的负荷进行分类和预测。类别不同的用户其负荷的因素不同、变化规则方面有很大的差异。因此考虑到不同类别负荷之间的不同类型，一般情况下，用模型将分区内各负荷类型之间的关系综合起来，可以适当地调整和协调各种负荷类型的比例，实现负荷预测目标。

一般情况下，空间负荷预测建模分为四个方案。

a. 预测区域空间的数据信息调查。在预测的前期阶段，主要工作是对相关的空间数据信息的调研，调研农业用户、居民用户、工业用户、商业用户等用户的用电信息与电力规划情况。

b. 土地利用类型和用电特性分析。土地利用情况的不同及电力用户用电特性的不同，可以明确区域负荷分类及特性，同时分析该类型的负荷面积。

c. 计算区域内的分类负荷密度。对不同类型的负荷分类进行预测，可以得到不同负荷的负荷密度。

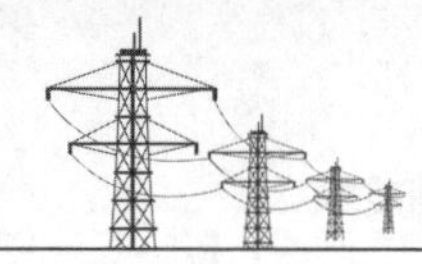

d. 计算分区的总负荷。对分类负荷预测数据进行分析，从数据中能了解可不同分区的负荷密度与电力使用情况，并计算了区域总负荷。

2）配电信息负荷预测方法分析。有很多不同的变化因素影响电力负荷。功率负荷是非平稳变化的，它有时间段的随机性与规律性。图 3–4 为空间负荷转移类型图。空间负荷的转移表明负荷在一定时间内从一级负荷水平突然上升到另一级负荷水平，同时再维持一段时间。传输有两种类型：跨空间传输和非跨空间传输。

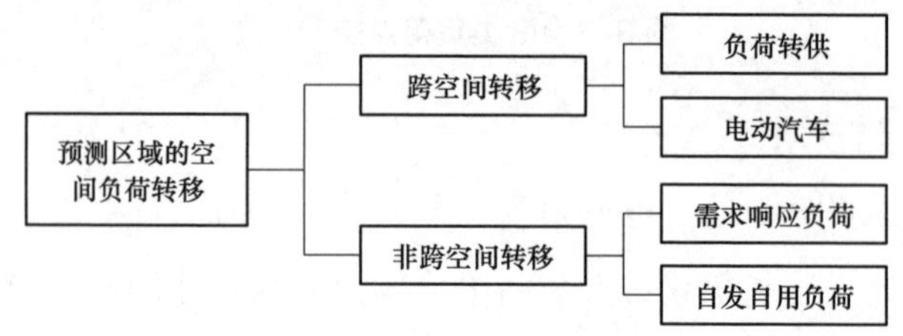

图 3–4　空间负荷转移类型图

3）聚类的负荷类型分析。在进行电力短期负载预测中，一般数据来源于 SCADA 与高级量测体系（AMI）相关数据库。不同的电力用户的负荷模型稍有差异，其需依据自身情况进行建模，用平滑法对 I 型负荷进行预测，若负荷中含有 n 个样本的数据集，则第 n+1 个负荷量 $P_{i,\,n+1}$ 的预测公式为

$$P_{i,n+1}=\sum_{j=0}^{n}\alpha_j(1-\alpha_j)^j P_{n-j}$$

式中：P_{n-j} 为第 $n-j$ 个负荷样本值；α_j 为第 $n-j$ 个负荷样本的平滑系数，其在 0～1 的范围。在分析电力负荷周期性变化特征时，可用平滑系统反映相似日之前的影响因素。

4）分区负荷的预测模型。通过将区域各类负荷的负荷密度乘以载重类型的土地利用面积，并乘以同步率进行累积和修改，可以获得预测时的总负荷，即：

$$P_{n+1}=\rho\sum_{i\in I}p_{i,n+1}=\rho\sum_{i\in I}(d_i S_i)$$

式中：P_{n+1} 为待预测区域的预测负荷；$p_{i,\,n+1}$ 为第 i 类用地的预测负荷；I 为区域

内负荷用地的类型结合；d_i 为第 i 个类型负荷用地的负荷密度；S_i 为第 i 类负荷相对应用地面积；ρ 为不同类型负荷的同时修正系数（即同时率）。

（2）基于 Spark 流计算的配电网负荷预测方法。此方法提出了基于大数据平台的解决方案，方案结合大规模配电网负荷预测应用场景特点，提出了数据存储、数据预处理、特性分析、预测算法等关键环节的技术路线，解决了传统集中式或简单分布式平台环境难以满足应用要求的难题。

1）数据存储。配电网负荷预测需要整合负荷数据、气象数据、设备容量变化、检修、转供、有序用电、算法模型等数据，并细分为实测值、预测值、分析值等。

在选择数据存储方案时遵循如下原则：① 多个应用都会访问且访问的并发性较高的，采用分布式数据库存储；② 数据时效性强而无须保留很长历史记录的采用分布式文件存储；③ 批量检索的采用分布式文件存储；④ 多维度、多条件检索的采用分布式数据库存储；⑤数据体量较大的采用分布式数据库存储。

2）数据预处理。在负荷预测中，数据是算法实现的重要基础，配电网负荷基数较小，随机性较强，冲击分量时有出现，在曲线上表现为许多的“毛刺”，本身规律性比较差，再加上采集、传输、存储等环节的影响，会有较多的奇异数据。这部分样本数据尽管数量有限，却会对模型训练、参数匹配等产生影响，甚至会对某些迭代算法的收敛性造成破坏。而这类数据隐藏于诸多正常数据中，比较难以识别。

机器学习中聚类算法是一种无监督学习算法，该算法将对象分到具有高度相似性的聚类中，可用于对样本中的奇异数据进行有效识别。其基本原理是：负荷变化的规律性必然是大多数样本符合的，对全样本进行分析时，由于符合变化规律的样本占多数，这部分样本在聚类分析中必然会距离某个聚类中心较近；而奇异数据不能够代表负荷变化规律，在聚类分析中，距离任意聚类中心都较远。应用于负荷预测时，采用按比例逐次淘汰的方法。对于任一负荷，首先对历史数据采用 k-means 聚类算法形成若干个聚类中心，统计各历史数据到聚类中心的最短距离，按最短距离由大到小排序，淘汰掉排序靠前的 $c\%$ 历史负荷数据，再用剩下的数据重新形成聚类中心，再次计算最短距离并做排序和淘汰，如此循环执行，直到两次形成的聚类中心偏差很小（欧式空间距离小于平均负荷的 $d\%$），停止执行。实际执行中，聚类中心个数取值为 5 ～ 6，c 取值为 1 ～ 5，d 取值为 0.1 ～ 0.5。

3）负荷分析。随机森林是利用多棵决策树对样本数据进行训练并预测的一种分类方法，能产生高准确度的分类。它在对数据进行分类的同时，还可以给出各个属性的重要性评分，评估各个属性在分类中所起的作用，在进行特征选择与构建有效的分类器时非常有用。该方法的基础是分类及回归树，回归树主要采用分治策略，对于无法用唯一的全局回归来优化的目标做分段（或分块）处理，进而取得比较准确的结果。但回归树对于叶子节点采用取均值代表该类的策略，则仍然存在较大的拟合误差。在进行模型训练时，模型参数由算法自动生成，但一些控制参数如最大深度、分枝纯度、叶子节点最小样本数等，需要预设。由于配电网负荷数目众多，不可能逐一设定，需要采取自适应的策略。即在训练启动时设定控制参数的变化区间，做小步长的遍历循环，根据模型误差的评估对比情况确定最优的参数设置。

4）动态自适应组合预测模型。多种模型并行运行，在线评估各预测模型历史准确率，实时自动修正各模型的权值比例系数，实现自适应组合预测。其中，对于短期预测，采用指数外推、自回归滑动平均模型、决策树等多种模型并行运算；对于中长期预测，采用线性回归、自回归滑动平均模型（ARMA）、支持向量机等多种模型并行运算。应用于预测时，根据预测日的日期类型（工作日、双休日、节假日），评估历史上相同或相似日期类型下多种模型不同权值组合的准确率情况，选择最优的模型权值组合系数，并应用于该预测日。

5）基于 Spark 流计算的预测任务调度。Spark 流计算中数据转换可以分为无状态和有状态两种。结合配电网负荷预测算法实现的具体要求，短期负荷预测基于滑动窗口操作实现，中长期负荷预测基于无状态操作实现。

基于滑动窗口操作的短期负荷预测：短期负荷预测一般应用前 15 天的历史数据和后 3 天的气象及检修等预测数据，所用到的数据时间窗口有限且相对固定，这正符合滑动窗口操作的特点。滑动窗口计算如图 3-5 所示。

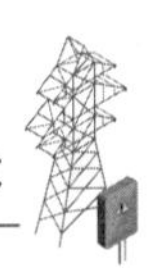

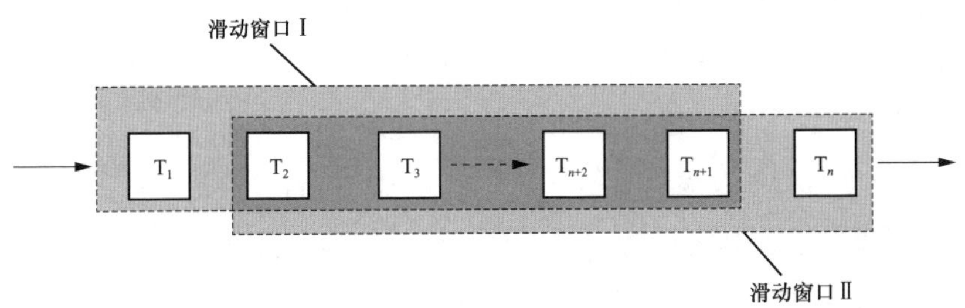

图 3–5 滑动窗口计算

预测的触发通过指定滑动窗口时间间隔来实现。采用此方式的优点为：只需读取新批次的数据，过往批次的数据可保存在内存中，不必重复读取，大幅节省数据查询的时间成本，提升计算效率。

基于无状态操作的中长期负荷预测：采用基于无状态操作的实现方案，该方案由任务流触发，完成计算后退出，不保留中间结果。任务是人工定制的（也可以设置定时器由系统自动产生），当系统监听到有任务到来时，首先将任务添加到队列中，系统会根据中央处理器（CPU）核数、当前任务队列情况等进行任务的分解和分配。每个任务的执行由哪台机来完成，完全由系统的任务调度机制完成。由于中长期预测计算任务重，为了避免任务阻塞而影响其他计算任务，多任务间基于多线程技术设计实现，每个计算任务由大数据平台调度分配后，实现自主管理，计算过程中通过类似心跳机制的设计，及时报告执行情况。

（3）配电网馈线负荷特性预测方法。该方法先针对配电网馈线负荷特性进行预测，利用预警技术将配电网馈线中存在的故障区段进行报警处理，并采集序电流数据，该数据自身存在的故障标识有利于故障区段技术迅速定位，并及时切除故障馈线区段。该方法考虑配电网馈线在运转过程中易出现可靠性降低问题，提出风险评估及预警方法，为电网系统的未来发展提供有效手段。

1）馈线自动化过程中的负荷状态定义。正常状态下的配电网馈线可保证用户的正常用电，可将其定义为“正常态”，若配电网馈线的某个区段发生故障时，配电网馈线的负荷状态将转化为非正常状态，此时将导致配电网馈线出现负荷失电。而负荷可分为故障区域内的负荷以及非故障区段的负荷，其中故障区域内的负荷处于故障状态，可称为“故障态”，该状态下的配电网馈线无法通过自动化过程恢复供电，而非故障区段的负荷可定义为“待恢复态”。

2）用户负荷特性及聚类分析。针对电力用户进行分类过程中的主要依据为用户的所属行业，其类型为工业用地、居住用地、公共设施以及市政用地等，同行业的不同用户之间负荷特性存在较大差异，应采用聚类分析法针对该现象进行分析，将同行业的用户分为若干可比的类簇，依据 ward 法将所有用户归为一类，并将使离差平方和增加值最小的两类合并为一类，该过程按照推荐结果针对用户进行分类，假设类 K_K 和 K_L 聚成一个新类 K_M，则公式为

$$W_K=\sum_{x_i\in K_K}(x_i-\bar{x}_K)'(x_i-\bar{x}_K)$$

$$W_L=\sum_{x_i\in K_K}(x_i-\bar{x}_L)'(x_i-\bar{x}_L)$$

$$W_M=\sum_{x_i\in K_K}(x_i-\bar{x}_M)'(x_i-\bar{x}_M)$$

式中：W_K、W_L、W_M 分别为 K_K、K_L、K_M 类的离差平方和；x_i 为第 i 个负荷指标；$\bar{x}_K$ 为 K_K 类的指标平均值；$\bar{x}_L$ 为 K_L 类的指标平均值；$\bar{x}_M$ 为 K_M 类的指标平均值。

通过上述公式可发现类 K_K 和 K_L 合并成一个新类 K_M 时，$W_M > W_K+W_L$，此时类内离差平方和增大，类 K_K 和 K_L 之间的距离与离差平方和增加值成正比，其平方距离为

$$D_{KL}^2=W_M-W_K+W_L$$

将离差平方和算法应用于聚类分析中，若同类行业之间的离差平方和小，即 $D_{KL}^2<0$，表示的含义为样本之间具有较高相似度；若不同类型的行业之间离差平方和大，以及 $D_{KL}^2>0$，表示的含义为样本之间具有较低的相似度。

3）主动配电网馈线自动化动作干扰因素。配电网馈线各部分之间进行自动化操作时，易受干扰因素影响，而馈线自动化过程可强化配电网系统的稳定发展，具有重要作用。配电网馈线自动化过程中最重要的部分为信息传递，若信息传递有误将造成配电网出现故障，无法顺利进行相关工作。分布式电源的

直接并入对于配电网的系统要求较高，若故障隔离阶段以及负荷阶段出现问题，将造成负荷特性发生改变。利用相关技术针对负荷特性进行预测，避免不合理的状态进行迁移，有利于正确处理故障区段。

4）用户负荷预测。在聚类分析法的测试结果基础上，可将行业用户进行精准细分，每一类负荷应依据典型用户的相关数据计算负荷密度指标：

$$\eta_m=\frac{1}{T}\sum_{i=1}^{T}\frac{P_{mi}}{A_{mi}}$$

式中：η_m 为 m 类用户的负荷密度指标；i 为不同行业中存在的典型用户编号；T 为不同行业中存在的典型用户数量；P_{mi} 为第 m 类用户中第 i 个典型用户的负荷；A_{mi} 为第 m 类用户第 i 个典型用户的建筑面积或占地面积。

通过相关参数针对使用建筑面积指标计算的用户进行负荷预测，其公式为

$$P_U=D_U S_U \lambda_U$$

式中：U 为用户编号；P_U 为第 U 个用户的负荷预测结果；D_U 为第 U 个用户所属类型的负荷密度指标；S_U 为第 U 个用户的建筑面积；λ_U 为第 U 个用户的容积率。

针对使用占地面积指标计算的用户，其负荷公式为

$$P_R=D_R S_R$$

式中：R 为用户编号；P_R 为第 R 个用户的负荷预测结果；D_R 为第 R 个用户所属类型的负荷密度指标；S_R 为第 R 个用户的建筑面积。

5）馈线负荷预测。针对负荷叠加可采用典型用户对于电能使用的相关数据作为主要依据，负荷叠加过程中可根据聚类分析法的结果以及典型用户负荷数据的相关结果进行汇总，最终得到总负荷，并考虑每一类用户总负荷与典型用户的负荷特征进行对比，将结果进行叠加。由用户负荷叠加可针对馈线负荷特性进行预测，负荷同时率的确定可依据用户用电负荷特性和负荷数值大小，并将用户负荷同时率分为同类型和不同类型，同类型和不同类型的用户负荷同时率公式如下：

$$\gamma = P_{\max} / \sum_{k=1}^{K} P_k$$

$$\lambda = P'_{\max} / \sum_{h=1}^{H} P_h$$

式中：$P_{\max}$ 为某类用户的最大负荷；P_k 为某类用户第 k 个用户的负荷；$P'_{\max}$ 为总体最大负荷；P_h 为第 h 类用户总负荷。

通过上述预算结果可将馈线负荷预测结果的公式归纳为

$$P_f = \lambda \sum_{\beta=1}^{F} \left(\gamma \sum_{\alpha=1}^{W_\beta} P_{\beta\alpha} \right)$$

式中：λ 为不同类型用户负荷同时率；γ 为同类用户负荷同时率；$P_{\beta\alpha}$ 为第 β 类用户中第 α 个典型用户的负荷；W_β 为 β 类负荷的用户数；F 为用户类型总数。

3. 综合规划技术

（1）基于电能替代的综合能源规划评价方法。该方法综合考虑电能替代工作的积极影响，以社会效益、能源利用效率、可靠性、经济性和环保性为准则构建综合评价指标体系和指标量化计算模型，采用基于“权重偏差向量最小”的组合赋权法集成主、客观权重，并将求得的期望组合权重用于物元可拓模型以求解区域建设方案评定等级。

基于期望权重偏差向量最小的组合赋权法：该方法包括建立指标权重向量矩阵、确定各指标期望组合权重、求解权重相对重要程度系数和建立组合赋权优化模型四个步骤。

1）建立指标权重向量矩阵：

$$w = \begin{pmatrix} w_{1,1} & w_{1,2} & \cdots & w_{1,n} \\ \vdots & \vdots & \ddots & \vdots \\ w_{p,1} & w_{p,2} & \cdots & w_{p,n} \\ w_{p+1,1} & w_{p+1,2} & \cdots & w_{p+1,n} \\ \vdots & \vdots & \ddots & \vdots \\ w_{p+q,1} & w_{p+q,2} & \cdots & w_{p+q,n} \end{pmatrix}$$

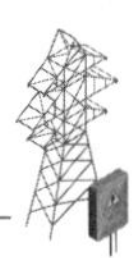

式中：第 1 ～ p 行为 p 种主观赋权法求得的指标权重；第 p+1 ～ p+q 行为 q 种客观赋权法求得的指标权重；n 为指标数量。

2）确定各指标期望组合权重：

$$E(\omega)=\begin{pmatrix} w_1 \\ w_2 \\ \vdots \\ w_n \end{pmatrix}=\eta_1\omega_1^{\mathrm{T}}+\eta_2\omega_2^{\mathrm{T}}+\cdots+\eta_{p+q}\omega_{p+q}^{\mathrm{T}}=\sum_{i=1}^{p+q}\eta_i\omega_i^{\mathrm{T}}$$

3）求解权重相对重要程度系数：

$$\alpha_j=\overline{\omega}_{zj}/(\overline{\omega}_{zj}+\overline{\omega}_{kj})$$
$$\beta_j=\overline{\omega}_{kj}/(\overline{\omega}_{zj}+\overline{\omega}_{kj})$$

4）建立组合赋权优化模型：

$$\begin{cases} \min F=\sum_{i=1}^{p}\sum_{j=1}^{n}\alpha_j(w_j-\omega_{ij})^2+\sum_{i=p+1}^{p+q}\sum_{j=1}^{n}\beta_j(w_j-\omega_{ij})^2 \\ s.t.\ \sum_{j=1}^{n}w_j=1,\ w_j=\sum_{i=1}^{p+q}\eta_j\omega_{ij}>0,\ \sum_{i=1}^{p+q}\eta_i=1,\ \eta_i>0 \end{cases}$$

（2）计及柔性负荷的综合能源协调规划研究。该方法综合考虑柔性负荷“虚拟储能”特性，通过构建柔性负荷转移和削减两种响应模型，优化负荷曲线，从电网经济性、电能质量和供需能力等多角度构建了电网扩建规划评估指标体系，进而实现电网最优扩建年限计算，对电网规划具有延缓作用，能改善电网末端电压和提高运行经济性。

1）扩建评估指标构建。规划中，随着负荷的不均衡发展和柔性负荷的不同分布形式，对电网扩建规划影响也不尽相同。但电网是否需要进行扩建主要考虑当前电网经济性、电能质量及供电能力是否满足电网要求。因此从以下三方面出发构建电网扩建规划评估指标：供电能力不满足系统负荷需求、配电网当前年综合费用 C_{bTotal} 大于扩建后费用 C_{nTotal}、节点电压越限。综上所述，规划评估指标可表示为

$$\begin{cases} P_{\mathrm{eqL}} > P_{\mathrm{g}} \\ C_{\mathrm{bTotal}} > C_{\mathrm{nTotal}} \\ U_{\mathrm{i}} > 1.07U_{\mathrm{N}} \text{或} U_{\mathrm{i}} < 0.93U_{\mathrm{N}} \end{cases}$$

$$P_{\mathrm{eqL}} = P_{\mathrm{L}} + P_{\mathrm{loss}}$$

式中：P_{eqL} 为系统负荷需求；P_{g} 为电网供电能力；U_{i} 为节点电压；U_{N} 为额定电压；P_{L} 为负荷需求；P_{loss} 为传输损耗。

2）规划目标。规划取决于两个基本参数：技术约束和经济目标最优化。因此，配电网年综合费用 C_{Total} 由以下部分组成：①配电网扩建投资成本 C_{I} 最小化；②配电网运维成本 C_{O} 最小化；③光伏和储能投资政府补贴 C_{S}；④用户参与响应的补偿成本 C_{C} 最小化；⑤网损成本 C_{T} 最小化；⑥主网购电成本 C_{G} 最小化。

$$\min C_{\mathrm{Total}} = C_{\mathrm{I}} + C_{\mathrm{O}} + C_{\mathrm{S}} + gC_{\mathrm{c}} + C_{\mathrm{T}} + C_{\mathrm{G}}$$

式中：g 为用户参与需求响应比例。

3）约束条件。规划模型中，须满足功率平衡约束、设备功率约束。

功率平衡约束：

$$P_{\mathrm{PV}t} + P_{\mathrm{g}t} = P_{\mathrm{l}t} + P_{\mathrm{loss}t}$$

式中：$P_{\mathrm{PV}t}$ 为 t 时刻光伏发电功率；$P_{\mathrm{g}t}$ 为 t 时刻电网输送功率；$P_{\mathrm{l}t}$ 为 t 时刻负荷需求；$P_{\mathrm{loss}t}$ 为 t 时刻传输损耗。

节点电压约束：

$$0.93U_{\mathrm{N}} \leqslant U_i \leqslant 1.07U_{\mathrm{N}}$$

光伏出力功率约束：

$$0 \leqslant P_{\mathrm{PV}} \leqslant P_{\mathrm{PVmax}}$$

式中：P_{PV} 为光伏发电功率；P_{PVmax} 为光伏最大发电功率。

储能电池荷电状态约束：

$$\mathrm{SOC}_{\min} \leqslant \mathrm{SOC} \leqslant \mathrm{SOC}_{\max}$$

负荷响应约束：

$$0 \leqslant P_{response} \leqslant P_{responsemax}$$

式中：$P_{response}$ 为负荷响应功率；$P_{responsemax}$ 为负荷最大响应功率。

3.2 适应新形势的规划技术

新型配电网呈现出新能源比例高、负荷不确定性大的特性，多元新能源和负荷（尤其是柔性负荷）的接入对配电网运行产生重大影响，储能设备的应用场景越来越多，逐渐成为配电网规划的新边界。为了优化配电网运行水平，开展供需双侧精准预测十分重要，储能优化配置也逐渐成为核心，本节梳理了新能源预测、新型负荷预测和储能配置及布局规划方法。

3.2.1 新能源预测方法

EEMD-GRNN[❶] 方法提高了对风光的出力预测的精度，优化了用电系统的调度安排，减弱了风光出力波动性对电网的影响，减小了风能和光能的利用难度，增加了风电和光伏在电力市场中的竞争力。

1. 基于 EEMD-GRNN 的光伏出力预测方法

（1）EEMD 分解法。EEMD 分解法是为了改善经验模态分解法（EMD）模态混叠现象而对其进行改进产生的一种分解法。EEMD 将原始信号加入高斯白噪声后进行多次 EMD 分解，分布到整个空间内，然后将分解的内涵模态分量 IMF 进行总体平均定义。EEMD 通过加入高斯白噪声改善了 EMD 模态混乱的状态。EEMD 分解法是利用高斯白噪声改进 EMD 分解法得来的，主要是为了提高其分解能力，减少模态混乱现象。EEMD 分解过程中最重要的两个参数是加入的高斯白噪声的幅值 k 和分解重复的次数 M。根据经验数据一般取为 M=150，k=0.25。

❶ EEMD-GRNN：集合经验模态分解 - 广义回归神经网络。

EEMD 具体分解流程如下：

1）向信号加入正态分布白噪声，幅值系数为 k，设置总次数 M 和采用 EMD，实验迭代次数 m=1；

2）进行第 m 次 EMD 分解实验；

3）计算分量的均值；

4）输出 EEMD 的分解量。

（2）GRNN 模型构建。GRNN 神经网络是一种广义回归神经网络，对于非线性的映射能力要比 BP 神经网络更强，而且在结构网络和容错性方面由于其权重在隐含层和输出层之间比 BP 神经网络更加简单、更强。从该光伏电站的历史数据来看，其出力与影响因素并不是线性关系，因此可以使用 GRNN 神经网络。GRNN 神经网络总体结构图见图 3–6。

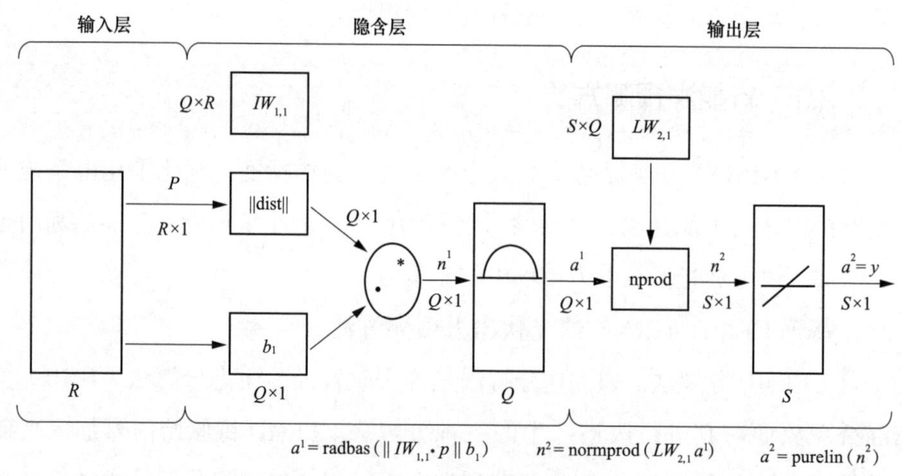

图 3–6　GRNN 神经网络总体结构图

P—输入矩阵；R—输入变量的维数；S—输出变量的维数；Q—训练集样本数

（3）EEMD–GRNN 预测模型。光伏出力受天气变化的影响显著，在构建光伏出力模型时需要考虑天气的影响，常见天气包括非突变天气（包括晴天、多云、阴天、雨天、雪天等）和突变天气（包括晴转阴、晴转雨或雪、多云转晴等），根据两种天气分别进行建模预测。

非突变天气预测模型：因为天气类型指数是以晴天为基准进行类比的，因此在建立非突变天气模型时以晴天类型为代表，建立 EEMD-GRNN 和 BP 神经网络两种预测模型。第一步对收集的该光伏电站的小时出力序列进行 EEMD 分解，然后将分解结果作为 GRNN 神经网络的输入量。由于非突变天气类型较多，因此在分解后加入不同的气象条件作为预测条件。非突变天气 EEMD-GRNN 光伏电站出力预测流程图见图 3-7。

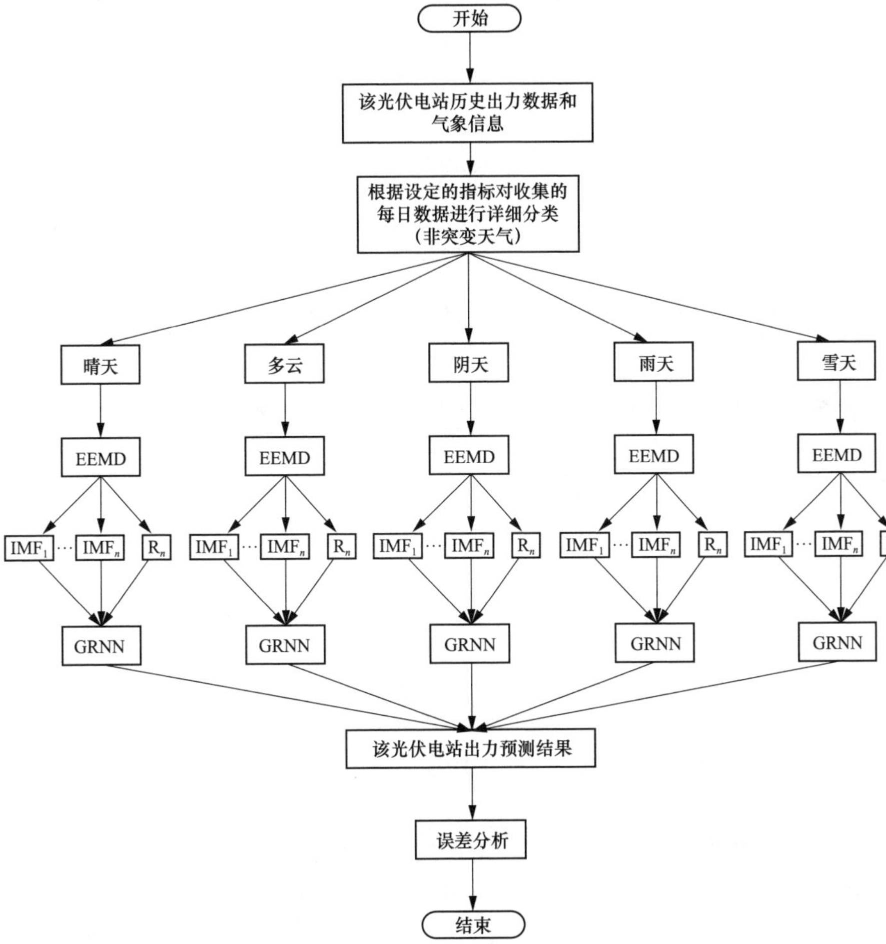

图 3-7　非突变天气 EEMD-GRNN 光伏电站出力预测流程图

突变天气预测模型：收集该光伏电站突变天气下的历史出力数据和天气数据，选取的数据对应时间仍要保持一致。由于突变天气一天内波动较大，选取某一时间点的出力序列进行 EEMD 分解，使其成为较为平稳的出力序列。突变天气 EEMD-GRNN 光伏电站出力预测流程图见图 3-8。

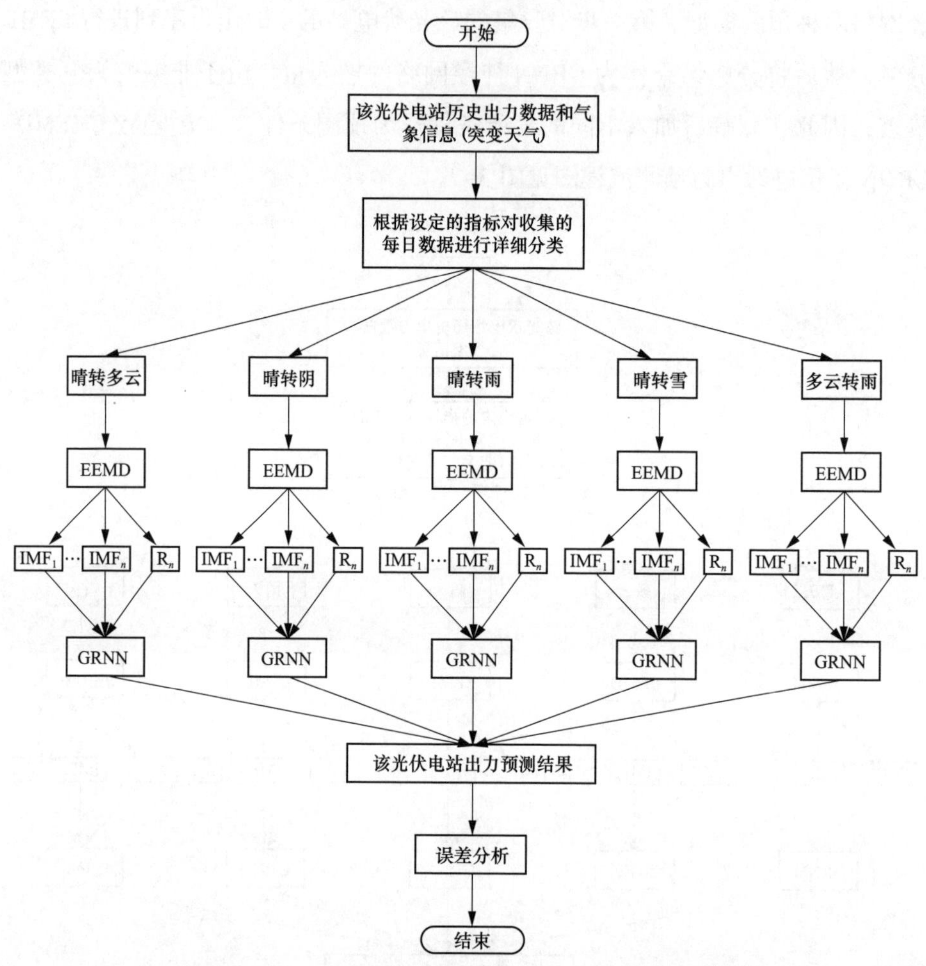

图 3-8　突变天气 EEMD-GRNN 光伏电站出力预测流程图

2. 基于 EEMD-GRNN 的风电出力预测方法

风力发电场是依据风能资源分布情况，在风能资源较好的地方安装设置多台风力发电机，并按照一定的方向角度进行排列组成风机集群进行发电，并通过一定处理进行并网，向用户供电，其一般简称风电场。风电场的出力受所安装的地理位置和环境因素、气象因素影响很大。

预测模型的建立：风电场的历史出力序列并不是线性平稳的，具有波动性和随机性。与光伏预测一致，首先利用 EEMD 将历史出力序列分解为较为平稳

的序列，然后通过支持向量机进一步地优化，最后利用 GRNN 神经网络超强的拟合能力进行预测。风功率的预测结构见图 3-9。

3.2.2 新型负荷预测方法

1. 基于 FCM 的短期负荷预测

引入 k-means++ 方法，结合模糊 *c*- 均值聚类算法（fuzzy c-means，FCM）以负荷波动特性为依据对负荷波动进行聚类，利用快速过滤特征选择算法（fast correlation-based filter，FCBF）将各负荷波动下对应的相关因素特征进行筛选，建立短期负荷预测模型，对新形势下负荷进行预测。该方法能够显著提升短期负荷预测的精度，减少短期负荷预测中负荷波动特性对负荷整体运行趋势的影响。

（1）k-means++ 算法。k-means++ 算法有效解决了 k-means 算法的初始中心选择问题，但对聚类个数 K 的选择没有提供有效解决方案。为了确定最优 K 值，本书采用轮廓系数法对聚类结果进行聚类有效性检验。轮廓系数法的计算公式为

$$s(i)=\frac{b(i)-a(i)}{\max\{a(i),b(i)\}}$$

式中：$a(i)$ 为日负荷序列到它所属簇中其他负荷序列的距离；$b(i)$ 为日负荷序列到某一不包含它的簇内的所有负荷序列的平均距离；$s(i)$ 为轮廓系数值，其值在 [-1，1] 的范围，当其趋近于 1 时代表负荷日聚类效果相对较优。

（2）FCM 方法。负荷波动具有随机性，依据雨流计数法划分得到的波动段并不完全相同，这可以从反映波动段的波动特征参数看出，因此要对这些波动段进行聚类分析。大多数情况下，因波动段的幅值与持续时间等特征差异较大，负荷的波动段不能被划分为明显分离的簇，因此不能使用与日聚类同样的 k-means++ 硬聚类划分方法对波动进行划分，而应对每段负荷波动赋予一个权值指明该波动段属于某簇的程度，因此选择 FCM 聚类作为负荷波动段聚类的聚类方法。FCM 算法聚类过程通过寻找目标函数最小值实现，其目标函数数学表达式如下：

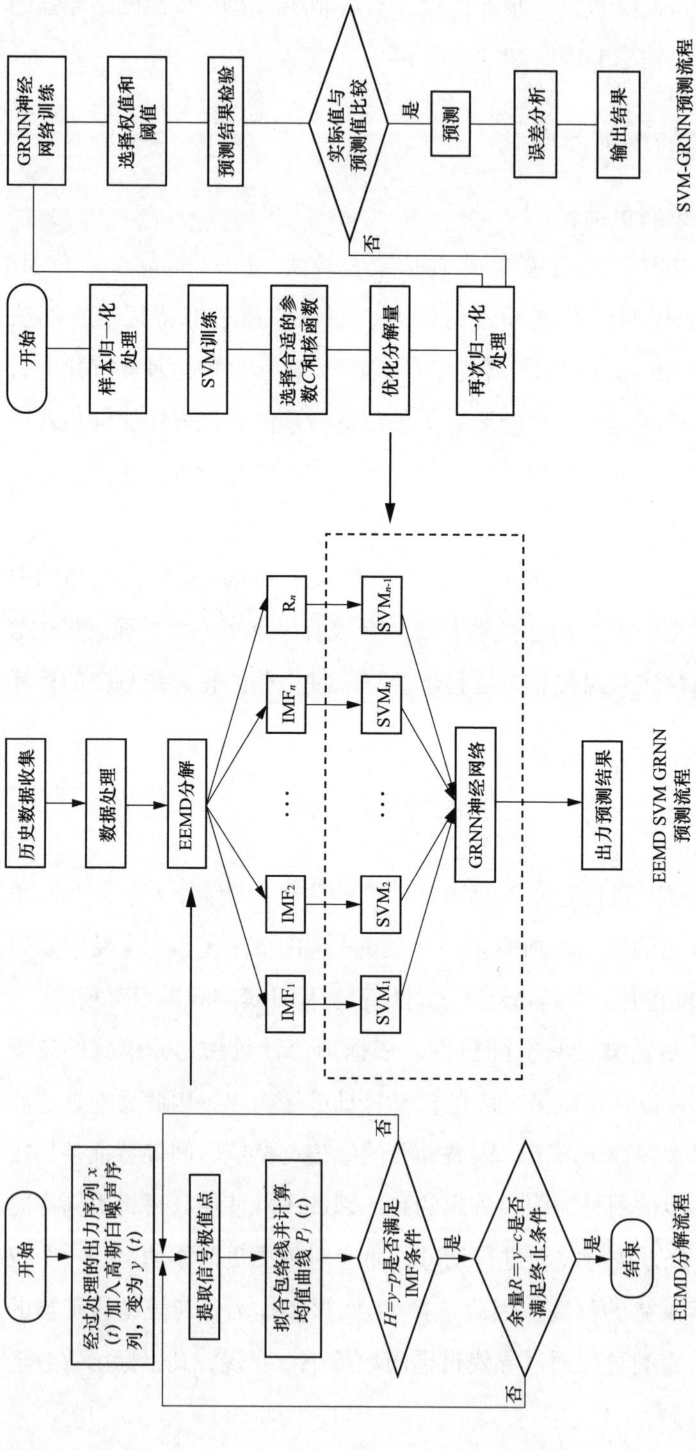

开始
经过处理的出力序列 $x(t)$ 加入高斯白噪声序列，变为 $y(t)$
提取信号极值点
拟合包络线并计算均值曲线 $P_j(t)$
$H=y-p$是否满足IMF条件
否
是
余量$R=y-c$是否满足终止条件
否
是
结束

EEMD分解流程

历史数据收集
数据处理
EEMD分解
IMF_1 IMF_2 … IMF_n R_n
SVM_1 SVM_2 … SVM_n SVM_{n-1}
GRNN神经网络
出力预测结果

EEMD SVM GRNN
预测流程

开始
样本归一化处理
SVM训练
选择合适的参数C和核函数
优化分解量
再次归一化处理
GRNN神经网络训练
选择权值和阈值
预测结果检验
实际值与预测值比较
否
是
预测
误差分析
输出结果

SVM-GRNN预测流程

图 3-9　风功率的预测结构

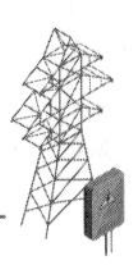

$$\min J(U,R)=\sum_{i=1}^{C}\sum_{j=1}^{M}\mu_{ij}^{m}\|f_j-R_i\|^2$$

$$s.t.\begin{cases}\sum_{i=1}^{C}\mu_{ij}=1,\ 0<\sum_{j=1}^{M}\mu_{ij}<n,\ \mu_{ij}\in[0,1]\\ \sum_{i=1}^{C}\sum_{j=1}^{M}\mu_{ij}=M,\ i=1,2,\cdots,C,\ j=1,2,\cdots,M\end{cases}$$

式中：m 为模糊度参数，通常被设置为 2；$U=C\times M$ 为隶属度矩阵；R 为聚类中心；C 为聚类个数；M 为训练集划分波动段数量；$\|f_j-R_i\|^2$ 为相似性测度；μ_{ij} 为 f_j 隶属于 F_i 的程度，可通过其数值大小判断 f_j 对应趋势波动段所属的波动聚合，即 μ_{ij} 值越高，f_j 对应波动段属于某类波动聚合的可能性就越大。

（3）面向波动的负荷预测。集成学习作为机器学习的重要策略之一，可通过结合多个基学习器从而有效提高自身的泛化能力和学习速度，被广泛应用于负荷预测。XGBoost❶ 算法是一种基于决策树的集成学习算法，其使用梯度上升框架，对提高负荷预测精确度有着显著效果。经过负荷波动聚类与 FCBF 特征筛选后，输入数据由高维稀疏数据转换成适合作为 XGBoost 输入的低维有效数据。与传统的梯度提升决策树算法对比，XGBoost 可以同时使用一阶和二阶导数，可更好地获得代价函数的信息量，更有效避免了高冗余的训练样本导致过拟合的发生，具有更强的扩展性。

面向波动的负荷预测流程如下：

1）首先将不同典型时段下的 n 个波动段和 m 个对应负荷影响因素重构特征集作为预测模型的输入，并在 XGBoost 模型中构建 K 个树，分别表示为 $F=\{f_1(x), f_2(x), \cdots, f_k(x)\}$，$k\in K$；其目标函数表达式如下：

$$Obj=\sum_{i=1}^{n}l(p_i,\hat{p}_i)+\sum_{k=1}^{K}\Omega(f_k)$$

式中：f_k 为 XBGBoost 中的一个 CART 回归树函数；$\hat{p}_i$ 为 i 时刻的预测值；p_i 为

❶ XGBoost 是一个优化的分布式梯度增强库，在 Gradient boosting 框架下实现机器学习算法。

i 时刻的真实值；l（pi，$\hat{p}_i$）为拟合残差；$\sum_{k=1}^{K}\Omega(f_k)$ 为正则化项。

2）经过 t 次迭代后将 XGBoost 拟合残差代入到目标函数表达式，并对其进行二阶泰勒展开，得到新目标函数：

$$Obj^{(t)}=\sum_{i=1}^{n}[g_i\cdot f_t(x_i)+\frac{1}{2}h_i\cdot f_t(x_i)^2]+\sum_{k=1}^{K}\Omega(f_t)$$
$$g_i=\partial_{y_i^{t-1}}l(p_i,p_i^{t-1})$$
$$h_i=\partial_{y_i^{t-1}}^2 l(p_i,p_i^{t-1})$$

式中：f_t（x_i）为 CART 回归函数；l（p_i，p_i^{t-1}）为 p_i 和 p_i^{t-1} 的拟合差；p_i^{t-1} 为第 i 个样本经 t 次迭代后的负荷预测值；$\sum_{k=1}^{K}\Omega(f_t)$ 为正则化项；g_i 为 XGBoost 拟合残差的一阶导数；h_i 为 XGBoost 拟合残差的二阶导数。

3）为了学习模型中的函数集合，XGBoost 模型最小化正则化目标如下：

$$\Omega(f_t)=\gamma T+\frac{1}{2}\lambda\sum_{j=1}^{T}w_j^2$$
$$Obj^{(t)}=\sum_{i=1}^{n}[g_i w_{q(x_i)}+\frac{1}{2}h_i w_{q(x_i)}^2]+\gamma T+\frac{1}{2}\lambda\sum_{j=1}^{T}w_j^2$$
$$=\sum_{j=1}^{T}[(\sum_{i\in I_j}g_i)w_j+\frac{1}{2}(\sum_{i\in I_j}h_i+\lambda)w_j^2]+\gamma T$$

式中：γ 为被用来控制叶子结点的个数；λ 为正则化项惩罚系数；$\sum_{j=1}^{T}w_j^2$ 为决策树输出值的平方和；T 为每个回归树的叶子节点数；$q(x_i)$ 为输入测试集样本决策树叶子结点编号的映射，用来表征决策树结构；w 为决策树的输出值。

4）经 t 次迭代后，得到最终目标函数：

$$\begin{cases} Obj^{(t)}=-\frac{1}{2}\sum_{j=1}^{T}\frac{G_j^2}{H_j+\lambda}+\gamma T \\ G_j=\sum_{i\in I_j}g_j=\sum_{i\in I_j}\partial_{y_i^{t-1}}l(p_i,p_i^{t-1}) \\ H_j=\sum_{i\in I_j}h_i=\sum_{i\in I_j}\partial_{y_i^{t-1}}^2 l(p_i,p_i^{t-1}) \end{cases}$$

式中：G_j 为 XGBoost 拟合残差的一阶导数和；H_j 为 XGBoost 拟合残差的二阶导

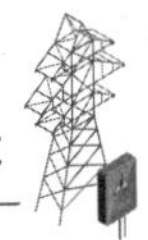

数和。

5）预测误差评价：

$$e_{\mathrm{RMSE}}=\sqrt{\frac{1}{n}\sum_{t=1}^{n}(\bar{p}_t-p_t)^2}$$

$$e_{\mathrm{MAE}}=\frac{1}{n}\sum_{t=1}^{n}\left|\bar{p}_t-p_t\right|$$

$$e_{\mathrm{MAPE}}=\frac{1}{n}\sum_{t=1}^{n}\frac{\left|\bar{p}_t-p_t\right|}{\bar{p}_t}$$

上述评价指标中，e_{RMSE}、e_{MAE}、e_{MAPE}越小，表明预测值越接近真实值，即模型预测能力越强。

2. 基于 MCM 的电动汽车充放电容量预测方法

基于蒙特卡罗模拟法的基本原理，在智能算法的全局优化基础上，对典型电力需求侧资源并网功率进行预测，比传统方法更具可靠性和实用性。

（1）蒙特卡罗模拟法的基本原理。蒙特卡罗模拟法（monte carlo method，MCM）即随机模拟方法，或者随机抽样技术及统计实验方法，是一种基于随机抽样统计来估算数学函数的计算方法。其主要步骤为：首先基于随机问题的分析，建立相关数学模型并求解；然后进行抽样计算，得到结果的统计性特征；最后可以得到结果的近似值，并根据精度的评判标准确定结果的可实用性。一般蒙特卡罗模拟法可以用来解决确定性数学问题或者随机性问题，一些学者利用该方法分析了配电系统的可靠性。

（2）基于 MCM 的电动汽车充放电容量预测。研究电动汽车的日常充放电功率，即研究电动汽车充放电功率在时间上的分布，其主要影响因素包括电动汽车的充放电容量、日行驶里程及充放电起止时间。

1）目标函数。选取小时为基准的预测模型，第i时间段电动汽车充放电总量为

$$P_i=\sum_{j=1}^{n}p_{ij}$$

式中：P_i为电动汽车i时间段的充放电总量；p_{ij}为i时间段内第j辆电动汽车

的充放电总量；n 为 i 时间段内充放电电动汽车总数。

2）约束条件。电动汽车出发前保持满电量，有：

$$\begin{cases}\Delta T_{ij}=\dfrac{(1-\mathrm{SOC}_{0ij})Q_i}{p_{ij}}\\ t_0\in(T_{0i},\ T_{0i}+\Delta T_{ij})\end{cases}$$

式中：ΔT_{ij} 为第 i 类电动汽车中的第 j 辆车的最高充电时间；Q_i 为电池总容量；SOC_{0ij} 为第 i 类电动汽车中的第 j 辆车的电池初始荷电量；T_{0i} 为第 i 类电动汽车起始充电时刻；t_0 为电动汽车满足充满条件可能的起始充电时刻。

蒙特卡罗模拟法收敛公式为

$$\beta_i=\frac{\sqrt{V_i(\overline{p})}}{\overline{p}_i}=\frac{\sigma_i(\overline{p})}{\sqrt{k}\,\overline{p}_i}$$

式中：β_i 为 i 时刻的充电功率方差系数；$V_i(\overline{p})$ 为 i 时刻电动汽车的充放电量方差；$\overline{p}_i$ 为 i 时刻电动汽车充放电量的期望值；$\sigma_i(\overline{p})$ 为 i 时刻电动汽车充放电量的标准差；k 为模拟计算次数。

可以计算出，要得到近似准确的电动汽车充放电预测模型就需要 1000 次以上的蒙特卡罗模拟，达到方差系数至少小于 0.05%。

3.2.3 储能配置及布局规划方法

1. 考虑频率安全约束的储能－电网联合规划方法

考虑系统潮流约束的储能－电网联合规划模型，以储能与电线路扩建总成本最小为目标，建立考虑潮流约束的储能与线路扩建联合规划模型，该方法具有更优的技术经济性，储能布点数目以及储能成本对规划结果影响较大。

（1）目标函数。以储能配置成本以及线路扩建成本之和最小为目标函数：

$$\min C=C_{\mathrm{BESS}}+C_{\mathrm{line}}$$

式中：C 为配置总成本；C_{BESS} 为储能装置的总投资成本；C_{line} 为扩建线路的投资成本。

储能装置投资成本。以电化学储能为例，其成本包括功率成本与容量

成本：

$$C_{\mathrm{BESS}}=c_{\mathrm{p}}\sum_{i=1}^{n}P_{\mathrm{E}}^{i}+c_{\mathrm{E}}\sum_{i=1}^{n}E_{\mathrm{E}}^{i}$$

$$E_{\mathrm{E}}^{i}=T_{\mathrm{d}}P_{\mathrm{E}}^{i}$$

式中：i 为节点编号；n 为节点总数；c_{p} 为储能系统的单位功率成本（万元 /MW）；c_{E} 为储能系统单位容量成本（万元 /MWh）；P_{E}^{i}、E_{E}^{i} 分别为储能系统在节点 i 配置的功率（MW）和容量（MWh）；T_{d} 为储能最大放电时间，取 2h。

线路扩建成本：

$$C_{\mathrm{line}}=c_{\mathrm{line}}\sum_{j=1}^{b}n_{\mathrm{line}}^{j}\,l_{\mathrm{line}}^{j}$$

式中：j 为线路编号；b 为线路总数；c_{line} 为线路单位长度建设成本（万元 /km）；n_{line}^{j} 为线路 j 建设总数；l_{line}^{j} 为线路 j 长度（km）。

（2）约束条件。约束条件均基于系统频率偏差最大时的潮流情况，具体包括频率安全约束、系统潮流约束、机组发电功率约束、储能配置约束以及线路扩展约束。

系统频率安全约束：

$$\left|\Delta f_{\max}^{k}\left(\sum_{i=1}^{n}P_{\mathrm{E}i}\right)\right|\leqslant\Delta f_{\max,\,\mathrm{set}}$$

$$\sum_{i=1}^{N}\Delta P_{\mathrm{E}i,\,\max}^{k}=\Delta f_{\max}^{k}\times K_{\mathrm{E0}}\sum_{i=1}^{n}P_{\mathrm{E}i}+$$

$$\sum_{i=1,\,i\neq k}^{ng}\min\left(0,P_{\mathrm{G}i,\,\max}-P_{\mathrm{G}i0}-\frac{K_{\mathrm{G}i}\times P_{\mathrm{G}i,\,\max}}{\sum\limits_{i=1,\,i\neq k}^{ng}K_{\mathrm{G}i}P_{\mathrm{G}i,\,\max}}\Delta P_{\mathrm{G}}^{k}\right)$$

式中：$P_{\mathrm{E}i}$ 为节点 i 安装的储能额定功率与系统基准容量的比值；$\left|\Delta f_{\max}^{k}\left(\sum_{i=1}^{n}P_{\mathrm{E}i}\right)\right|$ 为系统的最大频率偏差；$\Delta f_{\max,\,\mathrm{set}}$ 为系统允许最大频率偏差；$\Delta P_{\mathrm{E}i,\,\max}^{k}$ 为机组 k 停运时，节点 i 处储能增发的最大功率；$\Delta f_{\max}^{k}$ 为系统最大频率偏差；K_{E0} 为储能下垂控制系数；ng 为常规同步机组数量；$P_{\mathrm{G}i,\,\max}$ 为机组额定功率；$P_{\mathrm{G}i0}$ 为常

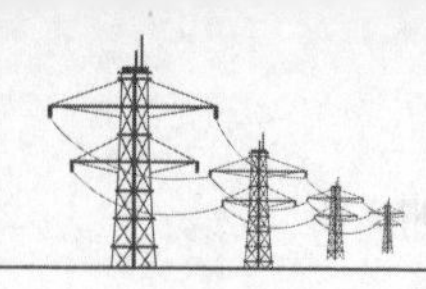

规同步机组 i 初始有功功率；K_{Gi} 为机组 i 的功频响应系数；$\Delta P_{\mathrm{G}}^{k}$为常规同步机组增发的有功功率。

由该约束可以得出不同机组停运时满足频率指标所需的各节点储能最小注入功率之和。

任意故障下系统潮流约束：

$$\begin{cases} B\theta^{k}=P_{\mathrm{sp}}^{k} \\ P_{\mathrm{sp}}^{k}=P_{\mathrm{G0}}^{k}+\Delta P_{\mathrm{G}}^{k}+\Delta P_{\mathrm{E}}^{k}-\Delta P_{\mathrm{L0}}-\Delta P_{\mathrm{L}}^{k} \\ P_{ij}^{k}=\dfrac{\theta_{ij}^{k}}{x_{ij}} \\ -P_{ij,\max}\leqslant P_{ij}^{k}\leqslant P_{ij,\max} \end{cases}$$

式中：B 为系统的节点导纳矩阵；θ^{k} 为电源 k 停运时系统各节点的相角列向量；P_{sp}^{k} 为电源 k 停运时节点注入有功功率列向量；P_{G0}^{k} 为电源 k 停运时电源有功出力列向量；P_{ij}^{k} 为节点 i、j 之间输电线路传输容量；$\Delta P_{\mathrm{G}}^{k}$、$\Delta P_{\mathrm{E}}^{k}$ 分别为电源 k 停运时电源与储能增发有功功率列向量；P_{L0} 为节点有功负荷需求；$\Delta P_{\mathrm{L}}^{k}$ 为电源 k 停运时节点负荷变化量；P_{ij}^{k}、θ_{ij}^{k} 分别为电源 k 停运时节点 i、j 之间传输的有功功率、首末端相角差；x_{ij} 为节点 i、j 之间输电线路的电抗值；$P_{ij,\max}$ 为节点 i、j 之间输电线路传输容量上限值。

机组发电功率约束：

$$\Delta P_{\mathrm{G}}^{k}=P_{\mathrm{G}k0}-\sum_{i=1}^{N}\Delta P_{\mathrm{E}i,\max}^{k}+D\Delta f_{\max}$$

式中：$P_{\mathrm{G}k0}$ 为机组 k 的初始有功出力；$\Delta P_{\mathrm{E}i,\max}^{k}$ 为机组 i 在电源 k 停运时增发的最大有功功率；D 为负荷的功频响应系数；$\Delta f_{\max}$ 为最大频率偏差。

储能配置容量及地点约束：

$$\begin{cases} \sum\limits_{i=1}^{n} N_i\leqslant N_{\max},\ N_i\in\{0,1\} \\ 0\leqslant P_{\mathrm{E}i}\leqslant N_i P_{i\max} \end{cases}$$

式中：N_i 为 0–1 变量，其值为 1 时，表示在节点 i 配置储能；为 0 时表示节点

i不配置储能。N_{max}为系统最大允许配置储能的节点数。P_{Ei}为节点i安装的储能额定功率与系统基准容量的比值。P_{imax}为节点i最大允许配置的储能功率。

储能出力限约束：

$$\Delta P_{Gi}^{k}=\min\left(\frac{K_{Gi}\times P_{Gi,\max}}{\sum_{i=1,\,i\neq k}^{ng}K_{Gi}P_{Gi,\max}}\Delta P_{G}^{k},P_{Gi,\max}-P_{Gi0}\right)$$

式中：ΔP_{Gi}^{k}为储能i增发出力；K_{Gi}为机组i的功频响应系数；$P_{Gi,\max}$为机组额定功率；ng为常规同步机组数量；ΔP_{G}^{k}为常规同步机组增发的有功功率；P_{Gi0}为常规同步机组i初始有功功率。

线路扩展约束：

$$n_{\text{line}}^{i}\leqslant n_{\text{line},\max}^{i}$$

式中：n_{line}^{i}为支路i扩建的数目；$n_{\text{line},\max}^{i}$为支路i最大允许扩建数目。由于频率约束方程为非线性方程，该规划模型通过求解在N–1故障下，储能为满足系统频率安全约束所需增发的最小功率，将其转化为线性约束。

2. 考虑动态频率支撑的储能选址定容规划方法

考虑动态频率支撑的电池储能规划方法的思路是先建立电池储能提供快速频率响应的系统动态频率安全模型，将其嵌入典型日运行模拟的储能规划模型，通过评估系统惯量分布指导储能选址，进而以投资和系统运行成本最小为目标规划储能容量。规划模型考虑了不确定场景下的储能工作模式切换，能够合理规划储能的选址，提高系统运行时的频率安全，促进新能源消纳。

（1）储能规划的优化目标。储能规划的优化目标为系统规划期间的总成本最小，包括日均设备投资成本、设备维护成本、典型日运行成本。典型日运行成本C_{op}包括发电成本C_G、备用成本C_R、碳排放成本C_E、弃风成本C_W。

$$\min C_{\text{total}} = C_{\text{invest}} + C_{\text{maintain}} + \sum \pi_{\text{r}} C_{\text{op, r}}$$

$$C_{\text{invest}} = \frac{1}{365}\left[\sum (C_{\text{P}} \cdot P_n^{\text{ess}} + C_{\text{E}} \cdot E_n^{\text{ess}})\right]\frac{s(1+s)^{T_{\text{life}}}}{(1+s)^{T_{\text{life}}}-1}$$

$$C_{\text{maintain}}=C_{\text{om}}\sum P_n^{\text{ess}}$$

$$C_{\text{op}}=C_{\text{G}}+C_{\text{R}}+C_{\text{E}}+C_{\text{W}}$$

$$\begin{cases} C_{\text{G}} = \sum\sum (c_i P_{i,t} + c_{i,t}^{\text{su}} + c_{i,t}^{\text{sd}}) \\ C_{\text{R}} = \sum\sum (c_i^{\text{up}} R_{i,t}^{\text{up}} + c_i^{\text{down}} R_{i,t}^{\text{down}} + c_i^{\text{GR}} R_{i,t}^{\text{GR}}) \\ C_{\text{E}} = \sum\sum c_{\text{e}} E_{i,t} \\ C_{\text{W}} = \sum\sum c_{\text{W}} (P_{w,t}^{\text{f}} - P_{w,t}) \end{cases}$$

式中：i、w、t 分别为发电机、风电场和时段的下标；$P_{i,t}$ 为常规机组出力；C_{total} 为总成本；C_{invest} 为能量存储系统（BES）日均投资成本；C_{maintain} 为维护成本；π_{r} 为典型日 r 在一年中所占的比例；$C_{\text{op, r}}$ 为电网典型日 r 的运行成本；C_{P} 和 C_{E} 分别为 BES 的功率和容量的成本系数；T_{life} 为 BES 的使用年限；s 为按年利率计算的投资折现率；C_{om} 为 BES 的日均维护成本系数；P_n^{ess} 为系统 n 的功率；E_n^{ess} 为系统 n 的容量；c_i 为单位功率发电成本；$c_{i,t}^{\text{su}}$、$c_{i,t}^{\text{sd}}$ 为机组的启、停成本；c_i^{up}、c_i^{down}、c_i^{GR} 分别为常规组发电上调备用、下调备用，以及一次调频备用成本系数；$R_{i,t}^{\text{GR}}$ 为一次调频备用；c_e 为碳排放成本；$E_{i,t}$ 为常规机组的 CO_2 排放量；C_{W} 为弃风惩罚系数；$R_{i,t}^{\text{up}}$ 和 $R_{i,t}^{\text{down}}$ 分别为常规机组的上调和下调备用；$P_{w,t}^{\text{f}}$ 和 $P_{w,t}$ 分别为典型日的预测风电和实际风电出力。

（2）考虑惯量分布的储能规划约束。BES 规划模型的决策量包含储能配置位置、额定功率、容量大小。决策变量为

$$x = \{\xi_n, P_n^{\text{ess}}, E_n^{\text{ess}}\}$$

式中：ξ_n 为 0–1 变量，表示是否配置第 n 个 BES；P_n^{ess} 为设备维护时间；E_n^{ess} 为第 n 个 BES 的规划容量。

3.3 安徽配电网规划技术研发

3.3.1 适应新形势的负荷预测方法

1. 考虑新兴负荷接入的配电网负荷预测模型

分析电动汽车、分布式能源对城市配电网运行规划产生的影响，建立考虑电动汽车与分布式能源的城市电网规划模型，提出模型的求解方法，解决大量分布式能源、电动汽车的充放电负荷接入时难以预测的问题，促进配电网安全可靠及经济运行。

（1）考虑电动汽车和分布式电源的修正模型。修正模型提出的基础是先建立电动汽车和分布式电源的负荷预测模型。根据空间负荷预测方法的步骤，首先需要对影响负荷水平的因素进行归纳总结，并结合实际情况和数据（如预测地区的供电区域人口、工业生产水平、设备数量变化和特性经济趋势等），分析其对负荷增长的影响，最终建立相应的最小二乘支持向量机（least squares support vector machines，LS-SVM）模型进行预测。

在因素分析的过程中，从大的方面看，经济发展、用电结构、政策引导、能源环境、人口规模和科技水平都会对负荷预测造成影响。从理论上讲，这些因素都会影响到电力负荷预测的准确性。但是在执行过程中也存在约束因素。一方面，在负荷预测过程中不可能考虑到所有影响电力负荷的因素，否则工作量和工作效率将无法得到有效的控制；另一方面，在一些的必然和假设条件组成的情况下，某些因素的影响相对较小或具有明显的规律性。因此，根据预测时间、规划地点等具体情况，考虑一些影响较大的因素作为输入向量加入到负荷预测模型中来，而将其他因素作为随机干扰，在模型参数优化过程中加以处理和分析。

（2）电动汽车负荷预测模型。电动汽车的负荷预测模型中包括四个向量，分别为：电池百公里耗电量 m_1、规划年限电动汽车保有量 m_2、规划年限预测

区域公路总里程 m_3 和不确定因素 m_4。

根据 LS–SVM 模型的构造，可得电动汽车的负荷预测模型为

$$y_e=\sum_{k=1}^{4}\alpha_k K(m,m_k)+b_e$$

式中：y_e 为电动汽车负荷；α_k 为 Lagrange 乘子；m_k 为负荷影响因素；K（m，m_k）为核函数；m 为向量；b_e 为常值偏差。

在应用到具体规划算例中时，需结合电动汽车的负荷预测模型公式选取一系列符合要求的参数值，并通过历史数据进行训练和验证，选取最优的参数值带入到负荷预测模型中。

（3）分布式电源负荷预测模型。电动汽车的负荷预测模型中包括五个向量，分别为装机容量 n_1、气候状态 n_2、建筑容积率 n_3、建筑户数 n_4 和不确定因素 n_5。

根据 LS–SVM 模型的构造，可得分布式电源的负荷预测模型为

$$y_d=\sum_{k=1}^{5}\alpha_k K(n,n_k)+b_d$$

式中：y_d 为分布式电源负荷；n_k 为负荷影响因素；K（n，n_k）为核函数；n 为向量；b_d 为常值偏差。

（4）改进空间负荷预测模型。改进空间负荷预测模型在传统负荷预测模型的基础上叠加电动汽车与分布式电源的负荷模型，从而对传统负荷模型进行修正，形成新的改进空间负荷预测模型，实现考虑电动汽车和分布式电源的负荷预测。其中电动汽车为正向负荷，分布式电源为反向负荷。

即：

$$y=y_1+y_e-y_d$$

式中：y 为中长期负荷预测；y_1 为原始负荷预测。

最终，可得到考虑电动汽车与分布式电源影响的城市配电网中长期负荷预测模型为

$$y=\sum_{k=1}^{5}\alpha_k K(l,l_k)+b_l+\sum_{k=1}^{4}\alpha_k K(m,m_k)+b_e-\sum_{k=1}^{5}\alpha_k K(n,n_k)+b_d$$

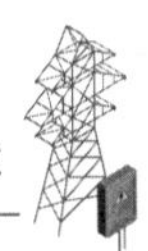

式中：b_l 为常值偏差；l 为向量；l_k 为负荷影响因素。

2. 综合能源系统的负荷预测方法

综合能源系统的精确负荷预测是优化设计、运行、调度的基本保证，具有十分重要的现实意义。在综合能源负荷预测中，对负荷模型的研究主要集中于智能算法及其优化，用以充分挖掘智能算法处理非线性问题的能力。

（1）于深度置信网络的负荷概率预测方法。

1）深度置信网络。深度置信网络（deep belief network，DBN）是由多个串联堆叠 RBM 和一个含隐层的 BP 网络构成的深度学习模型，具有强大的数据特征学习能力，DBN 结构图如图 3-10 所示。在 RBM 堆叠时，前一层的 RBM 的隐藏层作为下一层 RBM 的可见层。DBN 中第 1 层 RBM 用来接受输入变量 x，因此其可见单元数与输入变量个数相等。RBM 采用非监督式学习，主要用于特征提取；BP 网络采用监督式学习，主要用于回归，输出变电站预测负荷值 y^*。

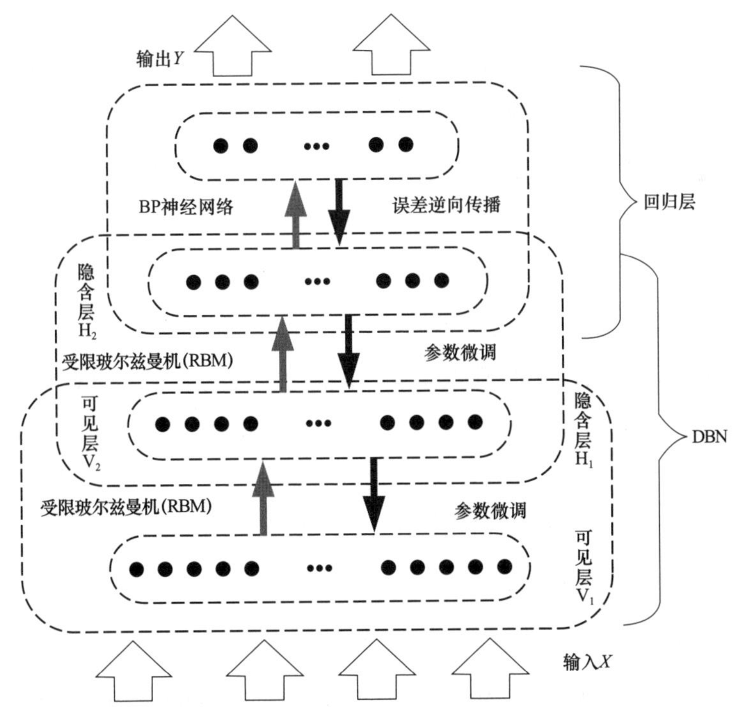

图 3-10 DBN 结构图

2）概率预测。在对综合能源进行负荷预测时，往往需要用到预测日的数据（如天气、温度等），这些数据由相关部门预测所得，本身存在一定的误差，考虑到这些不确定性的相关因素的影响，引入概率预测得到区间估计来代替传统的点估计，以进一步提高预测精度。

概率预测的核心是概率密度函数的预测，概率密度预测的三种主要方法，即参数估计、非参数估计以及半参数估计。参数估计方法是已知观测样本服从某概率密度函数形式情况下，利用相应参数估计方法获得估计结果，参数估计与半参数估计均需要假定随机变量分布的形式，这在许多实际问题中是存在很大误差的。

而非参数回归从数据本身出发，得到其回归方程，不依赖解释变量的分布情况，无须对参数进行估计和检验，无须对概率密度模型的具体形式做具体规定。

典型的概率密度函数预测方法有非参数估计的核密度估计法和参数估计的分位点回归法。

（2）基于频域的短期预测。基于频域的短期预测是根据 Shannon 信息熵筛选出最优频段，针对各个频段的负荷特征，建立相应的神经网络模型进行预测，最后将各频段预测结果合成得到相应的电冷热负荷预测结果。

1）Shannon 信息熵。信息熵是对信息不确定性程度的描述，作为信息的量度。如果把一个信号源看作一个物质系统，熵的值越大，说明系统的不确定性越大，系统越紊乱，所携带的信息就越少。

对于一个有 L 个取值的随机变量 X，取值为 x_j 的概率为 $p=P\{X=x_j\}$，$j=1$，…，L，且 $\Sigma p_j=1$，X 的信息熵用下式表示：

$$H(X)=-\sum_{j=1}^{L}p_j\log_2(p_j)$$

式中：p_j 为取值为 x_j 的概率。

2）基于小波包与 BP 神经网络的电冷热负荷预测方法。先运用小波包对预处理过的历史负荷数据进行小波包分解，通过计算 Shannon 信息熵筛选最优频段带入到 BP 神经网络预测模型中进行负荷预测，得到最终的负荷预测值。电冷热负荷预测方法流程如图 3–11 所示。

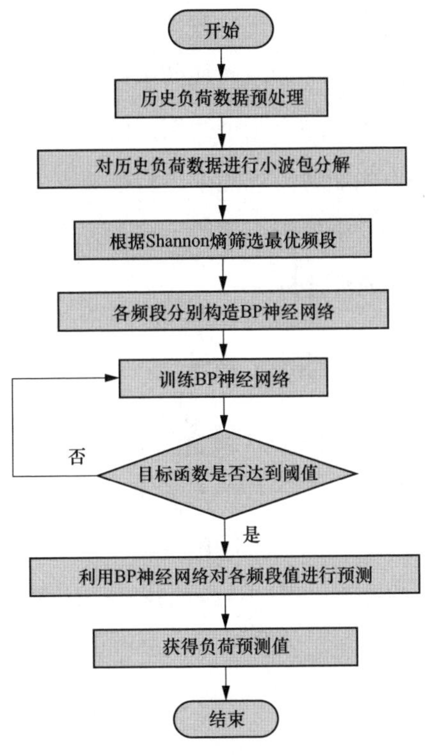

图 3-11　电冷热负荷预测方法流程

3）用户用能行为分析。用户行为按其研究内容可以将其分为自上而下和自下而上模型。

自上而下模型通过统计学、数据回归等方法，研究人口数量、消费理念、收入、气象、用电设备拥有数量和普及率、能源价格等社会经济环境因素对用户侧整体用电需求响应行为的影响，单纯关注整体用能水平的分析，侧重研究用户侧用能水平与相关宏观影响因素之间的关联性。

自下向上模型是一种从细节上升到总体、从个体上升到全貌，着重关注个体特征和细节的模型方法。其认为用户侧用能需求与其生产生活方式（即对用能设备的使用行为）密切相关，因而先对用户侧典型用能设备的用能特性做统计和物理建模，进而考虑用户用能设备使用行为的时序性、概率性和偶然性等特征，最后，综合不同个体用户的用能模式，外推出整体的用户用能行为模式。

自上而下模型可以提取出那些影响整体用户侧用能需求的外部社会经济气象等因素，但仅将终端用户作为能源消耗的整体予以考虑，忽略了用户个体的用能能动性；自下向上模型则融合了个体用户的生产生活方式等信息，有利于多尺度描述那些影响用户侧能源需求的个体特征要素。最新的相关研究主要是针对自下而上模型，充分分析单用户用能特性，并通过非侵入式负荷分解的方法进一步对用户用能设备进行分析。

3.3.2 新型配电网规划优化方法

1. 基于改进 Kriging 模型的 IES 容量配置方法

Kriging 模型是一种通过计算已有样本点的加权平均值来预测未知观测点响应值的插值方法。通过 PSO 算法进行优化运行计算，在未知系统设备容量配置的前提下需要进行大量的计算，得到最佳的年总经济成本。Kriging 模型具有预测精度高、鲁棒性强、模型覆盖广等优点，可以更高效、准确地找到系统年总经济成本，在保持较高计算精度的同时缩短计算时间。

（1）改进型动态 Kriging 模型。构建改进型动态 Kriging 模型具体步骤如下：

1）利用混沌采样方法，选取综合能源系统（integrated energy system，IES）规划中的初始样本点，储存相应的内燃机与冰蓄冷空调容量值建立初始样本库。

2）对选取的内燃机与冰蓄冷空调容量值通过 PSO 算法进行运行优化计算，得到每组容量对应的 C_{total} 值，存入初始样本库。

3）根据计算得到的样本粒子的数据构建 Kriging 模型。

4）按照局部极值和梯度 2 个线索筛选特征样本点集合 $\{N_{C1,min}\}$、$\{N_{C2,min}\}$[1]。

5）对特征样本点进行修正，经优化计算得到新容量对应的样本点集合 $\{N_{C1,new}\}$、$\{N_{C2,new}\}$。

6）比较新规划点与初始样本库内的粒子坐标值，计算 $\{N_{C1,new}\}$、$\{N_{C2,new}\}$[2]

[1] $N_{C1,min}$ 为最小系统成本值对应坐标点；$N_{C2,min}$ 为最速下降点。

[2] $N_{C1,new}$ 为对新容量组合计算得到的新规划点坐标；$N_{C2,new}$ 为利用新规划方法得到的新规划点坐标。

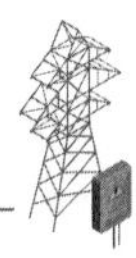

与 $\{N_n\}$[1] 的相邻两点最近距离 Δd。仅当 $\Delta d \geqslant d$ 时，输出新规划点信息存储到初始样本库，本书中 d 取 $(\Delta x_{22}+\Delta y_{22})^{1/2}$。

7）重复步骤 3）～6），直到没有新规划点输出。搜索当前 Kriging 模型的最佳规划方案。

8）终止程序，输出最佳规划方案。同时输出该配置下 IES 最优调度策略和最小经济费用。

（2）IES 规划模型。

1）目标函数。目标函数是 IES 年总经济成本最小，具体函数形式为

$$\min C_{total} = C_R + C_P + C_{pu} = (C_E + C_F + C_C) + C_P + C_{pu}$$

式中：C_{total} 为 IES 年总经济成本；C_R 为 IES 年总用能成本；C_P 为 IES 全寿命周期建设费用平摊到每一年的建设成本；C_E 为从电网购电总费用；C_F 为购买燃气总费用；C_C 为 IES 中各设备的年运营维护费用；C_{pu} 为 IES 污染物排放成本费用，包括通过电网购电以及联供系统供能产生的排放物。

其中，购电费用计算公式为

$$C_E = \sum_{t=1}^{8760} c_{e,t} \cdot P_{g,t} \cdot \Delta t$$

式中：$c_{e,t}$ 为 Δt 时段的电价，元 /kWh；$P_{g,t}$ 为 Δt 时段电网向 IES 输入的电功率，kW；Δt 为该时间段时长，h。因为本书默认系统只能从电网购电而不向电网售电，所以 $c_{e,t} \geqslant 0$。

购买燃气费用计算公式为

$$C_F = \sum_{t=1}^{8760} c_{f,t} \cdot Q_{f,t} \cdot \Delta t$$

式中：$c_{f,t}$ 为 Δt 时段的燃气单位热值价格，元 /kWh；$Q_{f,t}$ 为 Δt 时段系统消耗的总燃气热值，kW。

IES 污染物排放成本费用计算公式为

---

❶ N_n 为原样本点坐标。

$$C_{pu} = \sum_{t=1}^{8760} (\alpha \cdot Q_{F,t} + \beta \cdot P_{g,t}) \cdot \Delta t$$

式中：α 为燃烧单位体积燃气的污染物排放治理费用系数，元 /kWh；$Q_{F,t}$ 为燃烧单位体积燃气的污染物排放量；β 为从电网购入单位千瓦时电能的污染物排放治理费用系数，元 /kWh；$P_{g,t}$ 为从电网购入的电能。污染物类型主要包括 CO_2、CO、SO_2、NO_x 等。

2）优化约束条件。为了保证 IES 的稳定运行，系统须满足冷、热、电能供需平衡。系统须满足以下能量平衡方程：

系统电能平衡方程：

$$P_{g,t} + P_{pv,t} + P_{wt,t} + P_{T,t} + \delta_{bad,t} S_{bad,t} = P_{L,t} +$$
$$P_{I,t} + \delta_{cc,t} P_{ice,t} + \delta_{cd,t} P_{melt,t} + \delta_{bac,t} S_{bac,t}$$

式中：$P_{g,t}$ 为从电网购入的电能；$P_{pv,t}$、$P_{wt,t}$ 分别为光伏、风机的出力；$P_{T,t}$ 为内燃机的出力；$P_{L,t}$ 为用户需求电负荷；$P_{I,t}$ 为电制冷机制冷消耗的电功率；$P_{ice,t}$、$P_{melt,t}$ 分别为冰蓄冷空调中蓄冰槽制冰、融冰消耗的电功率；$\delta_{cc,t}$、$\delta_{cd,t}$ 为 Δt 时段冰蓄冷空调的制冰、融冰状态值（0/1，0 表示关闭状态，1 表示运行状态）；$S_{bac,t}$ 为储能电池的充放电功率；$\delta_{bac,t}$ 为 Δt 时段电池的充、放电状态值。

系统热（冷）平衡方程：

$$Q_{dfh,t} + Q_{he,t} + \delta_{hd,t} S_{hd,t} = Q_{Lh,t} + \delta_{hc,t} S_{hc,t}$$
$$Q_{dfc,t} + Q_{I,t} + Q_{Lh,t} = Q_{Lc,t}$$

式中：$Q_{dfh,t}$、$Q_{dfc,t}$ 分别为 Δt 时段的直燃机热出力、冷出力；$Q_{he,t}$ 为换热器的热出力；$Q_{Lh,t}$、$Q_{Lc,t}$ 为用户所需的热负荷和冷负荷；$S_{hc,t}$、$S_{hd,t}$ 为储热装置的储热、放热功率；$\delta_{hc,t}$、$\delta_{hd,t}$ 为 Δt 时段储热装置的储、放热状态值；$Q_{I,t}$ 为 Δt 时段电制冷机冷出力。

除满足以上等式约束外，还需要根据系统中各设备的特性满足以下不等式约束。

3）各设备电、热和冷出力均需满足其正常工作范围的上下限要求。

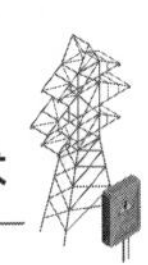

$$P_{i,\min} \leqslant P_{i,t} \leqslant P_{i,\max}$$

$$Q_{n\mathrm{h},\min} \leqslant Q_{n\mathrm{h},t} \leqslant Q_{n\mathrm{h},\max}$$

$$Q_{k\mathrm{c},\min} \leqslant Q_{k\mathrm{c},t} \leqslant Q_{k\mathrm{c},\max}$$

式中：$P_{i,\min}$、$P_{i,\max}$ 为 IES 中任意 i 类型设备正常运行时的最小电功率和最大电功率；$P_{i,t}$ 为 Δt 时段的任意 i 类型设备电出力，i 类型设备包含内燃机、光伏及风机；$Q_{n\mathrm{h},t}$ 为 Δt 时段的任意 n 类型设备热出力，n 类型装置包括直燃机、换热器；$Q_{k\mathrm{c},t}$ 为 Δt 时段的任意 k 类型设备冷出力，k 类型装置包括直燃机、电制冷装置和冰蓄冷空调；$Q_{n\mathrm{h},\max}$、$Q_{n\mathrm{h},\min}$、$Q_{k\mathrm{c},\max}$、$Q_{k\mathrm{c},\min}$ 为设备热、冷出力的上下限。

2. 供需双侧协同优化规划方法

在研究组合优化方法与多目标系统综合最优模型等先进方法的基础上，提出电力系统“源—网—荷—储”供需双侧协调优化规划方法，对电源和用户供需双侧资源进行优化组合，有利于在整个系统规划层面考虑供需双侧的不确定性，从而降低双侧随机问题对系统运行的不利影响，实现电力系统规划、运行两个层面的有效衔接并达到节能减排目标，对进一步提高电网资源利用率和新能源消纳能力具有重要的指导价值和实际意义。

（1）规划思路。为提高这种源—荷匹配能力，供需双侧协调优化应充分考虑用户侧用能差异及柔性负荷对清洁能源的消纳潜力。合理的配电网规划对供电公司及用户都有重要的意义，既保证了供电的可靠性和电能质量，同时降低了电网建设和运营的成本。传统电网规划方法的优点是简单，但是对于资源无法充分利用，特别是对于具有随机性、波动性的可再生能源发电等新型电源及负荷没有灵活控制的特性。在进行配电网规划时需要充分考虑来自分布式电源、柔性负荷等方面的不确定性。这些高度不确定性参数会对规划模型和求解方法产生巨大的影响。

提出“源—网—荷—储”供需双侧协调优化规划思路如下：

电源侧：由于分布式电源的渗透率越来越高，分布式电源的优化配置已成为配电网规划的重要组成部分，合理配置分布式电源、保障清洁能源充分消纳、提高资源的利用率，可以减少网络损耗及提高系统的可靠性。

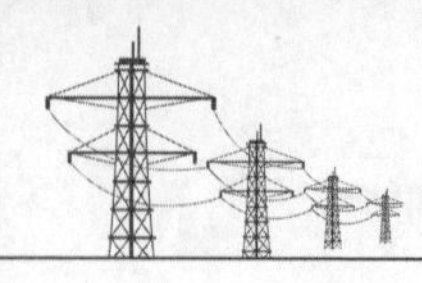

电网侧：电网构建主要包含容量配置和网架配置两方面。在容量配置方面，应充分考虑区域内电源、负荷特性，结合多元负荷峰谷互补、源荷匹配，合理优化配电网容量配置。在网架配置方面，远期规划应结合直流负荷、分布式电源、储能等新元素合理配置交直流混合网架，同时结合负荷预测结果和变电站布局方案，以及相应的规划目标和技术原则，构建科学合理的目标网架。近期规划应以目标网架为依托，以现状电网薄弱点为导向，远近结合，为电网向中远期目标发展打下基础。

负荷侧：负荷接入时应充分考虑需求侧响应、柔性负荷对网架构建的影响，以提升电网设备利用效率为目标，通过提高负荷与负荷之间的峰谷互补程度、负荷与电源之间的匹配程度及柔性负荷调控等优化方法，实现电网安全经济运行。

储能侧：结合储能双向潮流特性、调峰调频能力，通过优化储能容量配置、空间布局以及建设形式，在电源侧，考虑电源出力特性及装机，实现新能源充分消纳；在电网侧，考虑电网负荷特性，实现电网运行经济性、安全性的提升；在用户侧，考虑负荷等级、负荷分布以及市场化机制，实现用户用电的科学引导及可靠性提升。

（2）规划原则。在“双碳”目标及新型电力系统的建设背景下，供给侧因大规模新能源接入，抗扰动能力低、出力不稳定等问题越发凸显；消费侧因电动汽车、储能设施等多元负荷的广泛接入，双向潮流、可调控负荷等形态呈多样化发展。新型电力系统发展对规划技术原则的影响情况表如表 3-2 所示。

表 3-2　　　　新型电力系统发展对规划技术原则的影响情况表

技术原则类别	对规划技术原则的影响
电压等级	无影响
供电安全标准	无影响
供电可靠性	无影响
容载比	需要优化

续表

技术原则类别	对规划技术原则的影响
网架结构	需考虑电源、负荷时空分布特性对配电网网架互倒互带的影响
设备选型	需考虑导线截面对分布式电源消纳的影响
短路电流水平	分布式电源接入配电网后，应校验相邻线路的开关和电流互感器是否满足最大短路电流情况的要求
无功补偿和电压调整	因分布式电源等设备的不确定性，可能导致无功补偿和电压调整困难
电压质量	无影响
中性点接地方式	无影响
继电保护及自动装置	有影响
配电自动化及通信	有影响
用户接入	需考虑不同用户负荷互补特性、可调控特性
电源接入	随分布式电源规模的增加，应考虑分布式电源与负荷之间的匹配关系

通过表 3–2 可知，随着新型电力系统的建设，供需双侧协同优化规划对传统配电网规划技术原则主要有容载比、网架结构、设备选型、短路电流水平、用户接入、电源接入方面的影响。

（3）规划流程。供需双侧协调优化规划不仅仅以满足负荷需求作为电网需求分析的唯一标准，即不仅仅基于最大负荷水平下，进行配电网容量配置和网架构建，而是在传统规划的流程基础上，考虑不同负荷特性、不同分布式电源出力特性，结合供给侧可再生能源消纳和需求侧资源的调控潜力，将规划流程划分为配电系统评估、电力需求预测、网荷协调规划、建模仿真校验等内容。供需双侧协同优化规划流程见图 3–12。

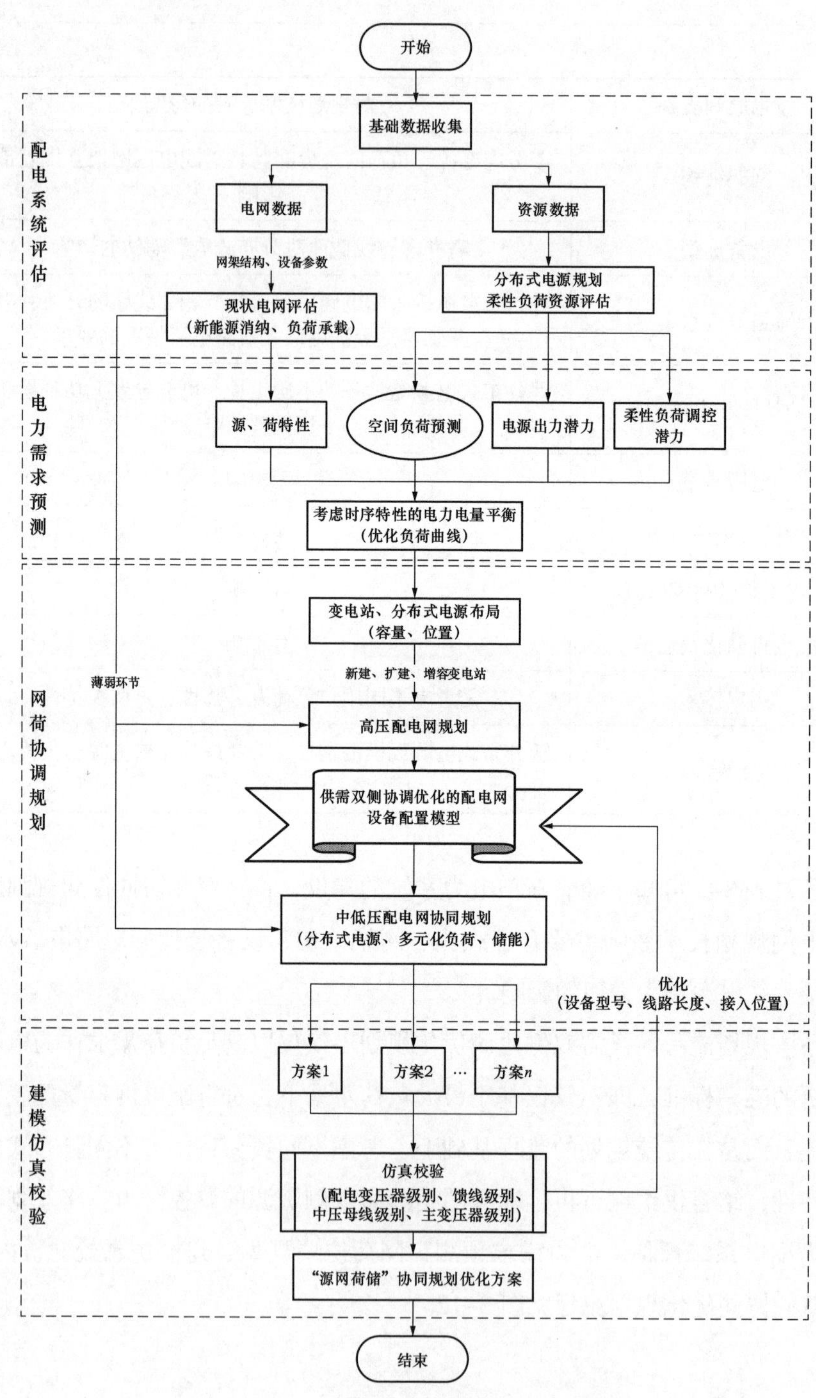

图 3-12　供需双侧协同优化规划流程

配电系统评估：基于传统电网现状分析，该流程新增分布式电源、储能系统等内容的分析，结合历史发电特性曲线、典型日负荷曲线及电压质量等运行历史数据，判别分布式电源接入电压等级、装机容量是否合理。结合现状网架结构及容量配置，评估现状电网的分布式电源消纳能力及负荷承载能力，挖掘电网薄弱环节，为电网建设改造提供先决条件。

电力需求预测：基于传统电力需求预测，负荷预测方面，该流程新增分布式电源规划，柔性负荷资源评估，电动汽车、储能等互动负荷趋势判断等内容。电力平衡方面，增加了考虑分布式电源特性出力潜力分析、考虑需求侧响应的调控潜力分析，达到优化负荷曲线的目标。

网荷协调规划：基于传统变电站空间布局及中压网架规划，考虑规划区域内分布式电源、多元化负荷、储能等新元素的发展需求，结合现状电网评估中电网薄弱环节，高压配电网规划方面，该流程新增了分布式电源、储能等资源的选址定容；中低配电网规划方面，增加了供需双侧协调优化的配电网设备配置模型，提出了网架建设多套规划方案。

建模仿真校验：突破传统规划新增建模仿真校验流程，利用时序仿真平台，对规划方案进行数字化仿真模拟与运行分析，应用四级校验法（配电变压器等级、馈线级、中压母线级、主变压器等级），以分布式电源充分消纳、配电网资源配置最优为目标，结合仿真结果，优化配置模型中设备型号、线路长度、接入位置，提出“源网荷储”协同规划优化方案，实现不同电压等级及不同区域内分布式电源和负荷的最佳匹配。

3. 基于电力大数据的配电网精准规划方法

为提高电网整体运行状况的量化分析水平和管理手段，开展基于大数据应用的配电网精准规划支撑系统开发工作，其目的在于通过整合安徽电网现有的各类数据，建立面向营、配、调系统数据分析的技术和管理路线，归纳电网在发展存在的主要问题，为决策者提供系统性的决策依据，有效提升安徽电网的整体发展水平。

（1）基于电力大数据的精准规划理论。

1）技术方案：

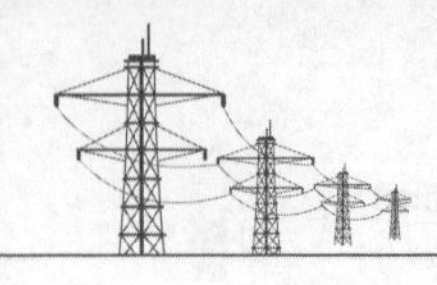

设计目标：基于大数据应用的配电网精准规划支撑系统项目是基于工程生产管理系统（PMS）、调度系统、营销系统的业务数据，采用数据挖掘工具，辅助专业化知识，从海量数据中提取有价值的信息来分析设备运行状况。以实现业务模型场景应用为目标，通过负荷等模块实现电网现状分析，为电网运行效率评估提供良好的业务支撑，减轻一线工作人员的工作量，为电网规划提供数据支持。

设计思路：基于大数据应用的配电网精准规划，遵循常规设计思路，全面收集问题、分析问题、总结问题，开展支撑平台系统设计。由于数据中台已经将配电网规划所需的调度系统、PMS2.0 系统和营销系统相关业务数据集成起来，因此通过与数据中台的集成，即可获取规划所需数据。然后通过大数据融合技术实现配电网规划数据池的建立，基于完整的数据池进行电网分析，包括负荷分析、停电分析和异动分析等，电网现状的分析能够很好地发现电网薄弱环节。通过电网薄弱环节分析、电网运行效率评估发现电网潜在的问题。并且在配电网规划数据库基础上可以进行规划报表的自动生成，节省了人工统计工作，大大提升工作效率。精准规划设计技术路线图见图 3-13。

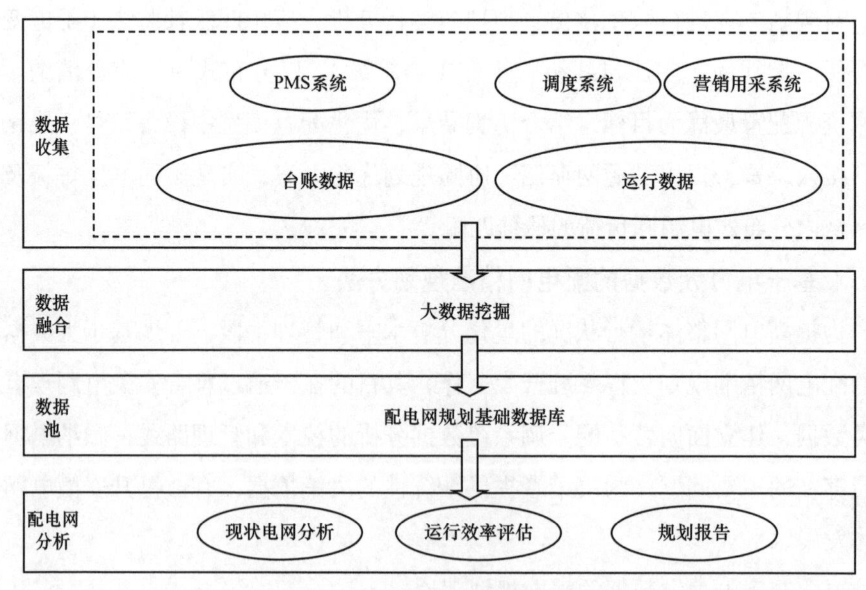

图 3-13 精准规划设计技术路线图

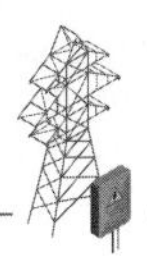

2）技术模型：

负荷分析：负荷特性分析主要分析设备的负荷性质，从年度、季度、月度、日四个维度来分析设备负荷特性，负荷分析各维度指标如下：

各指标计算方法如下：

i 代表小时；j 代表天；a 代表日；b 代表月；e 代表季度；c 代表年；β 代表负载；η 代表负荷。

日维度主要指标统计表见表 3–3。

表 3–3　　日维度主要指标统计表

指标	含义	计算公式
日用电量	电能表在 24h 内的累积数	$W_a=\sum_{i=1}^{96}(l_i\times0.25)$，$l_i$ 为第 i 个采样时刻的用电负荷
日最大负荷	在典型日记录的所有负荷数值中最大的一个负荷	$l_{a\max}=l_{i\max}$，i=1，2，3，…，96
日负荷率	在统计期间内（日）的平均负荷与最大负荷之比的百分数，日负荷率被用来衡量在一天内负荷的变动情况，以及考核电气设备的利用程度	$d_a=\frac{\bar{l}_a}{l_{a\max}}$
日最小负荷率	日负荷率中的最小值	$d_{a\min}=(d_a)_{\min}$
日峰谷差	电网负荷在 24h 内最高值和最低值之间的差	$h_a=d_{a\max}-d_{a\min}$
日峰谷差率	日峰谷差与日最高负荷的比率	$d_a'=\frac{h_a}{l_{a\max}}$

月维度主要指标统计表见表 3–4。

表 3–4　　月维度主要指标统计表

指标	含义	计算公式
月用电量	电能表在一个月内的累积数就是月用电量	$W_b=\sum_{j=1}^{30}W_{aj}$，$j$为每月的天数
月最大负荷	在典型日记录的所有负荷数值中最大的一个负荷	$l_{a\max}=l_{i\max}$，i=1，2，3，…，96

续表

指标	含义	计算公式
月平均日负荷率	统计月内，以每天的负荷率为基础，计算出全月的平均数	$\bar{d}_b=\frac{\sum_{j=1}^{30} d_a}{30}$
月最小日负荷率	统计月内，以每天的负荷率为基础，计算出全月的最小值	$d_{b\min}=d_{a\min}$
月最大日峰谷差	统计月内，以每天的日峰谷差为基础，计算出全月的最大值	$h_{b\max}=(h_{aj})_{\max}$, $j=1, 2,\cdots, 30$
月最大日峰谷差率	统计月内，以每天的峰谷差率为基础，计算出全月的最大值	$h'_{b\max}=\left(d'_a\right)_{\max}$
月负荷率	在统计期间内(月)的平均负荷与最大负荷之比的百分数，月负荷率被用来衡量在一个月内负荷的变动情况，以及考核电气设备的利用程度	$d_b=\frac{\bar{l}_b}{l_{b\max}}$

季维度主要指标统计表见表 3–5。

表 3–5　季维度主要指标统计表

指标	含义	计算公式
季不均衡系数	一个季度内各月最大负荷的平均值与该季度最大负荷的比值	$\xi=\frac{\bar{\eta}_{b\max}}{\eta_{e\max}}$
大于 97% 最大负荷的小时数	全年负荷中大于 97% 的年最高实际负荷(千瓦)所得的小时数	$t_{0.97}=\frac{\sum(l_i>0.97\times\eta_{\max})\times 15}{60}$
大于 95% 最大负荷的小时数	全年负荷中大于 95% 的年最高实际负荷(千瓦)所得的小时数	$t_{0.95}=\frac{\sum(l_i>0.95\times\eta_{\max})\times 15}{60}$
大于 90% 最大负荷的小时数	全年负荷中大于 90% 的年最高实际负荷(千瓦)所得的小时数	$t_{0.9}=\frac{\sum(l_i>0.9\times\eta_{\max})\times 15}{60}$

年维度指标主要包括以下指标：

统调口径年最大负荷：在典型日记录的所有负荷数值中最大的一个，典型日通常选年度最大负荷日。其计算公式如下：

$$L_a=l_{i\max}\ (i=1，2，\cdots，87620\times 4)，l_i \text{为每一时刻的负荷值}$$

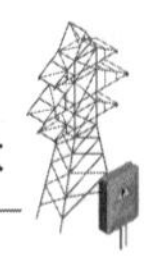

年用电量：电能表在一年内的累积数（m 为月数）。其计算公式如下：

$$W_c=\sum_{m=1}^{12}W_{bm}$$

年最大负荷利用小时数：年总用电量（千瓦时或度）除以年最高实际负荷（千瓦）所得的小时数。其计算公式如下：

$$T_{\max}=\frac{W_c}{\eta_{c\max}}$$

负载分析：通过负载分布统计、变电站负载率、重过载分析以及各年份负载对比查看设备运行情况。负载分析主要指标统计表见表 3–6。

表 3–6　负载分析主要指标统计表

指标		含义	计算公式
日维度指标	负载率	变压器实际容量与额定容量的比值	$\beta=\frac{\eta}{R}$
月维度指标	重载持续时间	变压器负荷超过其额定容量的 80% 时持续运行的时间	$\sigma=\frac{\sum(\beta_i>0.8)\times15}{60}$
	轻载持续时间	变压器负荷低于其额定容量的 20% 时持续运行的时间	$\sigma=\frac{\sum(\beta_i<0.2)\times15}{60}$
	月最大负载率	以月为单位统计，变压器最大输出的视在功率（负荷）与变压器额定容量之比	$\beta_{b\max}=\frac{(\eta_{bj})_{\max}}{R}$
	月平均负载率	以月为单位统计，变压器评价输出的视在功率（负荷）与变压器额定容量之比	$\bar{\beta}_b=\frac{\bar{\eta}_b}{R}$
	变电站最大负荷时刻负载率	在变电站最大负荷时刻，统计变电站的总负荷与变电站容量的比值	$\beta_{\mathrm{zhan}}=\frac{\eta_{\mathrm{zhan}}}{R_{\mathrm{zhan}}}$
	全网最大负荷时刻负载率	在全网最大负荷时刻，统计电网的总负荷与电网总容量的比值	$\beta_{\mathrm{wang}}=\frac{\eta_{\mathrm{wang}}}{R_{\mathrm{wang}}}$
	地区最大负荷时刻负载率	在地区最大负荷时刻，统计地区的总负荷与地区总容量的比值	$\beta_{\mathrm{qu}}=\frac{\eta_{\mathrm{qu}}}{R_{\mathrm{qu}}}$

续表

指标		含义	计算公式
年维度指标	负载率	变压器实际有功功率（负荷）与额定容量的比值	$\beta=\frac{\eta}{R}$
	异动分析	主要按年份分析变电站各变压器的容量差、变压器负载差以及线路的负载情况	—

异动分析的相关指标如下：

主变压器容量差：反映变电站内变压器的规格型号分配是否合理。其计算公式如下：

$$R_{cha}=R_{max}-R_{min}$$

式中：R_{cha}、R_{max}、R_{min} 分别为主变压器容量差、最大主变压器容量、最小主变压器容量。

最大主变压器负载差：反映变电站内变压器的负载分配是否合理。其计算公式如下：

$$\eta_{cha}=\eta_{max}-\eta_{min}$$

式中：η_{cha}、η_{max}、η_{min} 分别为最大主变压器负载差、最大主变压器负载、最小主变压器负载。

运行效率评估模型：主要是针对 35kV 以上的线路和变压器进行评估，主要包含最大负载率和利用小时数，根据《配电网规划设计技术导则》制定出如下公式：

运行效率得分 = 最大负载率得分 ×0.7+ 利用小时数得分 ×0.3。

其中：

$$变压器最大负载率 = \frac{变压器最大负荷}{变压器容量} \times 100\%$$

$$变压器利用小时数 = \frac{\sum（变压器负荷 \times 采样时间）}{变压器容量}$$

$$线路最大负载率 = \frac{线路最大电流}{线路安全电流} \times 100\%$$

$$线路设备利用小时数 = \frac{\sum（线路电流 \times 采样时间）}{线路安全电流}$$

$$设备利用小时数得分 = \frac{设备利用小时数}{24 \times 统计天数} \times 100\%$$

根据运行效率得分便能判断出设备运行效率的高低。

（2）精准规划的总体技术架构：

业务架构：基于大数据应用的配电网精准规划支撑系统业务架构（主要有基础数据管理、电网现状分析、运行效率评估和规划报表），以满足电网规划的应用。业务架构见图 3-14。

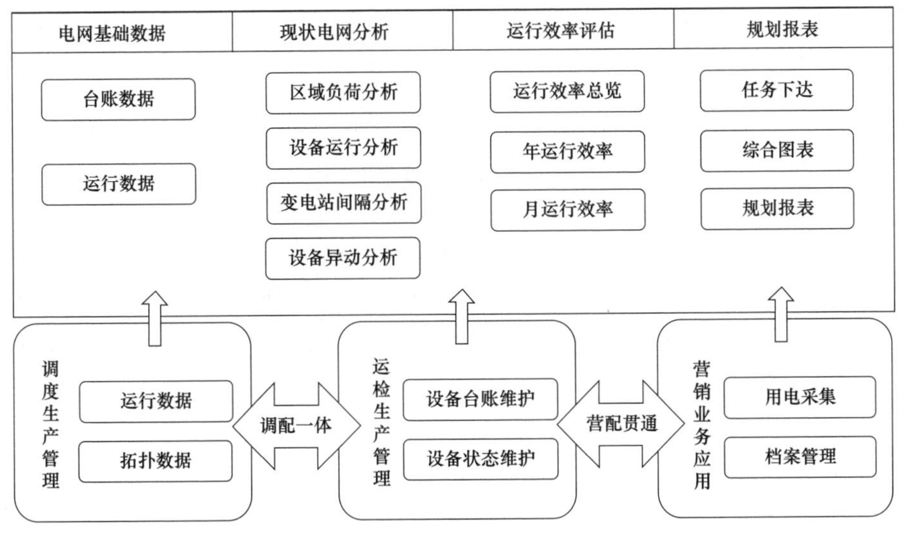

图 3-14 业务架构

数据架构：基于大数据应用的配电网精准规划支撑系统遵循《城市电网运行水平和供电能力评估导则》，数据来源于设备（资产）运维精益管理系统（PMS2.0）、调度 D5000 系统和营销业务应用系统等信息系统。数据架构见图 3–15。

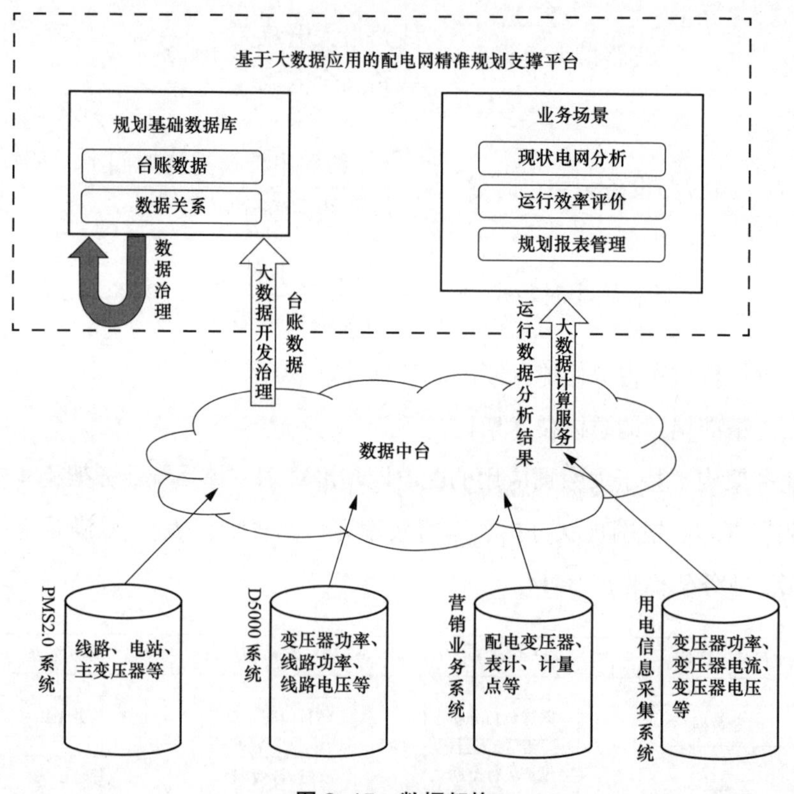

图 3–15　数据架构

应用架构：基于大数据应用的配电网精准规划支撑系统能够接入 PMS2.0、营销以及 D5000 的数据，进而在此数据的基础上进行现状电网分析、运行效率评估以及规划报表。通过实质性的分析找出电网薄弱环节，有效指导电网规划的进行。应用架构见图 3–16。

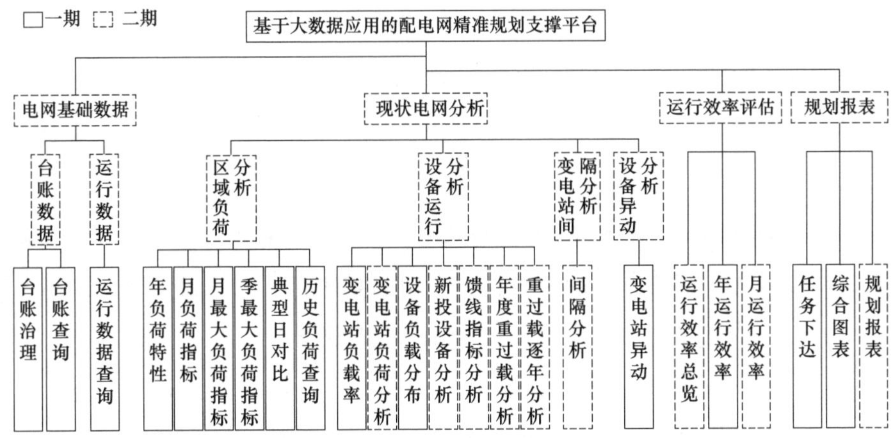

图 3-16 应用架构

技术架构：系统整体设计遵循 J2EE 技术路线，采用面向服务架构（SOA）的设计模式，采用 B/S 架构，在总体结构上分为 6 个层次，分别为数据接入层、数据资源层、平台支撑层、应用服务层、服务展现层和用户访问层。系统程序在服务器端安装，客户端使用浏览器，界面简洁。技术架构见图 3-17。

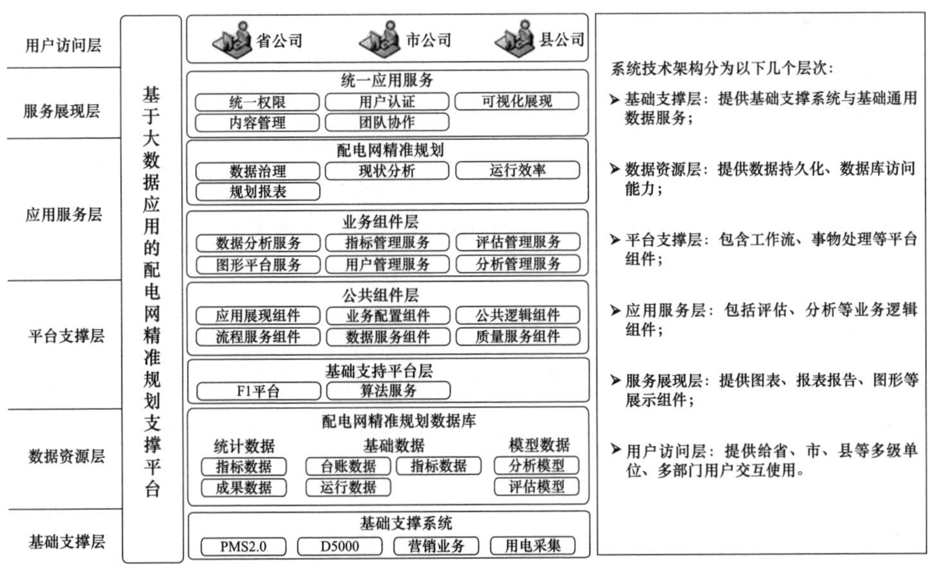

图 3-17 技术架构

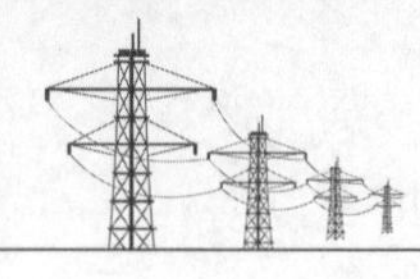

数据接入层、数据资源层、平台支撑层、应用服务层、服务展现层和用户访问层发挥不同的作用，同时具有各自的特点：

（1）数据接入层：数据接入层主要的数据来源为 PMS2.0 系统、营销业务应用系统和 SCADA 系统，包括设备台账、负荷等数据。

（2）数据资源层：根据不同类型数据的特点，大体可以分为实时型数据和历史数据。因此，在数据资源层建设时采用同时建立实时与历史数据且两大类数据库配合联动的方式共同管理系统平台的基础数据。

（3）平台支撑层：采用支撑 J2EE 标准的 Java 中间件作为系统运行的基础支撑平台。它是信息化中数据与业务的桥梁，是体现应用的工具。服务层主要包括数据接口与处理服务、评价方法配置服务与系统管理服务三类业务。基于标准化、规范化的原则，各类服务都按照标准化的思路进行。数据接口采用通用的标准接口与规约，数据处理按照有关文件规定或者专家知识梳理形成标准化的知识库，评价方法配置都在同一接口方案下配置，系统管理通过标准工作流程、规范的权限管理与严格的安全机制进行建设。

（4）应用服务层：应用层集中体现了业务领域，包含业务逻辑与业务应用，其规范化的应用固化了生产业务处理方法，体现了标准化工作的精髓。应用层在数据接入层的基础上，按照服务层的框架，主要实现规划支撑系统的核心业务。具体来看主要包括基础数据管理、电网现状分析、运行效率评估、规划报表和在这一系列分析基础上的综合查询统计。各个部分的应用遵照电网基础数据管理工作的基本流程，统一协作运行，共同实现对精准规划工作的辅助支持与管理指导。

（5）服务展现层：展现层是整个系统功能实现的最前端与最终表现，且与用户有最直接的对话。展现层是数据和业务展现的通道，通过企业门户展现工具可以图、表、曲线等多种形式展现生产过程和生产结果。因此，展现层的建设充分考虑了人机交互的各种特点，以现有的先进可视化、图形化技术为建设保障，打造一个可以实现数据人性化展示的系统门户。

（6）用户访问层：支持多层级用户的访问方式。

4 新型配电网物理架构与运行控制技术

配电网的物理架构与运行控制技术应用在保障配电网安全稳定运行中的作用愈发重要，新形势下能够推动新型配电网逐步适应高比例分布式新能源接入、提升多元化负荷承载能力，是新型配电网规划建设的重点。为促进配电网的转型升级，科研机构及领域专家逐步关注新型物理架构与运行控制技术研发，支撑配电网的可靠性和灵活性不断提高，形成了适应新形势的运行控制体系及策略。本章旨在从物理架构、配电自动化和运行控制三个方面研究分析新型配电网物理架构和运行控制技术的应用现状和发展趋势。物理架构主要包括适应新能源消纳的网架联络、基于负荷峰谷互补的网架构建和直流技术等；运行控制技术主要包括多能源系统协调优化、需求侧响应、基于主动机制的智能自愈、多时间尺度的控制技术等。

4.1 国内外配电网技术应用

4.1.1 国外配电网技术应用

1. 物理架构方面

（1）直流配电技术应用。与交流配电网相比，直流配电网存在较大优势，

世界不同国家均提出了不同的方案与标准。

国外具有代表性、可借鉴性的直流配电示范工程是德国亚琛工业大学校园 ±5kV 直流配电示范工程，工程采用两端供电真双极接线的拓扑结构，用于满足包括直流负载和交流负载在内的用电需求。其后，弗吉尼亚大学在可持续建筑与纳米电网（SBN）系统基础上又提出改进方案，改进方案中采用交直流混合配电，并针对不同负荷和分布式电源进行分层，力求能源的高效利用。随着日本国内的电力需求不断增长，能源供应链压力不断加剧，因此，直流配电网逐渐成为日本能源供给领域的新宠。近年来，可再生能源不断发展，预计这一趋势还将持续，无论是配电业务还是配电技术的需求都在不断提高，而低压直流配电网的使用可以为能源供给打开新的局面。

（2）微电网技术应用。国际电工委员会（IEC）在《2010—2030 应对能源挑战白皮书》中明确将微电网技术列为未来能源链的关键技术之一。

美国能源部在其 2020 微电网目标中提出，开发出商业化模式（微电网装机容量不超过 10MW）的微电网系统成本，其成本与非集成方式（UPS 电源加柴油发电机方式）相比，具有成本竞争力，并提出以下目标：①减少负荷停电时间 98%；②减少碳排放 20%；③提高系统能效 20%。由美国能源部和国防部共同资助，圣地亚国家实验室与美国军事基地联合开展，旨在通过重点研究微电网建设方案，提高军事基地能源供给可靠性。在智能电网资助框架下，由美国能源部资助，包含多个微电网项目或相关技术研究项目的主要目标是通过分布式电源降低配电网馈线或变电站至少 15% 的峰值负荷。

日本自 2003 年起，新能源产业综合开发机构（NEDO）相继在爱知县、八户市、仙台市等资助了多个利用储能、燃料电池、木质废料、光伏等新能源的微电网项目。随着智能电网建设的推进，微电网相关工程多融入智能社区建设。NEDO 已在美国新墨西哥州、法国、西班牙等地开展海外智能社区示范项目。

（3）分布式智能配电网技术应用。作为目前最有效接入间歇式可再生能源发电（如太阳能发电和风力发电）和加速发展电力生产 / 消费者的模式，分布式电网是欧盟战略能源技术行动计划（SET-Plan）智能电网技术开发优先行动的重要组成部分。借助欧盟战略能源技术行动计划的积极推动和全面部署，欧

盟范围内的分布式电网试点已拓展到300余家，形成覆盖不同地理环境、人文历史、经济政策、规模大小和电压等级的主要3大类（城市、社区和农村区域）分布式电网。分布式电网通常独立自成体系，同主干电力系统智能连接，一定程度上摆脱了对大型电力生产商电力“垄断”供应的严重依赖，有助于可再生能源可持续发展和电力市场公平竞争。欧盟联合研究中心（JRC）利用自行研制开发的大数据分析工具，在长期跟踪分析研究欧盟分布式电网试点数据的基础上，首次在世界上推出分布式电网的36项新指标参数，分别涉及电网结构、电网设计和分布式发电。新指标参数及其标准，对分布式电网设计、设备安装和生产运营具有规范化的指导参照意义，有助于可再生能源生产/消费者投资效益的最大化。

近年来，欧盟联合研究中心以欧盟战略能源技术行动计划独立观察者的身份，加大了对欧盟及其成员国电力系统数据的收集处理和研究分析。其致力于积极应对欧盟电力系统面临的各类挑战，加速欧盟智能电网技术创新，促进欧盟电力系统转型升级。经欧盟委员会授权，欧盟联合研究中心将积极开展国际合作，同相关的标准化组织紧密联系，在欧盟层面统一协调智能电网技术新标准的制定。

2. 配电自动化方面

（1）配电自动化技术应用。配电自动化在支撑城市供电主配网协同中起着重要作用，成为城市电网供电体系中不可或缺的技术和管理手段，主配网协同运行共同实现城市供电安全、可靠、优质的目标。

国外配电自动化技术和应用相对发展稳定和成熟，已经走向应用成熟阶段。配电自动化在工业发达国家已经有近五十年的发展历史，20世纪70年代初期，西方发达国家提出了配电自动化的概念。计算机技术、通信技术、互联网技术迅猛发展，为配电自动化提供了强大的技术支持，推动了配电自动化技术的快速发展。欧洲、日本、新加坡世界一流配电网大多已经运用智能化运检新技术，具备完善的配电设备监督管控，拥有较强的检修施工工艺标准和应急处置能力，应用了现代化电能管理服务平台。

日本东京电力配电自动化方案主要采用分布和集中混合两种方式。目前东京已实现了配电自动化覆盖率100%，中心城区关键节点配置“三遥”及“两遥”

终端，通信方式以电力线载波 PLC 为主。配电自动化方案采取分布式故障定位，依靠断路器和开关的配合就地自动完成定位，然后主站采用遥控方式恢复供电。

新加坡建设了支持实时监测配电数据的高级配电自动化系统，实现电能质量监测和故障预警。该配电自动化系统应用地电波、超声波局部放电和红外测温、局部放电定位等带电检测及在线监测，全面支撑状态检修。完备的配电自动建设有力保障了供电可靠率不断提升，自 2010 年起持续维持在 99.9999% 左右的高水平。

（2）配电通信技术应用。作为配电网自动化系统中重要的信息传输方式，通信系统的规划设计乃至运行直接以配电网自动化系统的发展情况为支持。配电网是电力系统的终末端部分，其拓扑结构与业务特征复杂且多变，会受到配电当地用户情况的限制。从整体层面来看，配电网终端节点数量多，通信节点之间的分布并不集中，单个节点的数据通信量不大，施工环境非常复杂。分析国内外配电网通信技术的发展现状，无论是哪种技术都有其优势与劣势。在具体的应用中应结合不同的需求进行科学的选择。

国外在选择配电网通信技术时各有其侧重点。欧美应用较多的技术是光纤与无线通信技术，日本由于大多数无线频段被通信运营商与无线电台占用，而对电线载波通信技术予以采用；韩国正在由租赁公网转变为构建通信专网，力求在无线与光缆的媒介作用下，向码分多址、中继无线系统方式集中。

通过欧洲智能电网试点工程中通信技术的应用，可以总结出以下几点：①网状拓扑结构的通信网更适合智能电网；②现有通信技术都存在有待解决的问题，比如 PLC 的抗干扰问题、RF 射频和 WiMax 的频段授权问题以及宽带电力线 BPL 和公共无线的运营费用问题；③从速率、成本和安全等单方面考虑，现有的通信技术能够分别满足智能电网的要求，但综合来看，还不能决定哪种组网方式最适合用于智能电网。

（3）快速复电技术应用。先进国家和城市的配电网管理、快速复电的技术支撑手段，走的都是配电网自动化的道路，这是满足客户日益提高的供电可靠性要求的必由之路。

日本配电网网络结构以“3 分段 4 联络”为主。对于配电网故障处理，日

本发展了以远方监控、故障后按时限自动顺序送电为主的配电网自动化技术。以九州电力为例，该公司从 1985 年开始在配电网中引入自动化技术，此时配电网的年户均停电时间是 18min，1994 年实现所有负荷开关的远方控制后，截至 1999 年，全公司配电网的年户均停电时间保持在 1 ～ 2min 的水平。

新加坡 22kV 配电网采用环网结构组成花瓣式结构闭环运行。配电网自动化建设始于 1988 年，已在 1000 座配电站投入使用。系统采用电气接线图为背景平台，实现“三遥”功能。专家系统根据报警信息进行电网诊断并提供恢复供电的辅助决策供配电网调度参考，运用“专家系统 + 遥控操作”来隔离故障和恢复供电。

美国配电网在 20 世纪 80 年代已经具有较好的网络结构，其配电网自动化技术也已达相当高的水平。以纽约长岛照明公司为例，该公司在 1993 年投运了由 850 个配网馈线自动化远程终端系统 DART RTU 和无线数字电台组成的以配电网故障快速隔离和负荷转移为主的配电网自动化系统。整个系统的建设大致经历了 3 个阶段，主要有：自动化分段，引入通信和 SCADA 系统，非故障段自动恢复供电。

3. 运行控制方面

（1）分布式电源的优化控制应用。随着高密度、高渗透率的分布式电源接入配电网，配电网的运行管理方式也在发生变化。分布式电源数量众多，安装位置分散，出力具有间歇性和波动性，相较于传统电源控制难度更大，传统的自上而下的集中式管理方式显然已经不再适用，因此，很多专家和学者提出了“分布式电源集群”的概念，为配电网中高密度的分布式电源提供了一种新的管理思路。

在分布式发电技术应用最早的北欧地区，丹麦、芬兰等国早在 10 年前的分布式发电装机容量就已接近或超过其总装机容量的 50%，欧盟自 2001 年资助实施“可再生能源和分布式发电在欧洲电网中的集成应用”项目以来，先后在第五、第六、第七框架计划中支持了一系列与可再生能源和分布式发电接入技术有关的研究项目。美国政府也组织了包括美国电科院（EPRI）等研究机构、高校、企业在内的多家单位开展分布式发电技术研究，其研究成果在国际处于领先地位。美国电科院和美国能源部（DOE）专门成立了分布式发电部门，

对分布式发电并网后对电力系统的影响进行分析，为其研究和应用提供指导。

欧美等发达国家在可再生能源发电集群并网方面主要采取大规模高压侧集中并网和小容量分散式接入两种模式。对于大规模的风电和光伏，经高压输电线远距离输送并网，欧美等发达国家坚强的电网可为可再生能源发电的集中并网接入提供强有力的支撑。在配电网末端的用户侧，大量小容量的分布式电源通过分散接入的方式与配电网相连，考虑到在欧美等发达国家中，分布式电源接入点所在区域的负荷往往较大，有利于当地的分布式可再生能源发电的就地消纳。此外，一些国家（例如西班牙）要求一个区域内安装的分布式电源容量不能超过该区域峰值负荷的 50%，以避免分布式电源的功率倒送。

（2）"源网荷储"协同控制技术应用。"源网荷储"一体化运行，深度融合了低碳能源技术、先进信息通信技术与控制技术，实现源端高比例新能源广泛接入、网端资源安全高效灵活配置、荷端多元负荷需求的充分满足。

国外新兴市场主体的发展有效助力"源网荷储"互动。国外新兴市场主体有效聚合用户侧需求，通过对用户侧需求响应资源的整合，代理电力用户统一参与电力市场交易和为电力系统运营商提供辅助服务获得经济收益。欧洲电力市场规则体系和技术支持系统相对成熟和完善，新兴市场聚合体在欧洲电力市场中展现了分布式能源的成本优势和灵活性，获得了可观的经济效益，同时也降低了分布式能源波动性对市场的负面影响。

国外"源网荷储"互动控制主要有以下三个方面启示：一是注重市场培育，鼓励市场主体参与，激发市场主体的主观能动性。发挥政府的引导作用，通过鼓励用户参与需求响应以促进需求响应技术的发展和市场主体的培育，并适当设立政策激励和补偿机制以保障市场的平稳起步。二是加强技术研发，鼓励自主创新与引进利用相结合，完善技术体系。注重技术创新对新兴市场主体的促进作用，通过将自主创新与引进吸收外来技术相结合，打造具备自主知识产权的技术体系，为新兴市场主体提供技术支持。三是统筹优化交易品种和交易机制设计，促进新兴市场主体培育与发展。欧洲和美国普遍建立了包括中长期交易、现货交易和辅助服务市场的完整市场体系，为市场主体提供丰富的交易品种和交易机制，保障新兴市场主体获得合理的经济回报，促进"源网荷储"协同互动。

（3）需求侧响应（DR）技术应用。

1）美国。美国2007年12月颁布《能源独立与安全法案》，从立法上首先明确了对开展需求响应的支持，并开始正式推进需求响应项目的实施；2009年将需求侧响应电量作为资源直接参与市场竞价，不断强化需求侧响应在市场的地位。

美国需求响应运行模式主要分为：电力公司直接主导的运行模式，电力公司与负荷集成商合作主导，以及市场主导的运作模式。其中在市场主导的运行模式中，需求响应的买方与卖方分别在电力批发市场与零售市场进行需求响应的竞价与交易。

在电力批发市场中，需求响应的卖方包括：拥有需求响应资源的电力公司（公用事业单位）、负荷集成供应商、新型的售电公司以及具备独立提供需求响应能力的大型工厂（拥有需求响应资源的消费者）。在电力批发市场中这些卖方可以凭借其资源与其他能源商以相同竞价方式公平竞价。需求响应在电力批发市场上的主要参与形式则主要有两类，需求响应在电力批发市场上主要参与形式与实施模式见表4-1。

表4-1　需求响应在电力批发市场上主要参与形式与实施模式

产品	类型	实施模式
可靠型产品（维持电网稳定）	容量市场产品	需求响应可作为容量资源以保障电力系统的最大供给能力，在电网系统运营商有要求时，客户、电力公司或提供需求响应的第三方按具体说明的条件和参数远程、手动断电或周期性运转其电气设备以削减负荷，从而取代传统发电资源
可靠型产品（维持电网稳定）	辅助市场产品	将需求响应用以提供辅助服务，从而保障电力系统的供需瞬时平衡能力
	紧急情况产品	在储备短缺的时刻，用户自发、自愿地进行需求响应，区域输电组织并不提供任何补助
经济型产品（应对市场高成本异常事件）	主要以电力竞价为主，需求响应集成公司将需求响应视作电力资源参与电力市场投标，与传统资源竞争从而赚取利润	

在电力零售市场上，需求响应的参与形式则由出售转变为收购，电力公司、集成供应商由需求响应卖方转为需求响应买方，采用多种收购策略以向终端用户收购零散的需求响应资源并加以整合。在零售市场中，原来在批发市场

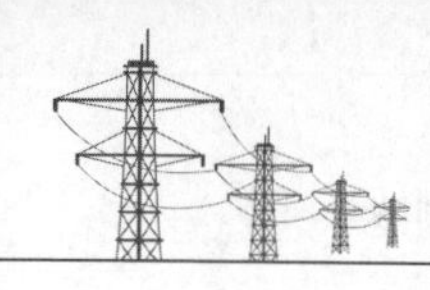

上的卖方则成为相应的买方，通过与终端的工业、商业以及家庭客户签订不同的需求响应合同来获取容量，具体包括价格响应型（分时电价，峰谷电价、实时电价）与奖金激励型两种不同类型的能源购买合同，其也对应着两种不同的需求响应机制，即价格型需求响应和激励型需求响应，需求响应在电力零售市场上主要参与形式与实施模式如表 4–2 所示。

表 4–2　需求响应在电力零售市场上主要参与形式与实施模式

类型	项目	实施模式
价格型需求响应	分时电价	在不同时段收取不同的电费
	峰荷电价	包含固定期限、变动期限、变动峰荷电价机制、关键峰荷折扣机制
	实施电价	包含日前实施电价、两部制实施电价、强制性实时电价
激励型需求响应	直接负荷控制	空调等用电设备的远方控制和调节
	可削减和可中断负荷	用户可以直接降低规定负荷，或者恢复负荷到通知前水平
	容量市场	在紧急情况出现时，用户执行预定的负荷削减并获得补偿

以美国新格兰电力市场（ISONE）需求响应为例，主要分为四种：实时需求响应计划（DR 需求响应）、实时电价响应计划（RPR）、日前负荷响应计划和有资格进入远期容量市场（FCM）的需求响应，新英格兰（ISONE）电力市场计划类型与特征如表 4–3 所示。

表 4–3　新英格兰（ISONE）电力市场计划类型与特征

计划类型	特征
实时需求响应计划（DR 需求响应）	（1）启用条件：极端紧急的运行状工况； （2）最小负荷削减额：100kW； （3）通知时间：提前 30min 通知，提前 2h 通知； （4）补偿：按照削减的电能每兆瓦时以最大的实时节点边际价格或者 500 美元补偿
实时电价响应（RPR）计划	在高电价时段自愿削减负荷，给予高于实时节点边际价格或 500 美元 /MWh 的补偿。此计划不包括容量的信誉承诺金

续表

计划类型	特征
日前负荷响应计划	（1）最小负荷削减额为 100kW； （2）投标价格为最低 50 美元 /MWh，最高 1000 美元 /MWh； （3）参与日前市场的清算补偿； （4）补偿为高于日前的节点边际价格或投标价格（无容量的信誉承诺金）

2）英国。英国自 1992 年便开始进行了电力需求侧的市场化改革，1998 年后所有用户均可自主选择供电商，并且需求侧可与供给侧在同一供电平台竞争。英国需求响应资源集成商可在零售市场整合用户的需求响应资源到电力批发市场，通过每天以半小时为周期的交易执行过程，参与英国电力供应公司的用电平衡机制，英国需求响应运行模式和参与平衡机制如图 4–1 所示。

在该平衡机制中，由单台机组或者负荷集成体构成的平衡单元，作为参加报价和受调度控制的基本单元，在其最终物理发用电计划的基础上，向系统调度机构提交卖电报价（增加发电出力或降低负荷需求）和买电报价进行交易。

其他非电能量交易的平衡手段则可以纳入辅助服务范畴。这些辅助服务连同平衡机制一起，在英国被称为平衡服务。英国的辅助服务类型具体有 22 种，常见的有：短期运行备用、快速备用（旋转备用）、固定频率响应、频率控制、平衡机制启动、基荷调整、无功服务、强制频率响应和需求侧频率控制等。

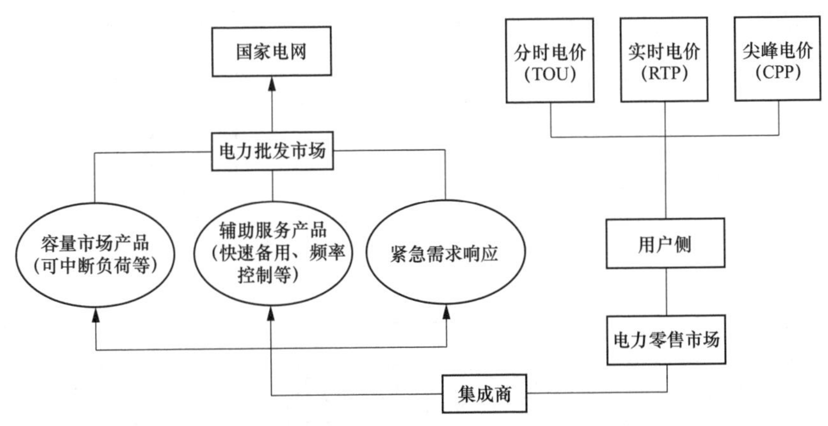

图 4–1 英国需求响应运行模式和参与平衡机制

3）德国。德国需求响应市场分为批发市场、零售市场与用户侧三部分。电力公司从用户侧整合需求响应资源在相关电力市场竞价，解决输电网运营商对电力的需求，从而获取收益。德国电力批发市场上的需求响应主要应用于：可切断负载市场、电力储备市场、电力现货市场以及配电网拥塞管理，批发市场各细分市场及其运作模式如表 4–4 所示。

表 4–4 批发市场各细分市场及其运作模式

市场种类	运作模式
可切断负载市场	拥有需求响应资源的企业可通过招标竞价与输电网运营商签订合同，当输电网运营商出现系统运行安全问题时其可以激活签订的可切断负载以保证电力系统的安全稳定
电力储备市场	需求响应资源可作为灵活可调负载向输电网运营商提供调频服务以平衡新能源发电导致的预测误差
电力现货市场	需求响应资源多被拥有平衡结算单元的用电大企业用于购电优化以及创造营收
配电网拥塞管理	当输电网运营商购买的电力储备不够用时，其可通过有针对性地对需求侧进行控制以减少电网拥塞

在零售侧方面，德国将分布式电源和可控负荷进行整合。德国的虚拟电厂已成为当前保持电网平衡的重要手段。在德国的零售市场上，主要有实时电价、分时电价与尖峰电价三类价格手段，用户不仅可通过储热加热器、电热水器等储能装置和其他分布式电源满足自己的电力需求，更可作为“虚拟电厂”参与需求响应获取利益，德国需求侧响应运行模式如图 4–2 所示。

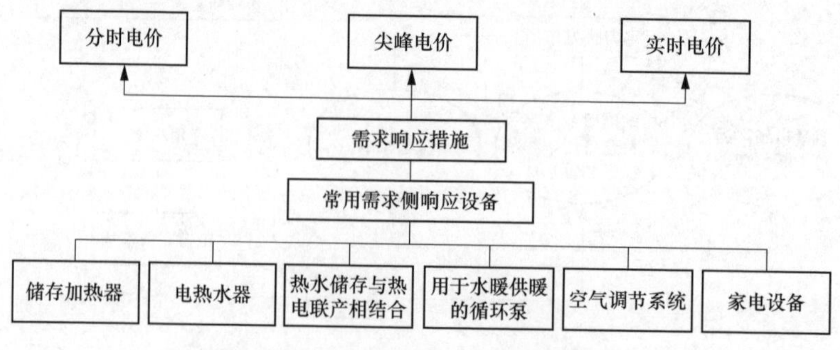

图 4–2 德国需求侧响应运行模式

4）日本。早在20世纪70年代，日本就开始大力推行电力需求侧管理（DSM），真正开始实施需求响应是在2011年日本东部大地震之后。2017年，需求响应电量在批发市场（JEPX）上市交易，被称为日本的“需求响应元年”。2017年12月，日本电源通过竞价实现对电力用户侧负荷资源进行统一调控，全年完成133万kW的响应量，其中需求响应达到95.8万kW，价值约合36亿日元。

日本“需求响应”主要分为价格诱导型和激励协议型。以分时电价、尖峰电价等为主的传统价格诱导型需求响应并不在虚拟电厂范畴之列。尽管其操作简单，用户比较容易操控，但节能只能任凭用户的自觉行为，随意性很强、实际效果并不佳，日本各种数据表明尖峰时间的用电负荷并不会通过价格调节减少，而且还往往很难做到快速响应。而激励协议型的新型需求响应完全实现了自动调控，在电力供应紧张时，自动向用户发出削减负荷的需求响应信号，居民或企业等用户自动接收需求响应信号，通过自己的能量管理系统控制调整用电，并对需求响应结果自动进行报告。

在2020年引入容量市场，以确保中期内有足够的运力，这一市场将成为需求响应的主战场，对需求响应资源的基本要求是：参与交易的最小单位1000kW、响应时间3h、每年发起12次。

在2020年左右建立起平衡市场机制，以解决电力系统实时运行的供需平衡问题并提高运行经济性，其目的是使中小企业有从跨区域市场采购和运营平衡能力。平衡市场是维持电力供需平衡的制度安排，通常由调度机构负责运行，调度通过调用平衡辅助服务、调节机组出力等方式，实现系统有功平衡。尽管平衡市场的总交易电量较少，但它能为电能交易和辅助服务提供价格信号，为不平衡电量结算和系统平衡成本分摊提供依据，是现货市场重要的组成。

（4）虚拟电厂（VPP）技术应用。

1）美国。美国虚拟电厂是在需求响应的基础上建立的，即通过控制电力价格、电力政策的动态变化来引导电力用户暂时改变其固有的习惯用电模式，从而降低用电负荷或获取电力用户手中的储能来保证电网系统稳定性。

2016年，美国纽约州Con Edison联合爱生电力公司启动联合爱迪生电力

公司虚拟电厂（CEVPP）计划，该项目是美国首个虚拟电厂计划，共斥资1500万美元，为布鲁克林和皇后区的约300户家庭配备租赁的高效太阳能电池板和锂离子电池储能系统，并让300户家庭参与虚拟电厂计划。该虚拟电厂参与输配电延迟、调峰、频率调节、容量市场和批发市场等应用，探索了通过虚拟电厂平台支持能量存储聚合的盈利能力。

2017年至今，美国佛蒙特州、纽约州、得克萨斯州及加利福尼亚州的公共事业公司相继开展虚拟电厂计划，邀请业主参与计划并给予补偿费用。

2）欧洲。欧洲为虚拟电厂发源地，以发电资源的聚合为主要目标。全球首个虚拟电厂项目诞生于2000年，德国、荷兰、西班牙等5国11家公司共同启动虚拟电厂项目VFCPP，以中央控制系统通信为核心，搭建了由31个分散且独立的居民燃料电池热电联产（CHP）系统构成的虚拟电厂。

2005年，英、法等8国20家机构启动了FENIX项目，以FENIX盒、商业型虚拟电厂和技术性虚拟电厂为创新点，分别在英国和西班牙实施，该项目为接下来虚拟电厂的设计奠定了框架基础。随后，丹麦、波兰、比利时等国家也开展了虚拟电厂项目的尝试，运用智能计量、智能能量管理和智能配电自动化等支柱技术，先后在虚拟电厂中引入电动汽车充电站平台、氧化还原电池、锂电池、光伏电站、风电场、小型水电站等资源，虚拟电厂规模逐渐扩大。

3）日本。日本选择了需求侧响应和虚拟电厂作为转型路径。虚拟电厂重点在于增加供给，会产生逆向潮流；需求侧响应则重点强调削减负荷，不会发生潮流逆向。日本由于自身能源短缺，从节能角度出发更加重视两者的融合发展，因此要兼顾容量市场与辅助市场。

日本将广义虚拟电厂的概念和范畴定义为能源聚合业务（energy resource aggregation business，ERAB）商业模式，日本ERAB商业模式如图4-3所示。

ERAB商业模式主要有三大类交易产品：为售电企业提供“正瓦特”，为售电企业提供“负瓦特”，为系统运营商提供“正瓦特或负瓦特”（电网的负荷平衡可通过电源供给“正瓦特”或削减负荷的“负瓦特”实现）。VPP具有提供电力供给、备用服务和平衡服务三大基本功能，并分别在批发市场、容量市场和辅助市场实现其价值。

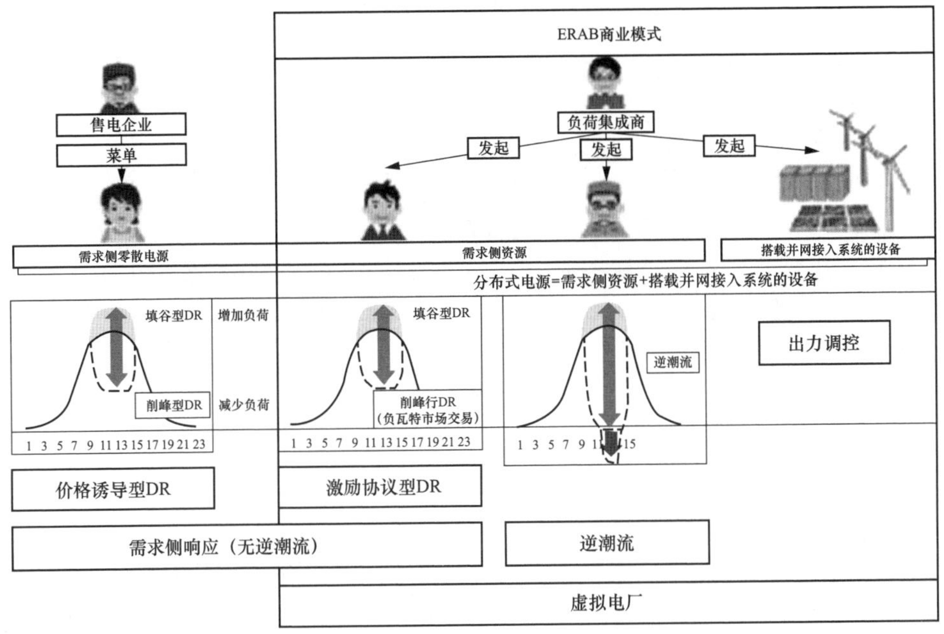

图 4-3　日本 ERAB 商业模式

DR—需求侧响应

日本 VPP/DR 商业化规模潜力巨大。日本推广 VPP/DR 的重点集中在居民住宅、办公大楼、工厂、商业设施、学校、医院等公用事业部门以及电动汽车七大领域，“光伏 + 储能”为主要形式。据经济产业省推算，到 2030 年日本 VPP 可利用的分布式电源装机容量将达到 3770 万 kW，相当于 37 座百万千瓦级大型火电厂。

4.1.2　国内配电网技术应用

（1）物理架构方面。

1）国内高可靠性配电网结构探索。

a. 北京。在双环网的基础上，通州在行政副中心核心区搭建双花瓣式网架结构。在开闭站接线的基础上，延庆通过加装柔性直流环网控制装置，建成交直流混联开闭站，保障冬奥会期间的高可靠性供电。通州副中心双花瓣式网架结构、延庆交直流混联开闭站分别见图 4-4、图 4-5。

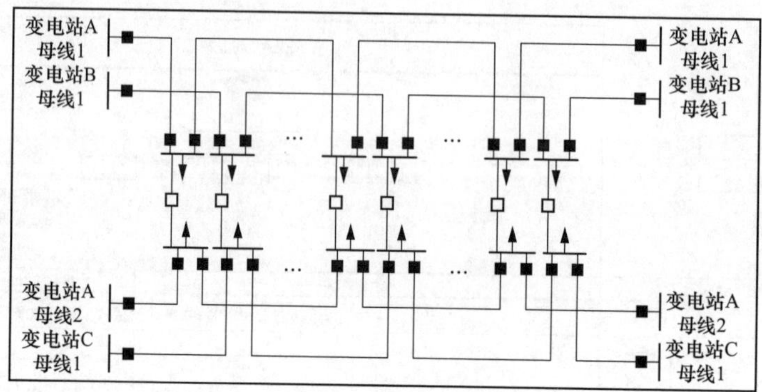

图 4–4 通州副中心双花瓣式网架结构

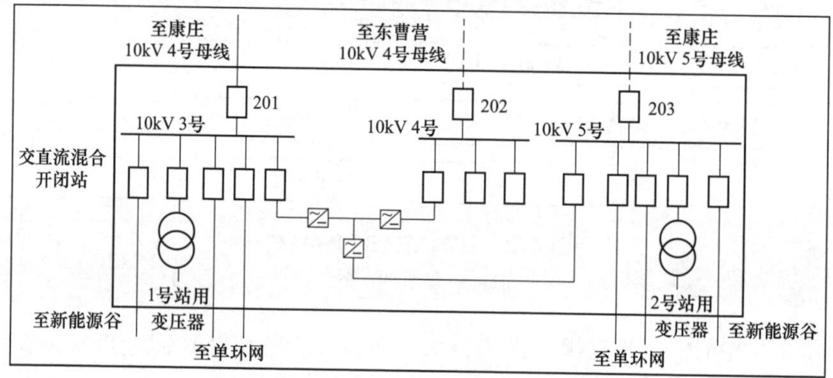

图 4–5 延庆交直流混联开闭站

b. 中山、南宁。根据在配电网中的重要性，连接于主干线上的配电站、开关站和环网箱均称为主干配。配电网主干配电网架和自动化规划实现了配电网建设分层分区、关键节点可观可控，提高了供电可靠性。与网架结构配套的自动化系统能实现故障时有效地隔离故障区间、恢复非故障线路供电，就地实现故障分层自愈。主干配接线方式见图 4–6。

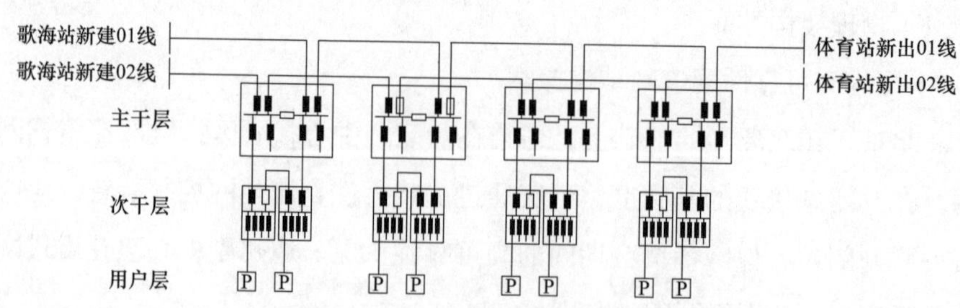

图 4–6 主干配接线方式

c.广州、深圳、南京。创新采用花瓣式接线（同母线合环），10kV 合环试点线路新建环网柜、开闭站及配电所配置“三遥”型 DTU 及必要的电源设备，全部实现全线光纤分相电流差动保护，配电自动化通信采用 EPON（以太网无源光网络），光纤沿中压电网敷设，上级变电站设置 OLT（光线路终端），各配电终端侧配置 ONU（光网络单元）设备。花瓣式接线示意图见图 4-7。

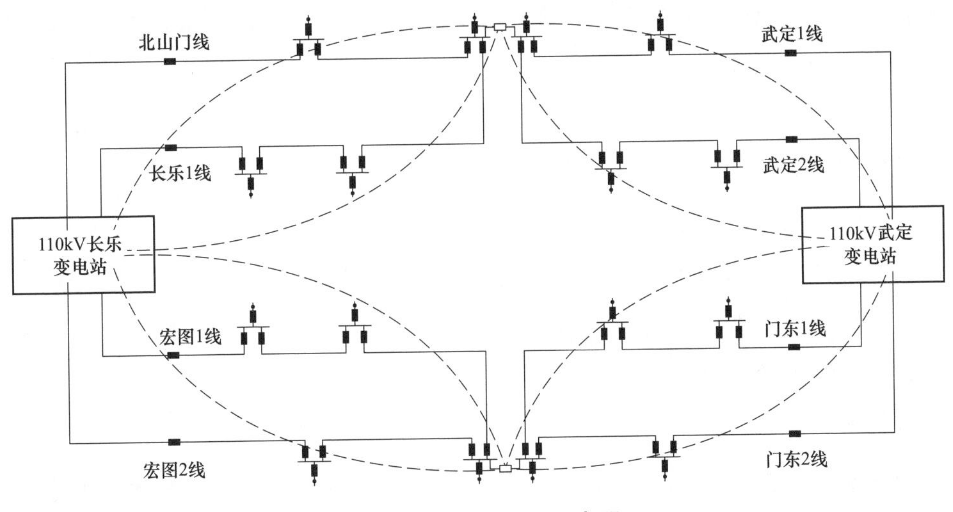

图 4-7 花瓣式接线示意图

2）直流配电技术应用。我国在低压直流领域代表性示范工程有绍兴上虞交直流示范工程和安徽金寨金梧桐创业园示范工程。两个项目旨在解决分布式能源高密度接入和直流侧就地高效消纳问题，为工业直流用户在新能源高效利用、工业投资设备节能降耗方面提供全新的方案。

在中压层面的典型代表有深圳宝龙工业城示范工程、珠海唐家湾科技园示范工程、杭州大江东新城示范工程、贵州电网示范工程、苏州工业园示范工程等。深圳宝龙工业城工程采用两端手拉手的拓扑结构，电压等级包括 ±10kV、400V，采用伪双极的主接线形式，示范工程旨在解决深圳电网面临的提高供电可靠性、分布式电源灵活接入、电能质量治理等问题提供有效技术方案。珠海唐家湾科技园采用三端背靠背的拓扑结构，三端可实现实时功率支援，电压等级包括 ±10kV、375V，采用伪双极的主接线形式，示范工程旨在实现园区内储能、新能源和电动汽车等多元素稳定高效运行，并通过逆变器向低压

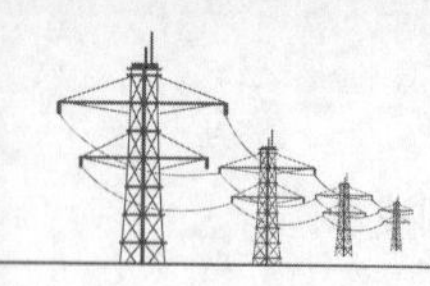

交流负荷供电。大江东新城工程同样采用了三端背靠背的拓扑结构，电压等级 ±750V，示范工程旨在解决江东地区实际所存在的不同压差和不同角差母线互联运行的问题，同时还能实现各种新型设备的试验和应用，验证新型直流配电网的运行、协调控制、故障处理和系统恢复策略。贵州电网工程采用三端环状的拓扑结构，电压等级包括 ±10kV、±375V，中低压系统均采用伪双极的接线方式，示范工程旨在实现交直流负荷和分布式电源的灵活接入、交直流多微网间的协同控制，提高系统供电的稳定性和可靠性。苏州工业园采用双端拓扑结构，电压等级包括 ±10kV、±375V，中低压系统分别为伪双极和真双极的接线方式，示范工程旨在提升配电网的供电水平、提升新能源消纳水平、实现节能降耗、实现对负荷的精准控制。

3）微电网技术应用。2022 年 3 月 22 日，国家能源局对外发布《关于推进新能源微电网示范项目建设的指导意见》（国能新能〔2015〕265 号），提出加快推进新能源微电网示范工程建设，探索适应新能源发展的微电网技术及运营管理体制。目前，我国国内已有众多高校、科研机构和企业建设了一批以风、光为主要新能源发电形式的微电网示范工程，这些微电网示范工程大致可分为三类：边远地区微电网、海岛微电网和城市微电网。

边远地区微电网：我国边远地区人口密度低、生态环境脆弱，扩展传统电网成本高，采用化石燃料发电对环境的损害大。但边远地区风光等可再生能源丰富，因此利用本地可再生分布式能源的独立微电网是解决我国边远地区供电问题的合适方案。目前我国已在西藏、青海、新疆、内蒙古等省份的边远地区建设了一批微电网工程，解决当地的供电困难。

海岛微电网：利用海岛可再生分布式能源建设海岛微电网是解决我国海岛供电问题的优选方案。从更大的视角看，建设海岛微电网符合我国的海洋大国战略，是我国研究海洋、开发海洋、走向海洋的重要一步。相比其他微电网，海岛微电网面临独特的挑战，包括：①内燃机发电方式受燃料运输困难和成本及环境污染因素限制；②海岛太阳能、风能等可再生能源间歇性、随机性强；③海岛负荷季节性强、峰谷差大；④海岛生态环境脆弱、环境保护要求高；⑤海岛极端天气和自然灾害频繁。

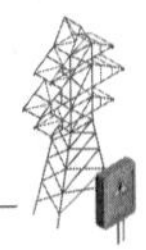

城市微电网及其他微电网：除了边远地区微电网和海岛微电网，我国还有许多城市微电网示范工程，重点示范目标包括集成可再生分布式能源、提供高质量及多样性的供电可靠性服务、冷热电综合利用等。另外还有一些发挥特殊作用的微电网示范工程，例如江苏大丰的海水淡化微电网项目。

（2）配电自动化方面。

1）配电自动化技术应用。我国配电自动化起步于20世纪90年代，经历了起步阶段、反思阶段以及发展阶段，随着配电自动化技术标准的逐步完善以及相关技术成熟度的不断提高，我国配电自动化的实用化程度也在不断提高。

目前，我国在配电自动化技术方面的研究越来越深。配电自动化技术的迅速发展，在中低压配电自动化技术方面尤为明显。虽然中低压配电技术是从传统的中低压配电技术中发展而来的，但这种配电技术具有很强的智能化性质，充分推进了我国电力行业的发展。中低压配电自动化技术已经成为配电系统中的一项极为重要的组成部分，不仅能够帮助配电系统实现自动检测和控制，还能够保护配电系统的安全，自动调配电能情况。在实际生活中，中低压配电自动化技术的使用，不仅保障电力企业的供电质量，还使得有关的电力系统能够安全、可靠地运行。

随着城市化进程的不断推进，我国对中低压配电网自动技术的研究力度也在加大。然而，配电自动化市场中依然存在一些问题。即使有相关的行业标准进行规范，也无法将其完全解决。在我国配电系统领域，应用中低压配电自动化技术达到最佳效果还需要一个长期的改善过程。

目前我国架空线的配电自动化方案主要有两种：一种是“日本”方式的重合分段方案；另一种是欧美方式的断路器（或断路器、负荷开关交叉）的手拉手环网方案。我国香港、台湾地区新建的配电自动化系统，基本上也是走的欧美模式。

配电自动化实现的目标可以归结为：提高电网供电可靠性，切实提高电能质量，确保向用户不间断优质供电；提高城乡电力网整体供电能力；实现配电管理自动化，对各项管理过程提供信息支持；改善服务，提高管理水平和劳动生产率；减少运行维护费用和各种损耗，实现配电网经济运行；提高劳动生产

率及服务质量，并为电力系统电力市场的改革打下良好的技术基础。

2）配电通信技术应用。我国电力通信主干网络现已实现光纤的大范围全面覆盖，完成了稳定与可靠的业务承载网络的搭建，自动化运行、监控与管理方式得以实现。输电网与配电网自动化系统对光纤通信技术予以使用，在其强大的自愈能力支持下，系统可靠性得到了很大的提高。

目前，国内很多城区已在66kV及以上的变电站之间完成了光纤覆盖任务，变电站到主站的信息传输得以实现。光纤通信技术可靠性与实时性特征突出，可有效满足配电数据传输的指标要求，在骨干通信网中的应用十分广泛。在一些情况下，光纤通信技术会基于地区与经济等因素的制约而难以发挥作用，这时可用无线通信对其进行补充，此种方式较多应用于配电数据采集系统中。电力载波通信技术在光缆铺设难度大的地域应用比较广泛。

EPON技术作为一种新兴并逐渐成熟的技术，在国家电网公司配电网自动化通信系统中正得到逐步的应用与推广，它具有点对多点、抗多点失效、天然吻合一次线路配电线缆铺设、组网方式灵活、业务质量高、升级扩容性佳等优势，能够实现分布式以太网功能，已成为智能配电网通信系统建设的首选。

3）快速复电技术应用。我国配电网的故障一般分为三类，首先是通过故障的位置进行区分，其次是按照故障设备进行区分，最后是按照责任原因进行区分。在处理故障的过程中，根据不同的故障情况，通过不同的分类方式进行有效的分析，进而采取有针对性的方法来解决和处理，起到快速复电的效果。目前，我国快速复电的技术当中，对不同故障设备的处理方式是不同的，有的处理方式比较先进，效率比较高，修复时间也就比较短；而有的故障处理的难度比较大，修复时间也就会长一些。

天津市电力公司城东供电分公司对客户站实施“身份”管理，即通过天津市电力公司“SG186”系统分配账户号，建立与用户之间的联系，将用户信息等数据信息在调度图纸上进行标注，实行户号与站号联动的管理，进而能够方便快速地查找出配电网发生故障的地点。

中国南方电网有限责任公司广西北海供电局着力推进配电网自动化功能建设，积极推广“自愈”功能等新技术应用到配电网运维抢修工作中。配电网自

愈功能的运用，既能准确地定位故障区域，减少故障查找时间，又可以实现自动恢复非故障区域供电，大幅缩短用户停电时间，减少现场人员操作存在的安全风险，实实在在为配电网基层工作人员减负，极大提高配电网的生产运行效率和供电可靠性。

（3）运行控制方面。

1）分布式电源的优化控制。在国内，随着国务院、国家各部委、国家电网公司等多部门一系列扶持分布式可再生能源发电利好政策（“金太阳”示范工程、光伏建筑一体化、光伏发电示范区、光伏扶贫等）的出台，我国分布式可再生能源发电正呈现出快速发展态势，并逐渐形成分布式发电集群示范应用的条件。特别是自国家光伏扶贫工程开展以来，重点地区分布式发电装机容量大幅攀升，既对电网的安全运行和经济消纳提出了挑战，又为分布式发电集群示范应用创造了可能。

以安徽金寨县为例，目前该县具备风电、光伏、生物质等多种可再生能源形式，建设模式多样（农户屋顶、村镇集中、小型电站等），其中户用光伏 26.2MW，村集体光伏电站 29.53MW、地面光伏电站 280MW、生物质发电 36MW。整体表现出分散接入、全额上网、低压“裸接”的突出特点，存在协调困难、供用失衡、缺乏保护等突出问题，其主要需求是实现有序接入、高效消纳、并网可控。金寨示范工程划分为 7 个集群，部署群控群调系统 1 套，安装新型并网装置 195 台（套）、电能质量监测和治理装置 72 台（套）。通过分布式电源集群优化规划、灵活并网设备合理配置及群控群调系统的分层优化调控，优化了示范区内系统潮流分布，有效提升了供电质量，实现了低压台区线路损耗降低 2.68% ～ 3.87%。

浙江海宁尖山新区已建可再生能源装机容量 203MW（光伏 153MW/ 风电 50MW），渗透率 216%。其突出特点是区域密集、自发自用、分散控制。其主要问题为缺乏调度，谐波污染，工业园区场地受限，因此其主要需求是加强并网调控和治理谐波，提升装置功率密度。海宁示范工程划分为 2 个集群，部署群控群控调系统 1 套，安装新型并网装置 27 台（套）、电能质量监测和治理装置 32 台（套）。通过合理配合电能质量治理装置，优化分布式光伏系统出力，

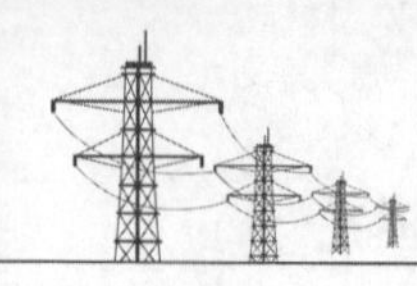

实现低压并网点谐波总畸变率由 7.31% 降低至 2.87%。

2）“源网荷储”协同控制技术应用。2020 年 10 月，三峡能源内蒙古乌兰察布“源网荷储”一体化综合应用示范基地启动。该项目是全国首个“源网荷储”一体化项目，国内首个储能配置规模达到千兆瓦时的新能源场站，也是全球规模最大的“源网荷储”一体化示范项目。项目总装机容量 300 万 kW，包括新一代电网友好绿色电站、“源网荷储”一体化绿色供电示范两个子项目。其中，新一代电网友好绿色电站示范项目位于内蒙古乌兰察布市四子王旗境内，项目建设规模 200 万 kW，含风电 170 万 kW、光伏 30 万 kW，配套建设 55 万 kW × 2h 储能，以风光互补保障电力供应。

“源网荷储”一体化绿色供电示范项目将在商都县、化德县吉庆区域建设 2 个 50 万 kW 风电项目，在负荷侧与电源侧各配套 15 万 kW × 2h 储能设施，通过专线向化德县工业园区负荷供电。项目建成后可提升高峰供电能力 30 万 kW，控制弃电率低于 5%，降低新能源输送通道容量需求。

2022 年 6 月 22 日，中国电力科学研究院新能源研究中心顺利完成乌兰察布新一代电网友好绿色电站示范项目储能系统现场低电压穿越、高电压穿越和电网适应性测试工作。这标志着全球规模最大“源网荷储”一体化示范项目并网性能现场测试工作全面完成，为项目投运后的安全稳定运行保驾护航。

3）需求侧响应实践。我国在 20 世纪 90 年代就引入了需求侧管理的概念，但并没有能够大范围推广。截至 2010 年，中华人民共和国国家发展和改革委员会印发了《电力需求侧管理办法》（发改运行〔2010〕2643 号），2012 年将北京、苏州、唐山、佛山四市设立为首批电力需求侧管理城市综合试点，上海为需求侧响应试点。

自 2014 年以来，除唐山市外，北京、上海、佛山三市和江苏省已成功实施了几次需求侧响应项目，基本是每年夏季实施一两次。其中江苏省需求侧响应从实施范围、响应容量来看均处于国内领先水平。2017 年 7 月江苏省经济和信息化委员会组织江苏电力对张家港保税区、冶金园启动了实时自动需求响应，在不影响企业正常生产的前提下，仅用 1s 的时间即降低了园区内 55.8 万 kW 的电力需求，创下了国际先例。

不过试点运行过程中也存在一些问题：①目前用户参与需求响应的动机并不来自价格信号或者激励手段，而是单一的财政补贴（每千瓦 100 元左右），一旦补贴停止，相应的实施项目就难以为继；②目前试点的对象主要是工业用户，而且存在一定的计划因素，参与主体范围小、互动性不强；③由于缺少实时和分时电价，峰谷电价的价差不够大，无法吸引到最有潜力的储能等需求侧资源。

4）虚拟电厂技术应用。虚拟电厂作为提升电力系统调节能力的重要手段之一，对缓解我国的电力紧张将发挥重要作用，未来市场前景广阔。

虚拟电厂的发展可分为三个阶段：邀约型、市场型及跨空间自主调度型虚拟电厂。当前，由于我国目前储能和分布式电源以及电力交易市场尚未发展成熟，虚拟电厂主要处于邀约型向市场型过渡的阶段。在此阶段主要通过政府机构或电力调度机构发出邀约信号，由负荷聚合商、虚拟电厂组织资源进行削峰、填谷等需求响应。虚拟电厂的侧重点在于增加供给，会产生逆向潮流现象，而需求响应侧重点强调削减负荷，不会发生逆向潮流现象。

目前，我国国家层面没有出台专项的虚拟电厂政策，省级层面仅有上海、广东、山西等省份出台了相关文件。广东省基于较好的电力市场环境，该省发布了具体的实施方案，按照需求响应优先、有序用电保底的原则，进一步探索市场化需求响应竞价模式，从日前邀约型需求响应起步，逐步开展需求响应资源常态参与现货电能量市场交易和深度调峰。

同时，各省辅助服务政策也正在陆续出台，目前江苏、湖北、辽宁、湖南、河南、安徽、福建、贵州、江西等省区，以及东北、华东等五大区域出台或对电力辅助服务政策进行了修订。与此同时，华北、华中、浙江、江苏等地能源主管部门开放了虚拟电厂等第三方主体和用户资源参与调峰辅助服务身份。

2022 年 8 月 26 日，深圳虚拟电厂管理中心举行揭牌仪式，这是国内首家虚拟电厂管理中心，标志着深圳虚拟电厂迈入快速发展新阶段。深圳虚拟电厂已接入分布式储能、数据中心、充电站、地铁等类型负荷聚合商 14 家，接入容量达 87 万 kW，接近一座大型煤电厂的装机容量。目前深圳虚拟电厂重点关注了三类问题的解决策略，即削峰、调频和电压优化。

4.2 新型配电网物理架构

1. 适应新能源消纳的网架联络

针对分布式光伏密集的区域，按照就近消纳新能源的要求，通过多分段适度联络网架，快速实现冗余功率在中压线路间转供，减少功率倒送，实现分布式光伏的就地、就近消纳，提升配电网对光伏的消纳能力，提高供电可靠性。多分段适度联络网架见图 4-8。

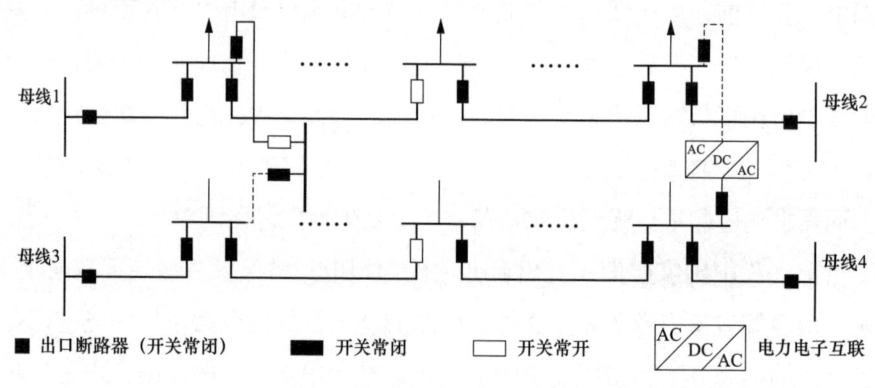

图 4-8 多分段适度联络网架

2. 基于负荷峰谷互补的网架构建

部分区域负荷曲线特性与光伏曲线特性匹配度低，光伏消纳能力弱，加强具备负荷峰谷互补特性的中压线路联络，从而提高供需不匹配区域光伏的消纳。负荷峰谷互补线路联络见图 4-9。

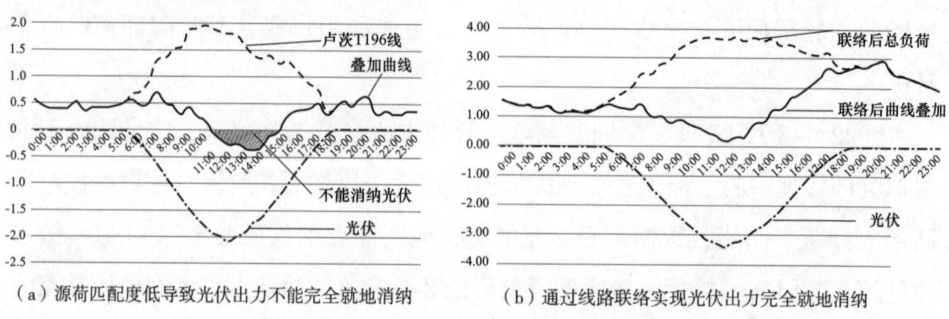

（a）源荷匹配度低导致光伏出力不能完全就地消纳　　（b）通过线路联络实现光伏出力完全就地消纳

图 4-9 负荷峰谷互补线路联络

3. 中压配电网的直流技术应用

通过构建 ±10kV 直流母线，连接 10kV 和 20kV 的交流线路，并在直流出线上接入光伏、充电桩、储能等设备，形成多层级交直流电网互联互通示范，解决多电压等级交叉供电问题，通过柔性直流技术提升电网设备利用效率和运行安全。

典型应用：选取 110kV 贵阳路变电站 20kV 和 35kV 丙子变电站 10kV 出线构建柔性直流配电网；交换功率 10MVA，直流配电网电压等级：±10kV；配置 2MW 光伏直流负荷（电源），接入电压等级：±750V；接入直流桩充电电站，配置 40 座直流桩（单桩功率 60kW），充电功率 2.4MW。中压直流配电网结构示意图见图 4–10。

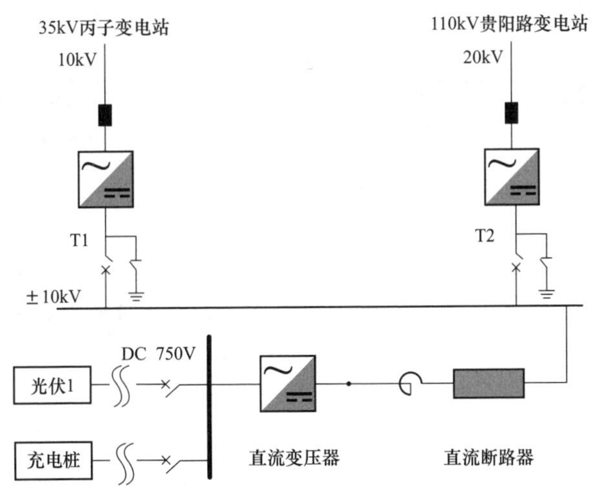

图 4–10　中压直流配电网结构示意图

4. 低压配电网的直流技术应用

针对高比例分布式新能源接入的自适应低压直流配电网示范工程，依托基于配电智能能量管理器 DIEM 的随机自适应控制创新技术应用，实现高比例分布式新能源、电动汽车、储能的即插即用。

典型应用：2 座配电箱式变压器 4 回低压侧接入一套智慧判别随机自适应能源路由器，建立一条用于新能源接入的专用直流母线（750V DC）。

直流母线新出 4 回低压配电线路接入新增分布式光伏、充电站、储能系统

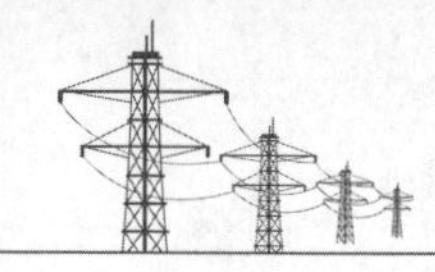

以及直流智慧路灯；配置智能融合终端、分支检测终端、后台监控系统，加强低压直流配电网数据分析和感知能力。低压直流配电网构建示意图见图 4–11。

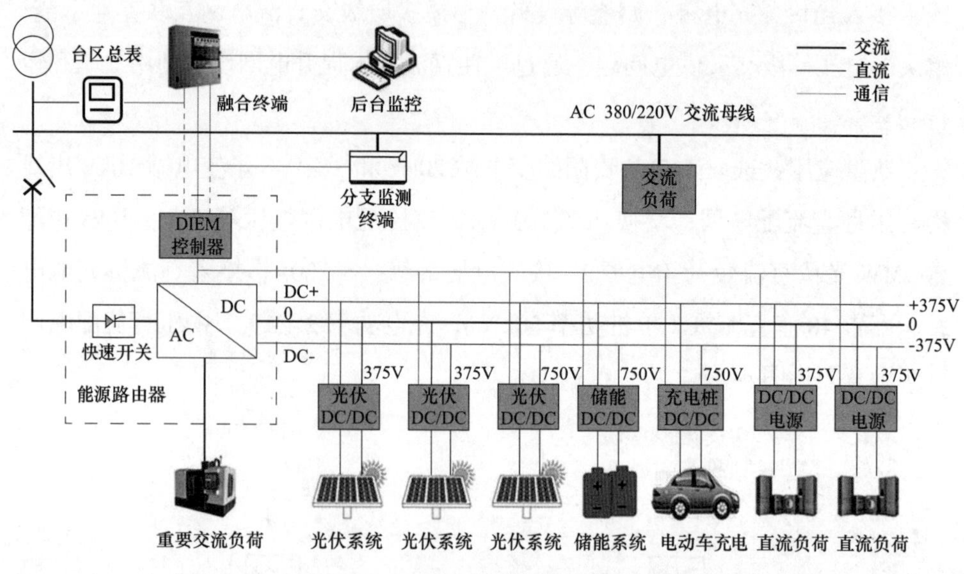

图 4–11　低压直流配电网构建示意图

4.3　新型配电网运行控制技术

1. 新型配电网运行控制方式

新型配电网网络结构复杂、接入节点多且高度不对称，对众多可控资源需要选择合理的控制方式来保证控制策略的执行效果，提高系统的可靠性。一般来说，主动配电网运行控制方式有集中式、分布式和分层分布式三种组成形式。

集中式主要依靠具有高级分析计算功能的系统主站来完成，它需要系统在发生故障后将多点量测信息发送到主站，通过分析计算确定故障类型、故障位置并形成控制决策，再下发到保护装置或智能终端执行，整个故障的处理过程依赖主站完成。

分布式主要依靠保护装置或智能终端的相互配合来实现。故障的清除与故

障后的供电恢复完全依靠基于局部信息的保护装置或智能终端。

分层分布式综合了集中控制与分布式控制的优点，实现分级分布式协调控制。在故障清除阶段主要依靠保护装置（或智能终端）的配合实现，在故障恢复阶段依靠主站分析计算后下发的控制命令实现。

2. 运行控制关键技术

（1）多能源系统协调优化。多能源系统协调优化针对主动配电网中多种能源时空特性的互补特征，对分布式发电、电压敏感负荷、蓄热和蓄冷设备等进行协调优化，为主动配电网安全、经济、优化运行提供运行决策。多能源系统协调优化功能模块图如图 4–12 所示。多能源系统协调优化即通过分布式电源预测、负荷预测、检修计划数据和多能源系统运行特性等相关分析功能的数据输入，获取主动配电网实时状态感知，在此基础上通过新能源梯级调用、需求侧响应、调度策略、调度优化、风险平抑、调度计划生成等功能模块实现多能源系统的协同优化，并经调度评价模块进行能效分析、安全校验和效果评估后进行决策修正，最后下达给调度执行单元，从而实现多能源系统的联合优化运行与风险平抑。

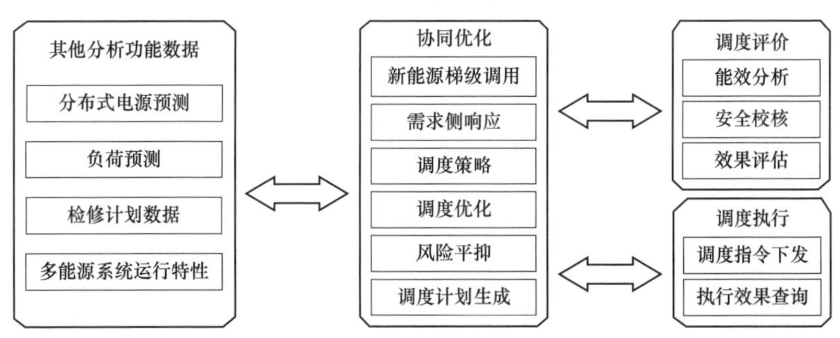

图 4–12　多能源系统协调优化功能模块图

（2）需求侧响应。需求侧响应通过负荷侧的储能、电动汽车等可控负荷作为需求侧资源实时响应电网需求并参与电力供需平衡，促进电力资源优化配置，保证电力系统运行的安全性、可靠性和经济性。

需求侧响应作为实现用电环节与供电侧各环节协调发展的重要手段，需要各环节间信息和业务的协调配合。需求侧响应功能模块图如图 4–13 所示。需求侧响应主要有系统侧智能决策和用户侧响应两个模块。系统侧进行负荷预

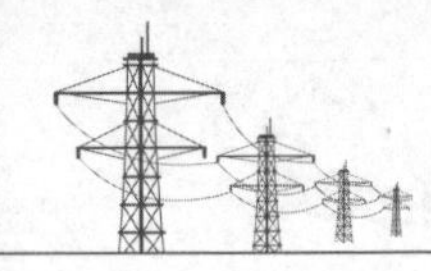

测，分析负荷波动性和不确定性、需求侧响应资源潜力、负荷预测后确定负荷基本特性，采用包含经济学原理、适应性分析、用户需求变化特性分析等内容的响应机制，在此基础上确定需求侧响应方案并在包含综合效果评估、用户参与响应性能评价等内容的方案评估后进行动态修正。用户侧接收系统侧包含动态电价费率设计、启动策略、激励与惩罚方案决策等需求侧响应信息，选择合适的用电控制模式，确定最优的用电控制方案。

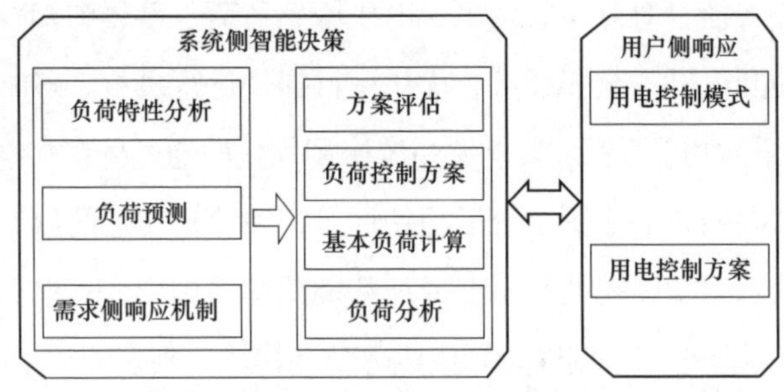

图 4-13　需求侧响应功能模块图

（3）基于主动机制的智能自愈。分布式电源接入配电网后，形成双向供电的主动配电网，从而导致故障判据和自愈逻辑复杂化，使得配电网系统的可靠性下降。基于主动机制的智能自愈技术对电网的运行状态进行实时评估，采取具有自我预防和自我恢复的方式，采取预防性控制手段，及时发现、快速诊断故障和消除故障隐患，变被动的事故处理为主动抑制事故发生。

基于主动机制的智能自愈功能模块图如图 4-14 所示，基于主动机制的智能自愈模块由状态感知、分析评估、自愈决策和自我恢复四个模块组成。

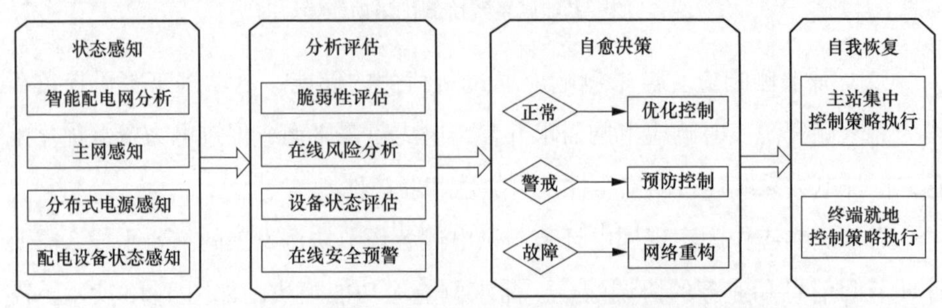

图 4-14　基于主动机制的智能自愈功能模块图

状态感知模块由智能配电网分析、主网感知、分布式电源感知和配电设备状态感知组成，可提高电网所有元件的可观测性和可控制性，增强对电力设备参数、电网运行状态以及分布式能源的监测作用。分析评估模块由脆弱性评估、在线风险分析、设备状态评估和在线安全预警功能组成，尽可能反映电网的实际情况，为电网自愈决策提供参考。自愈决策按照配电网运行的正常状态、警戒状态和故障状态考虑。正常状态时各参数指标在允许范围内，但对系统运行方式进行优化控制，提高系统的运行经济性。警戒状态时各参数指标没有越限，但部分指标处于警戒范围，此时采取预防控制使系统恢复正常状态或者达到新的稳定状态。故障状态时，需要考虑按照经济性、预防性和故障性等内容制定网络重构方案。自我恢复模块分为主站集中控制策略和终端就地控制策略两个执行模块。

（4）多时间尺度的控制技术。考虑分布式能源在多时间尺度下存在互补性，不同时间尺度下配电网有着不同的控制区域。多时间尺度配电网优化控制主要是对多核电压分区之间进行协调控制，保证每个分区下的微电源、调压设备、负荷及有功功率等保持平衡。多时间尺度配电网优化控制见图 4–15。

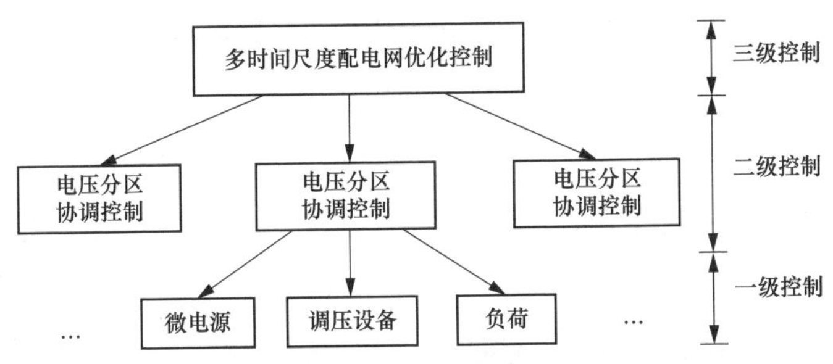

图 4–15　多时间尺度配电网优化控制

在设定控制策略时，考虑分布式能源配电网的计划周期，以中长期调度和短期调度相结合。中长期调度即日计划策略，决策周期为小时；短期调度即滚动发电计划，决策周期为小时。这两种计划可以动态调节发电机组状态和发电量等事项，维持电网安全。在中长期调度下，以整体电网的有功功率和负荷频率在不同层级间的达到平衡作为控制目标。在短期调度下，配电网需要实现分布式能源的平衡。利用分布式能源间歇性能量的快速吞吐和组合配电网的灵活充放电、间歇性能源的长期电力支持和可控负荷的调节，积极消耗和调度分布

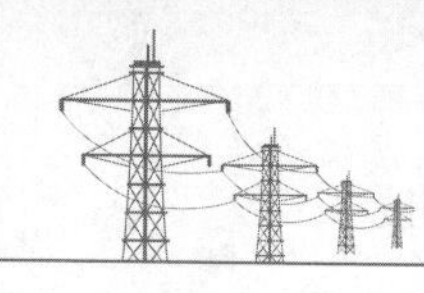

式能源，维持主动配电网节点电压稳定。

（5）“源网荷储”协同控制技术。面向电力系统的“源—网—荷—储”互动运行是指电源、电网、负荷和储能之间通过源源互补、源网协调、网荷互动、网储互动和源荷互动等多种交互形式，更经济、高效和安全地提高电力系统功率动态平衡能力，本质上是一种实现能源资源最大化利用的运行模式和技术。其主要内涵包括以下几方面。

源源互补：不同电源之间的有效协调互补，即通过灵活发电资源与清洁能源之间的协调互补，解决清洁能源发电出力受环境和气象因素影响而产生的随机性、波动性问题，有效提高可再生能源的利用效率，减少电网旋转备用，增强系统的自主调节能力。

源网协调：在现有电源、电网协同运行的基础上，通过新的电网调节技术有效解决新能源大规模并网及分布式电源接入电网时的“不友好”问题，让新能源和常规电源一起参与电网调节，使新能源朝着具有友好调节能力和特性（即柔性电厂）的方向发展。

网荷互动：在与用户签订协议、采取激励措施的基础上，将负荷转化为电网的可调节资源（即柔性负荷），在电网出现或者即将出现问题时，通过负荷主动调节和响应来改变潮流分布，确保电网安全经济可靠运行。

网储互动：充分发挥储能装置的双向调节作用。储能就像大容量的“充电宝”，在用电低谷时作为负荷充电，在用电高峰时作为电源释放电能。其快速、稳定、精准的充放电调节特性，能够为电网提供调峰、调频、备用、需求响应等多种服务。

源荷互动：智能电网由时空分布广泛的多元电源和负荷组成，电源侧和负荷侧均可作为可调度的资源参与电力供需平衡控制，负荷的柔性变化成为平衡电源波动的重要手段之一。引导用户改变用电习惯和用电行为，可汇聚各类柔性、可调节资源参与电力系统调峰和新能源消纳。

“源—网—荷—储”互动调控可通过源源互补、源荷互动等形式，结合电源侧不同类型间的协调互补特性、柔性负荷的灵活可调节特性和储能资源的充放电特性等，在新能源出力激增时鼓励负荷多用（储存）电，提高新能源的主

动消纳能力。互动调控可促进削峰填谷，即通过源网协调、网荷互动、网储互动等形式，采用实行峰谷分时电价和开发利用可中断负荷等手段，以市场机制引导负荷侧的用电行为，在不影响用电体验的前提下给电网增加额外的平衡资源。这有利于减少电网峰谷差，尤其可以解决电网短时尖峰负荷问题。

“源—网—荷—储”互动调控有利于电源侧减少发电煤耗，提高新能源消纳水平；促进电网削峰填谷，保证电网安全经济运行；有利于减少负荷被动切除，提高用电满意度。

（6）空调负荷集群控制技术。空调负荷集群的控制方式主要有以下三种：

直接启停控制：电力公司或负荷聚合商根据电力系统调度需求，通过安装在终端用户的远程控制设备，直接关停或启动终端用户的空调。

温度控制：电力公司或负荷聚合商根据电力系统调度需求通过改变空调集群的设定温度来影响空调集群的启停状态，达到控制空调群体在某一时刻处于运行状态的空调台数的目的。

周期性暂停控制（duty cycling control，DCC）：周期性暂停控制也可以称为占空比控制或轮停控制。其是指终端用户以降负荷为目的，对空调制冷机组进行周期性启 / 停操作。制冷机组轮停示意图如图 4–16 所示，假设每个轮停周期内包含 10 个启停时段，图中深色方块 1 ～ 7 表示制冷机组处于关闭状态，白色方块 8 ～ 10 表示制冷机组处于开启状态。空调制冷机组运行时长占单个控制周期总时长的比例称为“占空比”。

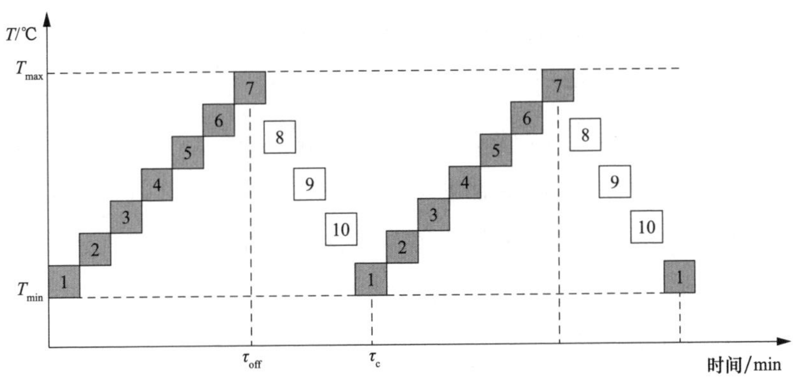

图 4–16　制冷机组轮停示意图

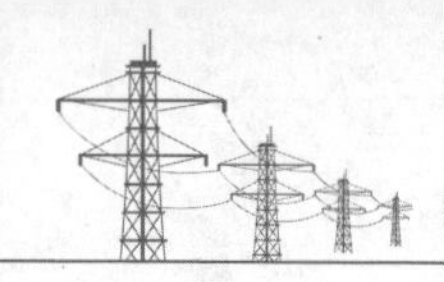

空调的节电潜力随着控制时间的变化而变化，在极短的时间内（秒级）使压缩机停运或者降频运行对用户而言几乎没有影响。但随着控制时间增长，这样的方式并不能使空调房间维持相应的舒适度。对于多台空调，应当在适宜的室温调节范围内通过群组内部的协调控制计算其节电潜力。当受控空调变多时，组内空调数也相应增加，优化计算将十分缓慢。因此对于大规模的空调集群，本节采用双层分组轮控的控制方法，空调群组的双层分组轮控结构图如图4-17所示。

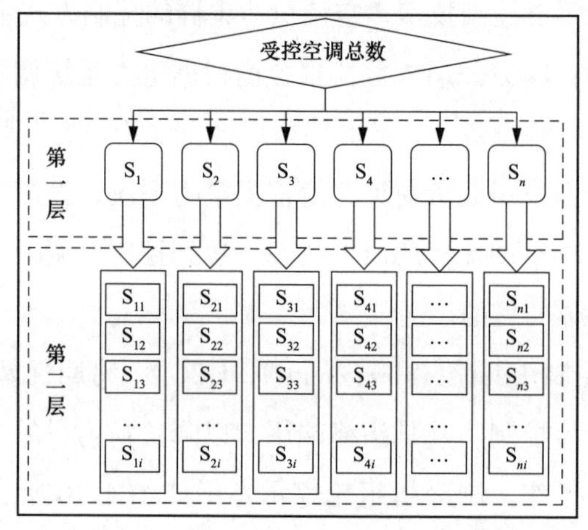

图4-17　空调群组的双层分组轮控结构图

（7）虚拟电厂控制技术。虚拟电厂是一种通过先进信息通信技术和软件系统，实现DG、储能系统、可控负荷、电动汽车等DER的聚合和协调优化，以作为一个特殊电厂参与电力市场和电网运行的电源协调管理系统。虚拟电厂概念的核心可以总结为“通信”和“聚合”。虚拟电厂的关键技术主要包括协调控制技术、智能计量技术以及信息通信技术。虚拟电厂最具吸引力的功能在于能够聚合DER参与电力市场和辅助服务市场运行，为配电网和输电网提供管理和辅助服务。“虚拟电厂”的解决思路在我国有着非常大的市场潜力，对于面临“电力紧张和能效偏低矛盾”的中国来说，无疑是一种好的选择。虚拟电厂控制示意图见图4-18。

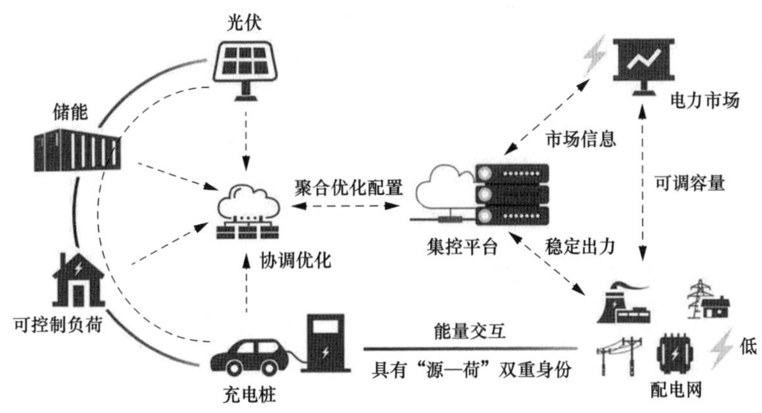

图 4-18 虚拟电厂控制示意图

虚拟电厂的核心技术包括协调控制技术、智能计量技术和信息通信技术。

协调控制技术。虚拟电厂的控制对象主要包括各种 DG、储能系统、可控负荷以及电动汽车。由于虚拟电厂的概念强调对外呈现的功能和效果，因此，聚合多样化的 DER 实现对系统高要求的电能输出是虚拟电厂协调控制的重点和难点。实际上，一些可再生能源发电站（如风力发电站和光伏发电站）具有间歇性或随机性以及存在预测误差等特点，因此，将其大规模并网必须考虑不确定性的影响。这就要求储能系统、可分配发电机组、可控负荷与之合理配合，以保证电能质量并提高发电经济性。

智能计量技术。智能计量技术是虚拟电厂的一个重要组成部分，是实现虚拟电厂对 DG 和可控负荷等监测和控制的重要基础。智能量测系统最基本的作用是自动测量和读取用户住宅内的电、气、热、水的消耗量或生产量，即自动抄表（automated meter reading，AMR），以此为虚拟电厂提供电源和需求侧的实时信息。作为 AMR 的发展，自动计量管理（automatic meter management，AMM）和高级量测体系能够远程测量实时用户信息，合理管理数据，并将其发送给相关各方。对于用户而言，所有的计量数据都可通过用户室内网（home area network，HAN）在电脑上显示。因此，用户能够直观地看到自己消费或生产的电能以及相应费用等信息，以此采取合理的调节措施。

信息通信技术。虚拟电厂采用双向通信技术，它不仅能够接收各个单元的当前状态信息，而且能够向控制目标发送控制信号。应用于虚拟电厂中的通信技术主要有基于互联网的技术，如基于互联网协议的服务、虚拟专用网络、电力线路载波技术和无线技术［如全球移动通信系统/通用分组无线服务技术（USM/UPRS）等］。在用户住宅内，Wi-Fi、蓝牙、紫蜂（ZigBee）等通信技术构成了室内通信网络。

3. **运行控制技术发展趋势**

（1）多时间尺度控制技术。随着大规模具有随机性和间歇性的分布式新能源接入配电网，需要构建更加协调和灵活的运行控制方式，日前、日内、实时多周期协调优化技术是控制电网运行成本、提高能源利用效率、实现大范围资源优化配置的有效途径之一。在多时空尺度层面的协调到达“多级协调、逐级细化”，分布式能源用户和响应负荷参与电网优化的主动管理机制还有待研究。

（2）大数据技术。在新型配电网实现了全面的态势感知后，从各类信息系统和智能电能表所获得的海量配电网实时运行数据，只有通过先进的大数据技术，将数据进行整合分析计算，才能快速生成配电网及网内各种可控资源所需的规划、运行控制信号。

将智能电能表数据与配电网网络拓扑、调度SCADA等信息系统进行结合，能够对用户用电行为进行分析，为用户提供定制供电服务；对系统产生的非技术性网损进行分析，减少窃电行为的发生；对配电变压器的负载率进行实时在线监测，提高配电网资产利用率；实现配电网馈线自愈控制，提高配电网供电可靠性；对电网和用户互动形成的低压电网拓扑状态在线确定，提升供电系统服务能力，实现电网的智能化维护；对配电网中的负荷和分布式电源的出力进行精确预测，从而实现需求侧响应和对用户的高品质服务。

将设备监测、配电管理系统、客服系统和检修管理系统有机融合，在线确定设备监控指标，对设备进行全寿命周期管理；将智能电能表、调度SCADA系统、线路监测PMU系统、设备状态监测、微气象等数据进行融合，形成新一代智能电网运行控制系统，在线确定负荷模型，在线辨识发电机参数，在线确定输电设备参数和限值，建立分布分层的智能电网运行控制系统，实现对智能电网的描述、诊断、预见和处方性分析，实现主动配电网的主动控制。

基于智能电网大数据技术的主动配电网规划、建设、运营和维护系统是充分挖掘主动配电网潜力的核心要素，未来能够实现更深入的电网数据价值挖掘，为用户用电、供电企业管理和政府的政策制定提供全方位的增值服务。

（3）源荷互动技术。发展全方位电力市场机制，提高电力用户主动参与源荷互动的积极性。研究与新型配电系统契合的电力市场机制，丰富电价形成机制，还原电力商品属性；制定分时、分区及响应形态的源荷互动市场机制，利用市场手段撬动用户主动参与的积极性。

发展高性能分布式储能及“源网荷储”深度互动技术，解决峰谷差、设备利用率低等静态问题。大容量、安全、稳定、经济、高效、响应迅速的分布式储能装置是平抑配电系统峰谷差的关键设备。另外，还需要研究结合分布式电源、储能、可控负荷、柔性联络开关等一切可调资源的“源网荷储”深度互动技术，以提升系统调峰能力。其中，计及互动过程中各种不确定性因素的优化调度技术以及基于发电曲线跟踪的负荷主动响应机制是实现“源网荷储”深度互动的核心手段。

（4）智能自愈技术。大规模的分布式电源接入容易导致故障判据及自愈逻辑的复杂化，要避免由于冗余数据信息急剧增加使得通信效率低下的问题，同时解决系统复杂而造成系统的可靠性下降问题。未来可建立基于对等通信方式的智能分布式故障处理逻辑，通过邻近配电开关设备或配电站配置的配电终端之间的信息交换，确定自身的动作逻辑，从而实现故障的隔离和非故障区域快速恢复供电功能。

（5）数字赋能技术。发展一二次融合智能化装备与多源数据融合及处理技术在配电系统中的应用，实现系统全景状态感知，提升运行管理水平。数字化技术在配电系统中的应用是海量多源跨模态数据大量出现背景下配电系统运行管理的必然需求。需要重点研究柱上开关、环网柜、变压器等关键配电设备的一二次融合技术，实现多源信息的实时采集与数字化处理、设备状态评估与风险感知、自适应本地控制、标准化通信交互。集成传感、通信、数据处理、控制功能的定制化电力芯片是实现电力设备一二次融合与多源数据融合利用的理想技术形式。

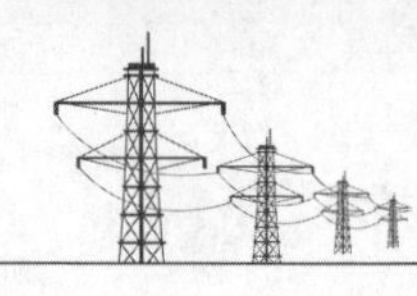

发展数字孪生、配电物联平台等技术在新型配电网中的应用。研究新型配电系统源网储荷跨域互动的数字孪生虚实映射机制、面向全景可观的新型配电系统电场/声场/温度多物理场成像与跨模态融合技术、新型配电系统数字孪生通用模型架构与范式等关键技术，解决新型配电系统源网储荷高度互动和能量/数字深度融合所带来的可测可观可控难问题。研究配电与物联网深度融合的配电物联平台技术，构建基于设备状态感知、软件定义服务、分布式智能协作的数字化配电系统运行模式，依托灵活支持各种配电网服务的企业业务中台，实现数据、服务、功能应用解耦，打破多源数据融合的壁垒，有效提升配电网运行灵活性。

5 新型配电网典型场景

前文针对新型配电网规划技术的应用及研究现状进行了详细阐述和分析，不同类型的配电网新技术应用适配不同的建设场景和规划需求，结合新型物理架构和运行控制技术的特点及适应性，如何分析场景类型、研判需求、选取技术是新兴技术成果转化及落地应用的关键。本章旨在通过示范工程和典型案例，研究分析不同场景下配电网的建设思路、发展路径以及新技术应用，以安徽省为例，结合配电网发展现状和趋势，利用交互场景技术构建差异化典型场景（包括园区、城市集中建设区、城镇及农村等典型区域），全面结合安徽新型配电网建设实践，根据不同场景下的新能源消纳、多元负荷承载、灵活调控等需求，开展新技术适应性应用，打造典型场景示范工程。

5.1 典型应用场景

结合安徽省现状配电网情况以及未来发展趋势，考虑电能供应的绿色、安全、经济需求，场景主要分为两种类型，包括新能源消纳场景和电网系统容量不足场景，不同类型场景在供需时空匹程度、发展规模和供电分区维度方面可进一步细化，下面将针对两种典型场景，结合安徽地区划分情况，进行详细介绍。

安徽省配电网典型应用场景构建方法见图 5-1。

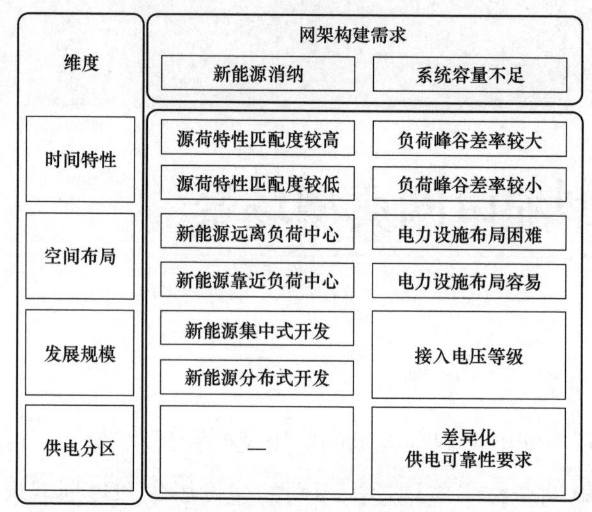

图 5-1　安徽省配电网典型应用场景构建方法

结合安徽省城市定位、建设等特点，运用典型应用场景构建方法，从时间特性、空间布局、发展规模、供电分区等不同维度，按照新能源消纳与系统容量不足两种网架构建需求，将安徽省新型配电网整体划分为园区新型配电网应用场景（生产制造型、高新技术型、物流仓储型、商业金融型）、城市集中建设区新型配电网应用场景（核心区、一般市区）、城镇及农村新型配电网应用场景。

园区新型配电网应用场景的新能源一般集中式开发，在时空分布上同时存在新能源消纳、系统容量不足等问题，其电力设施布局相对容易，但对供电可靠性要求较高。

城市集中建设区新型配电网应用场景的新能源一般分布式开发，从时空上来看，不存在新能源消纳与源荷交错问题，但其在局部地区存在较大的峰谷差率，电力设施布局较为困难，并且对供电可靠性要求较高。

城镇及农村新型配电网应用场景的新能源呈集中式开发，且消纳困难，负

荷峰谷差小于城市，对供电可靠性要求不高，通常为D类不停电检修（D类供电区主要为县城、城镇以外的乡村、农林场）。

5.1.1 园区新型配电网应用场景

所谓园区，一般是指由政府（包括民营企业与政府合作）规划建设的，供水、供电、供气、通信、道路、仓储及其他配套设施齐全、布局合理且能够满足从事某种特定行业生产和科学实验需要的标准性建筑物或建筑物群体。根据园区内主要建筑的类型和功能，本书将园区分为生产制造型园区、高新技术型园区、物流仓储型园区和商业金融园区。

1. 生产制造型园区

生产制造型园区是以生产制造为主体的园区，主要建筑多以车间、厂房为主，主要面向生产管理和生产过程自动化的需求。

生产制造型园区是负荷中心，在新能源禀赋方面，属于新能源分布式开发范畴，且以光伏为主，新能源远离负荷中心；在电网侧，对电网可靠性要求高，电力设施布局存在一定困难；在用户侧，负荷峰谷差率较小，特征是负荷密度高，源荷特性匹配度高且不存在新能源消纳问题，但由于以制造业为主，在“双碳”目标约束下，面临高比例绿电需求。

2. 高新技术型园区

高新技术型园区指的是高新技术产业以高新技术为基础，产品的主导技术必须属于所确定的高技术领域，而且必须包括高技术领域中处于技术前沿的工艺或技术突破。

高新技术型园区属于负荷中心，负荷密度高、源荷特性匹配度高且负荷峰谷差率较小。该园区新能源开发方式为分布式，新能源远离负荷中心，电力设施布局具有一定的困难。即使该区域不存在新能源消纳问题，但由于是全市高质量发展重要引擎、产城融合示范片区、中心城区发展高地，对供电可靠性的要求很高。

3. 物流仓储型园区

物流仓储型园区主要建筑多以仓库为主，主要面向仓储、运输、口岸的信息化管理和服务的需求，其行业涵盖现代物流和交通运输两类生产性服务行业。该园区的负荷密度低，新能源开发以分布式光伏为主且新能源靠近负荷中心，电力设施布局较为容易，但源荷特性匹配性较低、负荷峰谷差率较大且对供电可靠性要求存在差异化。

4. 商业金融园区

商业金融园区包括商务办公、宾馆、商场、会展等。其信息化主要面向安全、便捷、智能办公环境管理，多样化的通信服务以及专业领域的信息化服务需求。

商业金融园区的负荷密度处于一般水平，源荷特性匹配度较高，新能源开发以分布式为主，但新能源远离负荷中心。该园区的负荷峰谷差率较大，电力设施布局较为困难，对供电可靠性要求高，但不存在新能源消纳问题。

5.1.2 城市集中建设区新型配电网应用场景

1. 核心区

核心区主要指省会城市，即合肥。合肥虽然区位优势和资源禀赋并不明显，但已经形成一条新能源产业链。合肥新能源以分散式的形式存在，时间上源荷特性匹配度一般，电力设施布局困难，且对供电可靠性要求高。该城市属于负荷中心，特征为负荷密度高，但新能源远离负荷中心。

2. 一般市区

一般市区指的是一般城市的中心城区，该区域的新能源分布式开发，多为光伏，属于负荷中心，负荷密度水平一般，时间上源荷特性不匹配并且新能源远离负荷中心。电力设施布局容易，且对供电可靠性要求不高。

5.1.3 城镇及农村新型配电网应用场景

1. 城镇

城镇指的是县域及镇区域，负荷密度较低，不属于负荷中心，负荷峰谷差率较大，新能源分布式开发且远离负荷中心，但源荷匹配度高。此外，该区域电力设施布局相对容易，但对供电可靠性的要求存在差异化。

2. 农村

农村主要包括平原和山区两种类型。对于平原而言，负荷密度低，不属于负荷中心；新能源开发以集中式为主，且远离负荷中心，并对接入电压等级提出一定的要求；在时间尺度上，负荷峰谷差率较大，源荷特性较为匹配，对供电可靠性存在差异化要求。区别于平原，山区的新能源开发以分布式为主。

5.2 典型场景示范工程

1. 金寨县零碳电力系统建设示范工程

该示范工程综合利用交直流微电网和新能源运营管控平台等新技术，实现分布式新能源发电 100% 就地消纳，构建氢燃料电池的综合能源系统，着力打造金寨零碳示范县。

建设目的：将金寨县打造成零碳示范县，建成交直流微电网和新能源运营管控平台，实现分布式发电就地消纳率 100%，推动建成低碳清洁能源体系，建成能源大数据中心，开展智慧能源综合服务。

建设背景：金寨县处于皖西边界，大别山腹地，红色革命历史印记鲜明，是红军的革命根据地和摇篮地。作为国家首个高比例可再生能源示范县，以及整县推进屋顶光伏试点，具备实现县级分布式能源就地高效消纳的资源技术储备。该工程重点开展海量分布式光伏协同消纳，以及园区级智慧能源系统示范应用。

建设内容及成效如下：

一是建设新能源运营管控平台，构建输配微电网多级协同的电网，建立输配微电网多级协同的电网发展及调度方式，有效提升分布式光伏稳定运行，实现屋顶分布式光伏就地消纳率 100%。

二是构建光储充等融合的“源网荷储”多级协同能源数据中心，依托智慧能源综合服务云平台开展负荷侧需求响应建设及多能互补智慧用能示范工程。

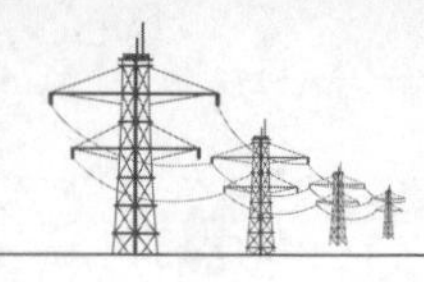

金寨光储充融合示范工程见图 5–2。

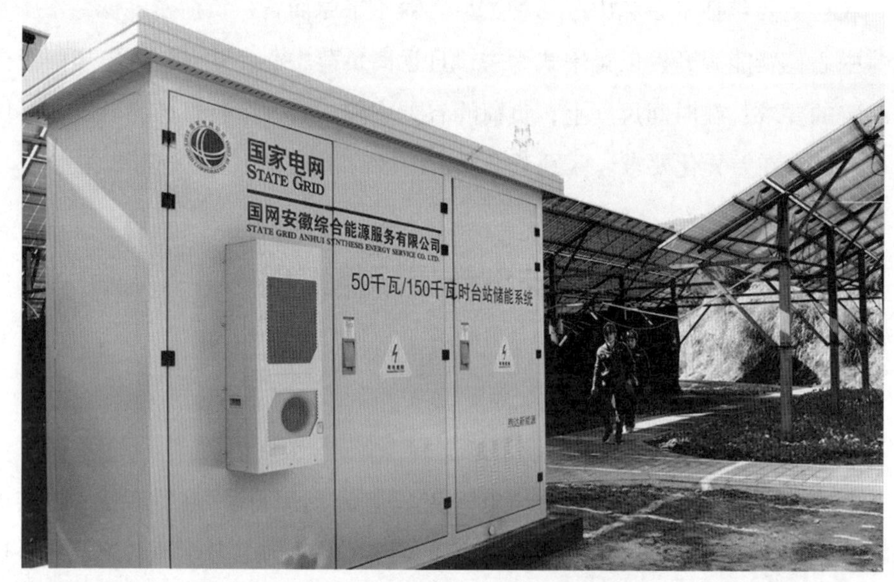

图 5–2　金寨光储充融合示范工程

三是开展氢燃料电池的综合能源系统构建与运行示范工程，实现可再生能源耦合电解水制氢、储氢和燃料电池热电联产的综合能源系统的安全经济运行，探索商业模式及多领域商业应用场景，围绕高比例、多类型新能源接入的新型电力系统示范场景，开展碳交易模式下的智慧能源系统示范应用工程，探索形成可复制、可推广的典型经验和商业模式。

2. 滁州“零碳乡村”智慧能源示范区

该示范工程依托能源绿色化、智能化、平台化、互动化理念，遵循“可实施、可复制、可推广”的规划思路，在 4 个省级美丽乡村示范点、长山民宿游聚集区、14 个周日农家乐建设屋顶光伏、充电桩、微电网、储能站，以及光伏智慧路灯、光伏茶歇及光伏垃圾站等绿色能源供电系统。

建设目标：依托“乡村振兴示范村”建设，充分借用众启公司合作、省管产业单位等优势资源，在长山村、井亭村等省级美丽乡村示范点建成“零碳乡村”智慧能源示范区。

建设内容：在长山村、井亭村整村推进屋顶光伏、充电桩、智慧路灯、光

伏茶歇及光伏垃圾站等绿色能源系统建设。联合政府建设“绿电驿站”，开辟“e 享家”在线服务专区，提供“网上国网”线上购买光伏产品、优选商品等服务，设立地方特色农产品展示区，将电力服务融入政府便民服务网格。

建设成效：工程实施后，将成为天长市新能源应用样板间，为后期创建智慧能源小镇、零能耗智慧建筑提供技术经验支撑，助力城市绿色发展、碳排放管控、“双碳”目标的实现。

3. 龙岗红色古镇全电景区示范工程

该示范工程利用需求响应技术、“光伏 +”技术，构建分层分级分时的需求响应负荷资源池，保障电网安全，着力打造全电景区。

建设背景：天长市铜城镇龙岗红色古镇旅游文化景区是原抗日军政大学第八分校旧址，景区工程总投资 10.12 亿元，2023 年 6 月建设完成。安徽电力主动对接政府构建乡村旅游发展新格局的“十四五”规划，超前介入红色景区规划，以融入电气化元素为主线，为振兴乡村旅游业保驾护航。龙岗红色古镇全景图见图 5–3。

图 5–3　龙岗红色古镇全景图

建设目标：依托龙岗抗大八分校红色资源，以提高乡村用能智慧化水平为主线，推动地方政府实施龙岗社区全电化改造。建设一批光伏栈道、光伏连廊、智慧路灯、V2G 充电桩等项目。推广智能插座，实现对各景点空调、照明等可中断用电设备的实时检测与精准控制，试点构建分层分级分时的需求响应负荷资源池。

建设内容和成效：

一是精心规划电网。新增专用变压器 15 台，容量 9340kVA；架设龙集至龙岗的景区专线，改造低压线路 5.4km、下户线与计量箱共 328 户。组建营配技术骨干，以提高供电可靠性和供电质量为目标，科学合理编制规划方案。主动与政府对接，配合景区建设，开展强电入地电网改造，高效开展老旧线路与表箱改造工作。

二是贴身服务业扩。景区项目建设涉及 100 多客户拆迁，现场派驻“党员服务先锋队”，确保居民用户 1 个工作日内完成装表接电工作，低压非居民 2 个工作日完成装表接电工作。

三是建设包含光伏路面、光伏智慧路灯、光伏茶座及光伏垃圾站等绿色能源供电系统。

四是全方位推广电能替代。通过推广秸秆综合利用、余热供热服务农产品加工等项目，为当地农业大户提供电管家服务。适时推广综合能源技术，为当地芡实食品加工企业智能化改造加速度。向景区周边“农家乐”“家庭农场”等客户，适时推广“智慧用能”服务，通过对家装的光伏板、厨房电器、农用电器等用能设备进行监测，提供安全用电监测服务和“一户一策”用能优化方案。

4. 马鞍山太白岛可再生能源微电网示范工程

通过太白岛（江心洲）新型电力系统建设，可以为边远地区、末端用户新形态电网建设提供典范，构建清洁主导、电为中心的局域自适应能源供应与消费体系，实现清洁低碳、安全可控、灵活高效、智能友好、开放互动。太白岛（江心洲）地理位置见图 5-4。

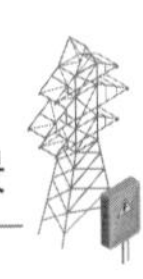

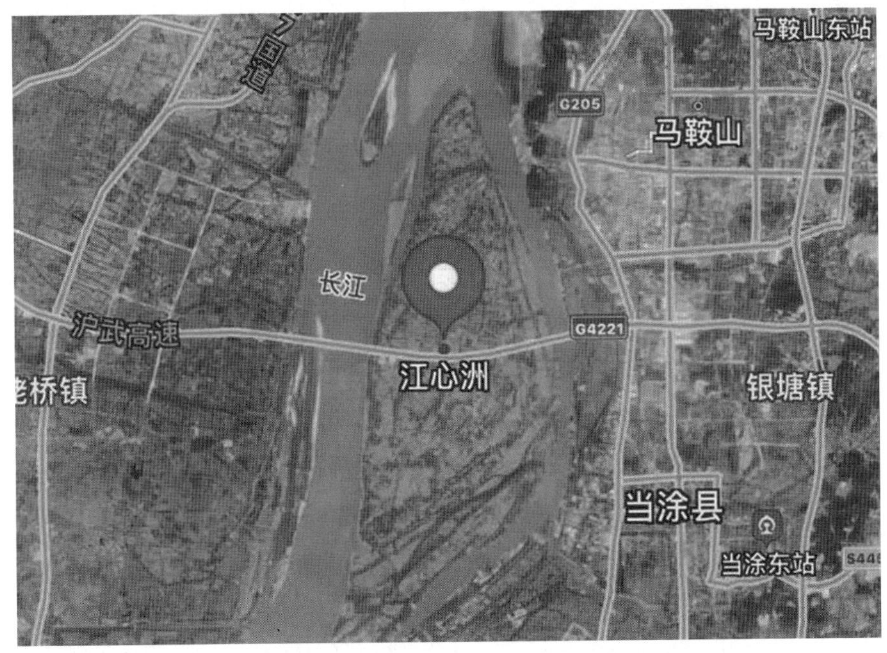

图 5–4　太白岛（江心洲）地理位置

建设目标：

一是打造国内首个长江江心洲多元弹性可再生能源微电网。通过“源网荷储”互动，提高新能源就地消纳比例和太白岛应急供电能力，具备“绿色协同、资源共享、离网自治”多重功能，实现岛内电源可控、负荷可调、微电网和虚拟电厂模式灵活切换。

二是建成适应广域分布式电源接入的柔性配电网结构形态。在新型电力系统发展背景下，协调可再生电源广域化、分布式特征，推动大电网、微电网与局部直流电网融合发展，拓展低压配电网典型结构形态，丰富电网资源配置平台功能，对进一步提升、服务乡村振兴质效和边远地区、末端电网建设具有开创性意义。

三是构建电 – 碳多时空尺度耦合互动示范。以全景智慧平台为中枢、以 5G 智能融合终端为载体，实现江心洲电能生产消费与碳排放耦合互动和电能跨时空耦合互动，打造微电网按周、日的多时空尺度调节能力。推动“大云物移智链”与储能、需求响应等技术创新融合，实现能源供需的互通互济、灵活

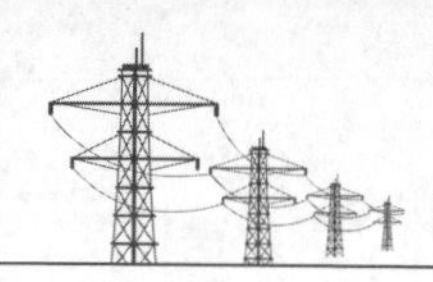

转换，构建智慧配电网新范式。

建设内容：马鞍山太白岛（江心洲）新型电力系统总体架构按照“一微网两集群多耦合”设计，即构建一个多元弹性可再生能源微电网，内部包括多形态分布式电源集群、“柔直互联”低压配电网集群，实现多种灵活调节资源多时空尺度耦合互动。主要建设内容总结为以下三点：

一是多形态分布式电源集群。遴选太白岛 5 个涉及政府、医院、学校等重要用户的台区组成示范台区带。围绕台区带建设屋顶光伏、滩涂浮筒光伏电站和小型风力发电机。具体内容包括：①屋顶光伏建设：在江心初中和江心中心小学分别建设 100kW、50kW 屋顶光伏，作为江心所 88 号吉余供电所公配的补充电源。在汽车充电桩车棚建设 60kW 屋顶光伏，作为直流充电桩电源。②滩涂浮筒光伏电站建设：充分利用岛内滩涂资源，结合历年水域面积，建设 3MW 滩涂浮筒光伏电站，作为岛内“孤网”时重要电源。③小型风力发电系统建设：在江心所 88 号吉余供电所公配和江心所 105 号吉余老垅公配各配置 1 台 10kW 的小型风力发电机，构建风光储协同应用场景。

二是“柔直互联”低压配电网集群。采用低压柔直技术实现台区带内配电变压器互联互通，分布式光伏、储能装置、直流源式直流充电桩以“直流”形式“即插即用”接入。具体内容包括：①低压台区柔直互联建设：针对选取的 5 个重要负荷台区，通过直流母线和柔性开关，根据地理位置每 2 ～ 3 个台区建成低压联络。②低压智能配电网建设：5 个配电变压器的低压出线开关更换为低压智能断路器，相应台区下的 406 户居民配电箱里安装 2P 智能微断，实现低压配电网故障主动研判。③直流“即插即用”场景建设：在太白岛供电所展厅部署直流用电设备，打造“即插即用”的直流用电场景。

三是灵活调节资源多时空尺度耦合互动。以 5G 智能融合终端为载体，结合电网运行情况，实现对储能电站、充电桩、工业用户等资源的灵活调节，完成多时空尺度耦合互动。具体内容如下：

（1）储能电站建设：①重要负荷低压台区配套储能电站：按台区平均最大负载率保供电 2h 配置储能电站容量规模，建设配套储能电站 5 座。②滩涂浮筒光伏配套储能电站：在 3MW 滩涂光伏发电站附近配置一套 500kW/2MWh 户

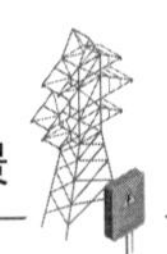

外形式的磷酸铁锂储能电站，一方面解决滩涂浮筒光伏发电就地消纳问题，另一方面作为江心洲电网“孤岛”运行时的备用电源。

（2）充电桩建设：在江心供电所附近建造集中电动汽车充电站，安装直流充电桩2台（60kW，一体式一桩双枪）和3台交流充电桩。在老集市、陶李公交站和江心初中规划建设3个电动自行车充电服务站（一体式“一拖十”）。

（3）其他灵活调节资源设备建设：遴选太白岛10个典型工业用户，安装灵活调节资源硬件设备。

建设成效：通过太白岛（江心洲）新型电力系统建设，可以在“双碳”目标背景下为边远地区、末端用户新形态电网建设提供典范。构建清洁主导、电为中心的局域自适应能源供应与消费体系，实现清洁低碳、安全可控、灵活高效、智能友好、开放互动。

5. 凤仪洲风光储微电网示范工程

该示范工程利用微电网技术，推动凤仪洲光伏、风电发展，优化储能配置，保障供电的可靠性，通过促进电力与现代农业的深度交融，提升新能源就地消纳水平。

建设背景：凤仪洲隶属于安徽省铜陵市枞阳县，是全县3个江心洲之一，由35kV破罡变电站10kV凤仪13线供电，备用电源由贵池公司10kV驻驾121线跨支江接入。洲上现有光伏扶贫电站6座，总装机规模2.9MW，年发电量约320万kWh。凤仪13线过江电缆线径小，倒送负荷超限，导致乡政府无法继续扩建光伏，能发不能送的“卡脖子”现象严重；更换大线径海缆建设成本高，投资预计超千万。此外，洲上电网网架薄弱，2021年发生多起线路停电事件，洲内存在医院与自来水厂等重要民用设施，供电可靠性不足。跨江线路先后多次外破，抢修需要紧急封航，耗时耗力。洲上化石燃料短缺、运输困难，烧柴取暖做饭仍是洲上居民主流用能方式之一。

建设目标：

一是建设岛屿型微电网示范工程，扩建光伏电站，建设小型风电，配置储能设备，形成洲内微电网，满足并网与离网运行要求，解决“卡脖子”现象，解放岛屿新能源开发潜力，保障洲内电网供电可靠性。

二是打造乡村电气化示范乡，推动清洁能源入村入户，以更先进、更丰富的电力应用方式与场景引领乡村振兴，提升“获得电力”服务水平。

三是推动微电网有序、健康发展，推广微电网的典型工程建设和运营经验，进一步促进微电网在不同应用场景的落地实践和广泛应用。

建设内容和成效：

一是根据凤仪洲现状电网及地理特点，开展岛屿型微电网示范建设，本着光伏能建尽建的原则，将现状乡政府已征用但未开发的土地充分利用起来，扩建光伏电站，建设小型风电，配置储能设备，形成洲内微电网。

二是建设一套微电网控制系统，满足并网与离网运行要求，源荷储协调优化平衡，提高新能源利用效率。同时通过配电网改造实现微电网更加灵活的运行方式，保障洲内电网供电可靠性。

三是开展乡村电气化建设，助力乡村绿色农业发展，实现电力与现代农业的深度交融，打造新时代乡村数智电网，提升新能源就地消纳水平。

6. 池州交直流融合智能微电网示范工程

该示范工程利用交直流配电、微电网技术、电力物联网技术，构建交直流融合智能微电网，缓解整县光伏消纳压力，提升供能水平。

建设背景：微电网是实现大规模分布式可再生能源接入电网的有效载体，该示范工程重点开展微电网的落地应用，旨在探索整县分布式屋顶光伏大规模接入背景下，“源网荷储”与智能微电网融合的示范应用。

建设目标：应用电力物联网技术，融合“源网荷储”关键要素，建设交直流融合的柔性配电网，通过全感知技术和智慧平台，实现全要素可观、可测、可控，打造自平衡松耦合的智能微电网示范样板。

建设内容：

一是建成集分布式光伏、充电站、储能站、数据中心站等为一体的多站融合试点。

二是建成交直流融合配电网，集成柔性互联装置、分布式发电单元等，实现交直流优势互补同步发展。

三是建成园区综合能源中心，通过智慧电力物联平台，实现微电网设备状

态全感知，实现“源网荷储”全链条可观、可测、可控。

7.“电靓皖美”长江经济带绿色发展示范工程

该示范工程通过探索能源消费与碳排放之间的关系，以提高整体电力供应能力和服务水平。

建设背景：铜陵市是长江经济带重要节点城市。长江铜陵段已开展多个领域电能替代业务，综合能源利用成效初显，可作为长江经济带绿色转型发展重要示范窗口。该项目重点打造安徽特色“供电＋能效服务”模式和“互联网＋”现代客户服务模式，推动公司营销服务水平提升，助推典型长江经济带城市实现碳达峰、碳中和。

建设目的：推动该省长江经济带主要城市能源消费转型升级，降低碳排放强度，提升电能占终端能源占比，提高区域能源利用效率和可再生能源消纳水平。

建设内容及成效如下：

一是多领域电能替代应用示范。实施交通、农业、工业等领域的港口岸电、全电码头、粮食烘干、电力灌溉、电锅炉改造、冶金电炉等项目，打造“电能替代全接入、低碳安全双提升”沿江产业带。

二是多场景灵活资源互动应用示范。汇聚沿江资源，在经济开发区、高新开发区，推进工业企业、商业可调节负荷资源的聚合，协同分布式光伏与充电桩发展时序，打造“多元互动新形态”绿色发展带。

三是多维度能效提升应用示范。试点建设零碳建筑，聚焦钢铁、有色、建材等特色行业，探索新技术、新模式，推进特色行业能效提升和碳减排，构建碳交易全流程线上业务平台，在综合能效诊断报告中增加碳排放分析主题，支撑能源消费侧降碳服务。

四是开展碳排流、能源流和电力流“三流合一”数据分析，开发电力“双碳”指数、企业碳效码等产品，为产业链上下游提供碳减排服务。

8.黄山城市配电网数字化抢修示范工程暨安徽抢修样板间工程

该示范工程利用数字化技术，全面提升配电网故障抢修水平，缩短故障恢复时间，提高供电可靠性和电能质量。

建设背景：随着调度自动化、配电自动化、融合终端、HPLC 电能表（高

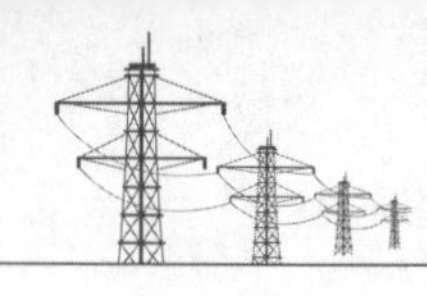

速宽带载波智能电能表）等多种末端感知设备的大面积覆盖，可实现信息实时采集和实时状态感知，基于各类感知信息进行综合分析，可开展故障影响范围智能研判，实现对电网运行情况的全面掌控。

对于配电网故障，可通过供电服务指挥系统派发主动抢修工单到供电所，供电所调配抢修人员到现场进行抢修作业，并回复现场情况及抢修结果，但是供电服务指挥系统主要通过列表和表单形式完成配抢业务流程，未通过 GIS 地图展示业务数据，无法直观查看抢修业务全貌，也无法结合地图进行人车物等抢修资源的智能调度。

对于配电网故障范围内的停电用户，目前主要通过短信方式通知用户，但是仍存在着错误发送、延时发送等情况。目前，业务人员可通过供服等系统了解抢修现场情况，但是用电用户仍无法及时获知抢修进度，用户的用电需求也无法及时反馈到供电企业。

建设目标：①实现主动抢修和物资积极调配。②实现故障精准研判定位。③实现抢修过程实时共享。

黄山配电网抢修现场见图 5–5。

图 5–5　黄山配电网抢修现场

建设内容和成效：

一是主动抢修和物资积极调配。目前配电网抢修任务生成和资源调配智能化程度不高，主动抢修平台的搭建须实现配电网故障的主动预警、影响范围提醒，实现故障与抢修资源匹配的自动寻优、智能调度、快速派单，缩短故障恢复时间，提高供电可靠性和电能质量。

二是故障精准研判定位。多数故障需要抢修人员到达现场进行检查后反馈抢修进度，由于配电网现场情况复杂，接线分支和设备较多，导致故障检查时间被大大延长，对抢修的效率造成较大影响，因此须实现故障精准定位。

三是抢修过程实时共享。抢修全过程信息共享不足，制约用户、指挥、作业及管理等人员的高效互动；抢修可视化手段不足，作业过程缺乏管控；移动覆盖面不够，互动深度不足，抢修过程未及时有效地向用电用户进行信息共享。因此须实现配电网及用户状态全感知，实现抢修场景化展示，做到抢修过程透明化。

四是加强用户互动和主动服务。实现配电网图模、台账，营销台户关系、地理位置等信息本地化精准维护，便于加强与用户的及时互动，实现故障信息、影响范围、抢修进展、故障恢复时间的主动告知，实现主动服务。

9. 合肥滨湖国家级科学中心智慧一流配电网示范工程

该示范项目通过建立新型电力系统故障防御和安全稳定体系，保障电网安全，促进新能源消纳。

建设背景：滨湖国家级科创新区是引领合肥“智慧城市”创新转型升级发展的主引擎。加快打造合肥滨湖智慧一流配电网，可为国际领先城市建设提供坚强可靠动力。该项目重点培育微电网、局部直流电网和可调节负荷的能源互联网等多种电网形态，加快实现电网智慧赋能，推动电网向能源互联网转型。

建设目标：实现滨湖新区中低压配电自动化终端全面有效覆盖，将滨湖新区电网打造成为安全可靠、灵活高效、智能互动、绿色低碳的一流智慧配电网，实现电网弹性提升、资产充分利用、电网运营效率提高、能源综合服务拓展加强等目标。

建设内容：一是创新示范区一体化能源网络结构。优化变电站布局及建

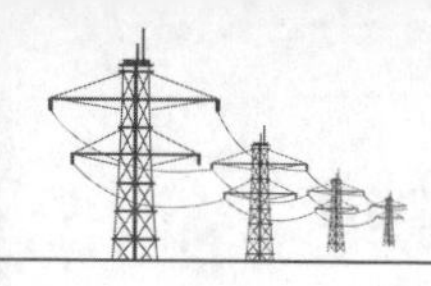

设时序，全面建成国际一流结构目标网架，构建多电压等级互联、多拓扑形态互联、终端多能源种类互联的能源网络结构。全面部署中低压配电自动化终端，结合中低压配电自动化及5G专网通信应用，全面实现互联系统全景感知、故障快速自愈、区域间合环运行等主要功能，提高抵御自然灾害和供电保障能力。

二是打造多元协同运行体系。建设基于中低压配电自动化系统的配电网侧多元协调控制系统，实现区内多能耦合互补和多元聚合互动，推动区域配电网向以新能源为主体的新型电力系统升级，满足供用能多元主体灵活接入需求。

三是构建完整的能源互联网生态。以电网数字化转型建设推动传统价值向新兴价值的拓展升级，提升电网资源配置、安全保障、智能互动能力，助力区域新型电力系统高标准建设、高质量发展。

10. 服务“东数西算”芜湖集群的高比例绿色电力系统示范工程

安徽积极响应“东数西算”战略部署，服务芜湖数据中心集群及区域数字经济建设，利用“源网荷储”协同互动技术、低压直流技术、车网互动技术等，构建冷（热）负荷、光伏、风电、电动汽车、储能等多元能源协调互动的新型电力系统，推动主配网协同发展，促进新能源电力就地消纳，赋能新型基础设施，构建绿色电力为主要支撑的数据中心示范，服务高技术、高算力、高能效、高安全的芜湖数据中心集群建设。

建设目标：截至2025年年底，江北新区供电可靠率达到99.9%，220kV电网容载比达到2.04，110kV电网容载比达到1.83。新能源发电装机占比达到80%，电能占终端能源消费比重达到50%，新能源电量占园区用电量比重达到30%，需求响应能力占最大负荷比重达到5%，年减少碳排放量达100万t。

建设内容及成效：

（1）220kV和110kV变电站新建工程。“十四五”期间，安徽电力规划新建220kV江北变电站、220kV蛟矶变电站、110kV二坝变电站、110kV光华变电站。220kV网架形成了双环结构，110kV网架形成了双方向链式接线，提升了电网供电能力。

（2）光伏、风电、储能项目接入工程。安徽电力开展沈巷镇风力发电项

目、白茆镇风力发电项目的接入工程，实现风电直接并网与即发即用，为园区及数据中心提供清洁能源。开展沈巷镇渔光互补、白茆镇渔光互补等光伏项目的接入工程，实现光伏直接并网与即发即用，为数据中心提供清洁能源。由信义光伏产业（安徽）控股有限公司投资建设 100MW/100MWh 锂电池储能电站，开展沈巷镇储能项目接入工程，扩大电网柔性资源，增强芜湖电源支撑能力，提高电网运行的安全性、经济性、灵活性。

（3）大容量储能电站主动支撑示范。安徽电力构建基于虚拟同步机技术的电化学储能逆变器控制策略，实现储能电站主动惯量响应、一次调频和无功支撑。研究电网正常运行方式下的电化学储能调控策略与运行机制，实现储能电站独立参与电网调峰、AGC 调频和无功补偿服务。研究电网故障条件下的紧急支撑技术，实现电化学储能支撑电网故障后的电压和频率恢复。

（4）“源网荷储”协同优化工程。安徽电力结合园区算力需求、负荷需求，综合考虑区内可控资源与区外大规模绿电接入能力，以及调频控制、调峰控制、辅助服务控制等约束条件，提出全局优化的实时控制策略。将园区内光伏项目、风电项目、沈巷镇储能电站、数据中心机房空调负荷、电动汽车以及商业及办公楼宇的可控负荷等资源按照时间、区域、变电站、数据中心站等进行多维度聚合，开展面向电网设备的负荷智能转供和自动功率控制，提升电网调节能力，保证园区电网的安全稳定运行。

（5）多站融合示范项目。安徽电力结合园区内各类能源设施规划，打造集变电站、分布式光伏电站、充电站、储能站、数据中心、5G 基站等“多站融合”的典型示范站点。构建“光充储用 + 大数据”的一体化系统，采用电网侧耦合算法和能量数字化管理技术。发挥储能电站移峰填谷、需求响应以及电储能交易的功能，实时响应电网需求响应，参考电网调峰调频等辅助服务。还可通过数据中心进行分时电价管理和电动汽车充电站移峰填谷，构建“源网荷储”协同、充电服务、数据中心站、站址共享为一体的能源服务综合体。

（6）低压直流配电网示范工程。安徽电力构建高比例分布式新能源、高比例直流负荷接入的自适应低压直流配电网示范工程，依托电能路由器的控制技术应用，实现数据中心直流负荷、分布式新能源、储能、电动汽车的即插

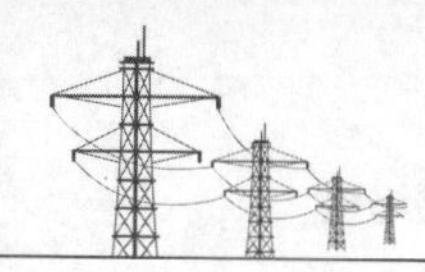

即用。

（7）“电力+算力”融合示范项目。安徽电力全面提升电网状态感知能力，利用边缘计算与数据融合的技术手段，增强电力系统“可观、可测、可控、在控”能力。充分发挥电网作为能源优化配置平台的作用，实现“源网荷储”与各类能源的协同优化运行，基于电力调度、需求响应、应急响应能力，全面承载芜湖数据中心集群建设，推动电力与算力融合发展，实现云网协同，满足数据中心的算力调度、数据流通、大数据应用、网络和数据安全等需求，打造园区“电力算力一张网”，构建布局合理、集约高效、绿色节能、经济适用的电力算力数据中心。

（8）综合能源示范项目。安徽电力结合多站融合项目，依托热电联产、余能利用、水蓄冷空调、热泵等高效能源转换技术，构建数据中心“余热回收+蓄冷蓄热+光储智能微电网耦合”多能互补综合能源利用系统，实现电、热、冷等多种能源的协同优化运行与一体化供应。开展“一站式”能源托管服务示范，对全站的能源使用情况进行监测与智慧用能分析，并根据运行情况不定期开展能耗分析，减少能源浪费，降低能耗使用水平，提升系统整体运行效率。

（9）“车网互动”示范项目。安徽电力依托园区智能网联汽车产业，将电动汽车作为灵活的移动式储能和柔性可调节资源，参与电网智能调控，依据电网供电需求，调整电动汽车充换电策略，结合分时电价政策、市场机制等引导电动汽车进行有序充电。大力推广智能V2G充电桩建设，使充电桩具备双向充电功能，开展车网互动实时工况采集与监视、充电指标分析，不断优化车网互动策略，在调整用电负荷、改善电能质量、消纳可再生能源方面发挥作用。探索与国内新能源车企合作开展换电站反向充电试点，配合电网调度控制与需求响应，达到削峰填谷的作用，提高能源利用效率。

（10）绿色智能楼宇建设项目。安徽电力根据园区规划，在办公及商业楼宇建设分布式光伏充电站及储能设施，在电、热、冷等各类能源侧配置智能终端，依托楼宇综合能源管理系统，通过优化运行方式促进清洁能源的就地全额消纳，以经济性最优为目标实现多能互补，通过对充电桩、储能的调控提升楼宇供用能的灵活性，提升终端能源消费中的绿电占比。同步建设能耗监测系

统，实时掌握楼宇用能状态，运用信息技术方式和管理方式构建节能体系，采用自动化手段对终端设备进行优化控制，减少不必要的能源消耗，提升能源效率。基于“大云物移智链”技术，加强能源系统与用户的深度感知和密切交互，增强用户对能源消耗的关注程度，提升能源消费中的便捷性。

（11）零碳营业厅建设试点示范工程。安徽电力以零碳用电为发展目标，选取营业厅开展全清洁能源供电试点示范。在营业厅配置自发自用屋顶分布式光伏系统及电化学储能系统，对信息采集设备进行升级完善，建立精确的能源系统模型，以“零碳低碳”为优化目标，优化分布式光伏、储能、柔性可调负荷出力，实现需求侧响应、削峰填谷，提高新能源消纳比例及能源利用效率，多措并举实现深度减排。探索碳核算、碳交易、碳资产管理等新兴业务，使营业厅全年所有办公经营活动产生的碳排放量全部抵消，打造“零碳营业厅”示范工程。

建设时序：2023～2024年，开工建设220kV蛟矶变电站、110kV光华变电站。大数据集聚区内配电网建设完成，满足新增报装负荷需求。开展大容量储能电站调峰调频与主动支撑示范工程，以及多站融合、综合能源、车网互动等示范工程。

2025年，4座规划变电站建成投运，满足芜湖数据中心集群负荷需求，初步建成新型电力系统，“源网荷储”实现全面协同互动。适应大规模绿色电力送入与分布式新能源消纳的需求，绿电占比达到90%；实现大电网与微电网、局部（交）直流电网的1+*N*融合发展，电网的资源配置能力明显提升；多元柔性可控负荷广泛接入，电化学储能具备主动支撑系统的能力。

6 展望

6.1 配电网发展瓶颈

在以碳达峰、碳中和国家战略性减碳目标为牵引的能源革命大背景下，我国能源系统正在发生重大变化，非化石能源占一次能源消费的比重将持续提高，电力在能源体系中的主导地位将逐渐凸显，分布式电力资源将得到大规模开发，这对电网提出了革命性升级换代的迫切要求。越来越多的风电、太阳能、储能、“车网互动”在配电端接入电网，以及电热气网互联互通，配电网正逐渐成为电力系统的核心。

未来，以电力为核心的区域能源互联网所有要素，包括智能楼宇、智能园区、智慧工厂、智慧城市等，都和配电网密切相关，其发展的重点是全面提高供电可靠性和电能质量，降低损耗，并将电网、可再生能源、分布式电源、微电网以及用户需求有机结合起来，进行综合管理。配电网将从传统的供方主导、单向供电、基本依赖人工管理的运营模式向用户参与、潮流双向流动、高度自动化的方向转变，配电网将成为可再生能源消纳的支撑平台、多元海量信

息集成的数据平台、多利益主体参与的交易平台，以及智慧城市、智慧交通等发展的支撑与服务平台。然而，当前配电网仍是电力系统的主要薄弱环节之一，进一步发展需消除技术、管理、体制等多方面瓶颈。一是配电网网架结构相对薄弱。配电网线路联络程度不高，单辐射线路仍占相当大比例；配电网主干线较长，线路分段点不足；配电网满足 $N-1$ 校验的线路比例较低。二是配电自动化系统覆盖率不高。配电自动化实用化水平较低，部分装置处于闲置状态；技术标准方面，配合分布式发电与微电网的研究、应用不足。三是配电设备经济运行水平不高。配电网运维水平低，节能降耗技术应用不足；农村配电网负荷分散、点多面广、运行环境差、发展极度不平衡。四是接纳分布式能源的能力不足。传统配电网并非为接入大量分布式能源而设计的；可再生能源并网将对现有配电网提出严峻挑战。

因此，为满足未来配电网建设，需寻求技术方面的瓶颈突破，总结为以下三方面。一是电力电量平衡问题。在传统电力系统中，负荷侧以刚性、纯消费型的用电负荷为主，负荷预测准确度较高。电源侧以火电和水电装机为主，发电可控且出力连续、稳定。因此可较准确地预测电网用电负荷和发电能力，维持电力电量平衡难度较小。随着新型电力系统建设的推进，新能源大规模接入电网，安徽电网电源结构将发生深刻变化。源荷的不确定性加剧配电系统峰谷差问题，新能源发电装置出力的反调峰特性和负荷的随机性严重制约配电系统新能源消纳能力，降低配电系统运行的经济性，进一步导致峰谷差增大、网损增加、资产利用率降低。因此，未来配电网需要从新能源出力、开发技术、长短期调节能力等方面突破解决电力电量平衡问题。二是动态稳定问题。未来配电网中电力电子设备占比大幅提升，配电系统谐波源呈现高密度、分散化、全网化趋势，影响供电质量。传统的电磁变换装备特性转变为由电力电子装备特性主导（例如光伏逆变器、风电变流器、充电桩等设备的接入），安全稳定特性的准确把握存在一定难度。此外，电力电子装备对电网故障、电压闪变等的影响机理尚未明晰，电能质量恶化复杂动态稳定问题凸显。因此，要应对上述挑战，电网要建立以动态方法处理电网状态、以系统思维和生态理论来构建电力系统要素之间关系的建设思路。三是数据资产管理问题。当前，以数字技术

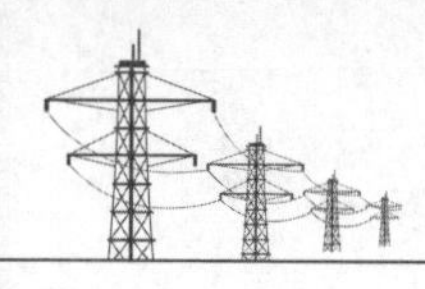

为代表的新一轮科技革命和产业变革蓬勃发展，云计算、大数据、物联网、移动互联、人工智能等数字技术快速崛起并加速融合，对经济社会发展和生产生活方式带来深远影响。在数字电网、数字运营、数字能源生态建设推动实现配电网设备资产管理智能化、现场作业数字化、电网运行智慧化、生产决策智慧化的发展趋势下，多源数据融合成为新型配电系统亟须解决的首要问题，且信息安全及行为安全也是需重点关注的问题。因此，数据和多业务形态融合、信息安全资产数字化和设备智能化趋势推动配电网转型，将引发配电网的新问题。

6.2 远景展望

随着现有通信、控制、电力电子等技术的更新与新技术的开发利用，本书结合目前我国及安徽新型配电系统面临的关键问题及关键技术的发展现状，从以下几个视角探讨未来配电网相关技术的发展方向。

1. 分布式电源与微电网技术

发展分布式新能源发电、储能的构网技术，实现新能源与储能独立组网运行。研究多时间尺度构网控制技术，包括：具备构网能力的新能源与储能的协调控制，研制相应的新能源和储能并网装备；研究电网频率和电压与新能源和储能装备的深层联系，提出频率和电压建立与调节方法；研究新能源发电与储能集群控制技术，研制地区、变电站、馈线以及场站多层级能量管理系统，使得新能源发电与储能有序构网运行；研究新型配电系统的稳定机理、失稳特征与稳定问题分类等。

发展软件定义配电网和微电网，实现多层级微电网（群）互动运行与网架灵活控制技术。通过探索软件定义配电网和微电网整体架构、原理与技术、应用功能定义与应用场景，充分考虑区域分布式能源和灵活性负荷资源的种类和分散性，研究基于软件定义平台的微电网孤岛划分策略、孤岛检测技术、自适

应重构策略及并网恢复策略，使微电网服务、控制与硬件分离，解决传统微电网基于确定性源网荷约束的集中控制策略的灵活性不足和实时性差的问题，实现微电网不同模式平滑切换的灵活可恢复与安全稳定经济运行。

2. **直流配电技术**

发展紧凑型经济型直流配电设备与交直流混合微电网群协同控制技术，提升新能源渗透率及运行经济性。大功率换流器、直流变压器、能量路由器等直流配电关键设备造价高昂、运行效率不高，严重制约了直流配电方式的推广，要重点关注紧凑型经济型直流配电设备的研发，充分发挥直流配电技术经济性，扩展应用场景。另外，结合交直流混合配电技术的微电网是实现新能源友好接入与就地消纳的理想方式，微电网群的接入将会深刻改变配电系统运行控制方式，需要重点关注微电网群协同控制技术的研究，以提升新能源高渗透背景下新型配电系统运行安全性、稳定性和经济性。

发展典型应用场景的定制化直流配用电供电模式，充分发掘直流配电优势。直流配电技术作为传统交流配电技术的有机补充，在高比例分布式新能源区域、数据中心、工业园区、城中村改造、新型城镇、独立电力系统等新型典型场景中具有卓越的应用潜力。需要系统性研究用户侧直流配用电技术的适宜应用场景，发展直流配用电技术安全性、稳定性、灵活性、经济性综合评价体系，从设备选型、网架结构、控制模式等多角度构建各种典型应用场景的定制化直流配用电供电模式，推广直流配电应用，实现交直流配电技术在新型配电系统中的优势互补。